WiSo-KURZLEHRBÜCHER

Riechmann, Spieltheorie

Spieltheorie

von

Thomas Riechmann

3., vollständig überarbeitete Auflage

Verlag Franz Vahlen München

Technische Universität Kaiserslautern
Fachbereich Wirtschaftswissenschaften
Lehrstuhl für Mikroökonomik
Gottlieb-Daimler-Straße
67663 Kaiserslautern

ISBN 978 3 8006 3779 9

Wilhelmstraße 9, 80801 München
Satz: DTP-Vorlagen des Autors
Druck und Bindung:
Druckhaus Nomos, In den Lissen 12, 76547 Sinzheim

Gedruckt auf säurefreiem, alterungsbeständigem Papier
(hergestellt aus chlorfrei gebleichtem Zellstoff)

Vorwort zur dritten Auflage

Das Buch wird immer länger, das Vorwort immer kürzer. Das Buch ist länger geworden, weil ich diverse Verbesserungen vorgenommen habe und weil ein (häufig gewünschtes) Kapitel über Auktionen hinzu gekommen ist.

Das Vorwort ist kürzer, weil das meiste, was erwähnenswert scheint, schon geschrieben ist. Natürlich sind einige Helferinnen und Helfer hinzugekommen, für deren Mitwirkung ich mich hiermit herzlichst bedanke: Danke an Nicole Bauer, Sönke Hoffmann, Maik Kecinski, alle Mitglieder unseres kleinen Mikro–Teams und an alle betroffenen Kaiserslauterer Studenten.

Kaiserslautern, März 2010 Thomas Riechmann

Vorwort zur zweiten Auflage

Die zweite Auflage des Lehrbuches ist nicht länger als die erste, aber sie ist besser. Thematisch hat sich wenig verändert, zumindest ist kein Kapitel dazugekommen. Der Schwerpunkt der Umbauten im Vergleich zur ersten Auflage ist pädagogischer Natur. Was sich in der ersten Auflage als schwer verständlich, verwirrend oder einfach schlecht erwiesen hat, habe ich geändert und dabei einige erläuternde Passagen ergänzt. Was sich als überflüssig herausgestellt hat, habe ich gelöscht. Dabei habe ich von den Erfahrungen derer profitiert, die das Buch verwendet haben — Studenten wie Dozenten.

Ich bin allen dankbar, die mich auf Fehler und Schwächen in der ersten Auflage aufmerksam gemacht haben und erst recht allen, die Erweiterungsvorschläge (zumeist sehr berechtigte) gemacht haben. Geduld, bitte! Erweiterungen sind in Arbeit. Besonders danken möchte ich meinen Kollegen und Kolleginnen in Hannover (Danke, Karl Dietrich!) und in Magdeburg: Danke, Christiane Clemens, Jeannette Brosig, Karim Sadrieh, Jochen Weimann, Tim Hoppe! Und natürlich Danke an alle unsere Studenten! Wichtig ist mir dies: Danke, Franz Haslinger. Du fehlst uns.

Magdeburg, Oktober 2007 Thomas Riechmann

Vorwort

Spieltheorie ist einfach.

Zugegeben: Es gibt Teile der Spieltheorie, die nicht ganz einfach sind, und dies gilt sowohl für die „Klassiker“ unter den spieltheoretischen Ideen als auch für Neuerungen aus der aktuellen Forschung.

Was aber Spieltheorie für viele Interessierte kompliziert aussehen lässt, sind — meiner Meinung nach — weniger die Inhalte der Spieltheorie oder ihre Methoden als vielmehr die Art, in der sie häufig dargestellt wird: Bücher und Aufsätze zur Spieltheorie wimmeln oft nur so von Formeln, von Propositionen und Beweisen. Das ist schade. Tatsache ist: Spieltheorie ist in großen Bereichen nicht schwierig, denn sie stützt sich auf den gesunden Menschenverstand, und sie ist zumeist sehr intuitiv.

Entsprechend ist das vorliegende Buch gestaltet: Im Vordergrund steht grundsätzlich die *Idee*. Formalia sind vorhanden, die Herangehensweise an die behandelten Probleme ist aber in erster Linie intuitiv. Das bedeutet nicht, dass das übliche und notwendige formale Instrumentarium nicht benutzt wird; im Gegenteil: Das pädagogische Konzept des Buches (falls von einem solchen die Rede sein kann) ist es, die Intuition hinter der Formel zu wecken. So und nur so soll die Anwendung der nötigen Mathematik als logische und folgerichtige Konsequenz gezeigt werden: Die meisten Probleme sind mit wenig mathematischem Aufwand lösbar, mit etwas mehr Mathematik geht es aber oft schneller und leichter. Dieses Buch zeigt beides, die eher informelle und die formale Herangehensweise. Der Schwerpunkt liegt aber im Informellen.

Im Übrigen: All zu hoch ist der mathematische Anspruch nicht: Die grundlegenden Kapitel lassen sich mit gesundem mathematischen Schulwissen verstehen. In den weiterführenden und teilweise etwas speziellen Kapiteln sind die zentralen mathematischen Konzepte zumeist kurz nochmals erläutert, so dass die meisten Leser ohne weitere Mathematik–Lektüre die formalen Aspekte auch dieser Kapitel verstehen können sollten.

Ein weiterer Aspekt des Buches verdient explizite Erwähnung: Da in der Ökonomie die Rolle der Laborexperimente ständig wächst, habe ich an vielen Stellen die Resultate der Spieltheorie mit den Resultaten entsprechender Laborexperimente konfrontiert. Häufig ist zu erkennen, dass (Spiel–) Theorie und (Labor–) Realität sich noch erheblich voneinander unterscheiden. Dies ist für mich ein Indiz dafür, wie wichtig und interessant die ökonomische Spieltheorie ist: Es handelt sich, wie häufig im Buch deutlich wird, um eine sehr dynamische Wissenschaft, die sich momentan rasend weiterentwickelt.

Das Buch ist hervorgegangen aus einem Skript, das Grundlage verschiedener Kurse zur Volkswirtschaftslehre, Entscheidungs– und Spieltheorie war. Diese Kurse waren und sind auf sehr unterschiedlichem fachlichen Niveau angesiedelt. Entsprechend gibt sich das Buch. Dies ist — scheint mir — ein weiterer Vorzug des vorliegenden Buches: Wer möchte, kann einen kurzen und relativ leichten Einblick in die Grundlagen der modernen Spieltheorie gewinnen. Aber auch die vertiefte Beschäftigung mit neueren und oft recht speziellen Gebieten der Spieltheorie ist mit Hilfe des vorliegenden Buches möglich.

Da das Buch bereits eine längere Geschichte als Lehr–Medium hinter sich hat, ist es nicht verwunderlich, dass nicht nur ich, sondern viele andere an der „Evolution" dieses Buches teilhatten. Ich danke deshalb insbesondere meinen vielen Studenten, die mit Hinweisen, Wünschen und Vorschlägen den Inhalt deutlich mitgeprägt haben. Zu danken habe ich natürlich auch den Freunden und Kollegen am Lehrstuhl und am Fachbereich, ohne die das Zustandekommen des Buches vollkommen undenkbar gewesen wäre. Alle Mängel und Fehler gehen natürlich auf meine Rechnung.

Hannover, Juli 2002 Thomas Riechmann

Inhaltsverzeichnis

1. Einleitung ... 1
1.1 Entscheidungstheorie und Spieltheorie ... 1
1.2 Präferenzen und Präferenzaxiome ... 2
1.2.1 Vollständigkeit der Präferenzen ... 2
1.2.2 Transitivität der Präferenzen ... 3

2. Klassische Entscheidungstheorie als Grundlage der Spieltheorie 5
2.1 Das Grundmodell der Entscheidungstheorie ... 5
2.1.1 Das Entscheidungsfeld ... 5
2.1.2 Die Zielfunktion ... 7
2.2 Entscheidungsregeln ... 8
2.2.1 Unsicherheit und Risiko ... 8
2.2.2 Das Dominanzkriterium ... 8
2.3 Entscheidungen unter Unsicherheit im engeren Sinne ... 10
2.3.1 Maximin–Regel ... 10
2.3.2 Maximax–Regel ... 11
2.3.3 Hurwicz–Regel ... 11
2.3.4 Minimax–Regret–Regel ... 12
2.3.5 Laplace–Regel ... 13
2.4 Entscheidungen unter Risiko ... 14
2.4.1 Die Erwartungswertregel ... 15
2.4.2 Das μ–σ–Prinzip ... 16
2.5 Interdependente Entscheidungen: Spieltheorie ... 19
2.5.1 Spieltheorie und klassische Entscheidungstheorie ... 19
2.5.2 Auszahlungsmatrix ... 19

3. Statische Spiele ... 21
3.1 Beste Antworten ... 21
3.1.1 Grundlagen ... 21
3.1.2 Streng beste und schwach beste Antworten ... 23
3.2 Dominanz ... 25
3.2.1 Strenge Dominanz ... 25
3.2.2 Dominierte Strategien und deren Eliminierung ... 27
3.2.3 Schwache und iterierte Dominanz ... 28
3.2.4 Common Knowledge ... 31
3.3 Nash-Gleichgewichte ... 33

3.4 Gleichgewichtsselektion ... 35
3.4.1 Pareto–Effizienz ... 35
3.4.2 Risikodominanz ... 37
3.4.3 Trembling–Hand–Perfektion ... 38
3.5 Spiele ohne Gleichgewichte ... 41
3.6 Beispiele ... 42
3.6.1 Gefangenendilemma ... 42
3.6.2 Das Chicken–Game ... 44
3.6.3 Stag–Hunt ... 45

4. Sequentielle Spiele ... 47
4.1 Einführung ... 47
4.1.1 Beispiel: Sequentielle Koordination ... 47
4.1.2 Begriffe ... 48
4.1.3 Herleitung der Normalform ... 49
4.2 Teilspiel–Perfektheit ... 50
4.2.1 Zermellos Algorithmus ... 51
4.2.2 Eliminierung dominierter Strategien ... 52
4.2.3 Teilspiel–Perfektheit und Trembling–Hand–Perfektion 53
4.3 Gleichgewichtsselektion: Die Reihenfolge der Spieler ... 54
4.3.1 First Mover's Advantage ... 54
4.3.2 Second Mover's Advantage ... 55
4.4 Beispiel: Markteintritt ... 57
4.4.1 Grundmodell ... 57
4.4.2 Selbstbindung ... 59
4.5 Experimente: Normalform versus Extensive Form ... 60

5. Information und Unsicherheit ... 63
5.1 Einleitung ... 63
5.2 Spiele bei unvollständiger Information ... 63
5.3 Informationsmengen und Spiele bei imperfekter Information . 65
5.4 Imperfekte Information und Teilspiel–Perfektheit ... 66
5.4.1 Teilspiele bei imperfekter Information ... 66
5.4.2 Auffinden teilspielperfekter Gleichgewichte ... 67
5.5 Spiele bei imperfekter Information und Erwartungsbildung .. 69
5.6 Harsanyi–Transformation ... 70
5.7 Bayes–Nash–Gleichgewicht ... 72
5.8 Erwartungsanpassung ... 75
5.8.1 Satz von Bayes ... 76
5.8.2 Bayesianische Erwartungsanpassung ... 77
5.8.3 Perfekt Bayesianisches Gleichgewicht ... 78
5.8.4 Zusammenfassung ... 79

6. Sicherheitsniveaus und Gemischte Strategien 81
6.1 Maximin und Minimax 81
6.1.1 Maximin 81
6.1.2 Minimax 83
6.1.3 Sattelpunkte 84
6.1.4 Maximin und Minimax in Nullsummenspielen 84
6.2 Sicherheitsniveaus in gemischten Strategien 85
6.3 Gemischte Strategien in streng kompetitiven Spielen 88
6.3.1 Streng kompetitive Spiele 88
6.3.2 Nash–Gleichgewichte in gemischten Strategien 91
6.4 Gemischte Strategien in allgemein strukturierten Spielen 92
6.4.1 Auszahlungsfunktionen 92
6.4.2 Beispiel: Gemischte Strategien im Chicken–Game 93
6.5 Trembling–Hand–Perfektion und Propere Gleichgewichte ... 94
6.5.1 Nochmal: Trembling–Hand–Perfektion 94
6.5.2 Propere Gleichgewichte 96
6.6 Anhang: Beweis zu Abschnitt 6.1.3 102
6.7 Anhang: Beweis zu Abschnitt 6.1.4 103

7. Reaktionskurven und Kontinuierliche Strategien 105
7.1 Reaktionskurven 105
7.1.1 Reaktionskurven in reinen Strategien 105
7.1.2 Reaktionskurven in gemischten Strategien 106
7.2 Kontinuierliche Strategien 109
7.3 Das Oligopol–Modell nach Cournot 113
7.3.1 Ein Duopol–Modell 114
7.3.2 Das allgemeine Cournot–Modell 128
7.4 Das Oligopol-Modell nach Stackelberg 132
7.5 Das Oligopol–Modell nach Bertrand 134
7.5.1 Das Grundmodell 134
7.5.2 Variante: Ungleiche Grenzkosten 135
7.5.3 Variante: Kapazitätsgrenzen 135
7.5.4 Variante: Produktdifferenzierung 137

8. Wiederholte Spiele 141
8.1 Wiederholtes Gefangenendilemma 141
8.1.1 Zweistufiges Spiel 141
8.1.2 Endlich oft wiederholtes Spiel 143
8.1.3 Unbestimmt oft wiederholtes Spiel 146
8.1.4 Endliche Automaten 148
8.2 Das Chainstore Paradox 152
8.3 Kollusion im Cournot–Duopol 152
8.4 Anhang: Herleitung zu Abschnitt 8.1.3 153

9. Lernen in Spielen 157
9.1 Naive Erwartungsbildung: Kurzsichtige beste Antwort 157
9.2 Fiktives Spielen 159
9.2.1 Konvergenz bei fiktivem Spielen 159
9.2.2 Nicht–Konvergenz bei fiktivem Spielen 165

10. Verhandlungen 169
10.1 Edgeworth–Boxen 169
10.2 Nash–Verhandlungslösung 171
10.3 Ein sehr einfaches Verhandlungsspiel 174
10.4 Das Ultimatum–Spiel 176
10.4.1 Diskrete Version 176
10.4.2 Kontinuierliche Version 178
10.4.3 Experimentelle Erkenntnisse 179
10.5 Verhandlungen mit Gegengeboten 179
10.5.1 Ein Zwei–Perioden–Verhandlungsspiel 179
10.5.2 Ein Verhandlungsspiel mit unendlichem Zeithorizont . 181
10.6 Anhang: Herleitung der Resultate für das einfache Verhandlungsspiel aus 10.3 184

11. Auktionen 187
11.1 Einleitung 187
11.2 Zweitpreisauktionen 187
11.3 Erstpreisauktionen 189
11.3.1 Vollkommene Information 189
11.3.2 Unvollkommene Information 189
11.4 Erlösäquivalenz 192
11.4.1 Erlöse bei Erstpreisauktionen 192
11.4.2 Erlöse bei Zweitpreisauktionen 193
11.4.3 Erlös–Äquivalenz–Theorem 194
11.5 Winner's Curse 194

12. Evolutionäre Spiele 195
12.1 Das Hawk–Dove–Spiel und evolutionär stabile Zustände 195
12.1.1 Das Hawk–Dove–Spiel 195
12.1.2 Der evolutionäre Ansatz 196
12.1.3 Evolutionär stabile Zustände (ESS) 198
12.2 Evolutionäre Dynamik 200
12.2.1 Replikatordynamik in diskreter Zeit 200
12.2.2 Replikatordynamik in kontinuierlicher Zeit 201
12.2.3 Ruhepunkte der Dynamik 202
12.3 Evolutionäre Gleichgewichtsselektion: Stochastische Stabilität 203
12.3.1 Das Spiel 203

12.3.2 Selektionsdynamik 204
12.3.3 Selektions– und Mutationsdynamik 205
12.4 Zwei–Populations–Spiele 208
12.5 Anhang: Übergang von diskreter zu stetiger Replikatordynamik 210

Literaturverzeichnis 213

Index 215

Abbildungsverzeichnis

2.1 Bestandteile einer Entscheidungsmatrix . . . 7

3.1 Beziehungen zwischen verschiedenen Gleichgewichtskonzepten . . 41

4.1 Follow the Leader . . . 48
4.2 Follow the Leader. Teilspiele . . . 51
4.3 Follow the Leader. Zermello . . . 52
4.4 Teilspiel–Perfektheit vs. Trembling–Hand–Perfektion . . . 53
4.5 Battle of the Sexes in extensiver Darstellung. Mann zieht zuerst . . 54
4.6 Battle of the Sexes in extensiver Darstellung. Frau zieht zuerst . . . 55
4.7 Diskoordinationsspiel. Frau zieht zuerst . . . 56
4.8 Markteintritts–Spiel. Komplette Darstellung . . . 57
4.9 Markteintritts–Spiel. Verkürzte Darstellung . . . 58
4.10 Markteintritt mit Selbstbindung . . . 59
4.11 Schotter–Spiel. Extensive Darstellung . . . 61

5.1 Follow the Leader bei unvollständiger Information . . . 63
5.2 Follow the Leader bei unvollständiger Information. Gemeinsame Darstellung . . . 64
5.3 Darstellung von Informationsmengen . . . 65
5.4 Spiele ohne weitere Teilspiele . . . 67
5.5 Rein–Raus–Spiel . . . 68
5.6 Inside–Outside–Spiel. Teilspielperfekte Gleichgewichte . . . 68
5.7 Erwartungsbildungs–Spiel . . . 69
5.8 Follow the Leader. Mögliche Auszahlungen . . . 71
5.9 Follow the Leader. Harsanyi–transformiert . . . 72
5.10 Follow the Leader. „Gute“ Strategien . . . 74

6.1 Maximin . . . 82
6.2 Minimax . . . 83
6.3 Sicherheitsniveaus . . . 88
6.4 Erwartete Auszahlungen an Rudi . . . 90
6.5 Beziehungen zwischen verschiedenen Gleichgewichtskonzepten . . 101

7.1 Reaktionskurven im Rudi–Kargus–Spiel . . . 108
7.2 Reaktionskurven im Rudi–Kargus–Spiel. Nash–Gleichgewicht . . . 108
7.3 Reaktionskurven im Chicken–Game. Nash–Gleichgewichte . . . 109
7.4 Reaktionsfunktion im Eimer–Spiel . . . 113

7.5 Reaktionsfunktionen im Eimer–Spiel. Gemeinsame Darstellung. Nash–Gleichgewichte 114
7.6 Reaktionskurven im Cournot–Duopol 118
7.7 Cournot–Modell. Anpassungsdynamik 118
7.8 Cournot–Modell mit Skaleneffekten 121
7.9 Cournot–Modell mit Skaleneffekten. Anpassungsdynamik 122
7.10 Cournot–Modell mit Skaleneffekten. Zyklische Dynamik 123
7.11 Cournot–Modell für komplementäre Güter. Existenz eines Gleichgewichts 127
7.12 Stackelberg–Spiel. Extensive Darstellung 132

8.1 Gefangenendilemma. Extensive Form 142
8.2 Zweistufiges Gefangenendilemma. Extensive Form 142
8.3 Endliche Automaten für das Gefangenendilemma 149

9.1 Modezyklus 159
9.2 Reaktionskurven im Fiktiven Spiel 160
9.3 Dynamik im Fiktiven Spiel: Richtungsfelder 162
9.4 Simulationsergebnis: Fiktives Spielen im Fiktiven Spiel 164
9.5 Dynamik beim Fiktiven Spielen: Wechselnde Zielpunkte 165
9.6 Theoretische Dynamik beim Fiktiven Spielen 166

10.1 Edgeworth–Box 170
10.2 Auszahlungsraum zur Edgeworth–Box 171
10.3 Nash Verhandlungslösung (Beispiel) 173
10.4 Einfaches Verhandlungsmodell 174
10.5 Ultimatum–Spiel mit diskreten Geboten 177
10.6 Verhandlungsspiel mit Gegengebot 180
10.7 Verhandlungsspiel mit Gegengebot 181
10.8 Verhandlungsmodell mit alternierenden Geboten 182

12.1 Mutationen 206
12.2 Trajektorien der Evolutionsdynamik 210

Tabellenverzeichnis

2.1 Entscheidungstabelle ... 5
2.2 Beste und dominierte Handlungsalternativen ... 9
2.3 Maximin–Regel ... 10
2.4 Maximax–Regel ... 11
2.5 Hurwicz–Regel für einen Entscheider mit $\alpha = 0.4$ ... 12
2.6 Minimax–Regret–Regel ... 13
2.7 Minimax–Regret–Regel, Verlustmatrix ... 13
2.8 Laplace–Regel ... 14
2.9 Entscheidung unter Risiko ... 15
2.10 Allgemeineres Beispiel, Entscheidungstabelle ... 16
2.11 μ–σ–Beispiel ... 17
2.12 μ–σ–Beispiel mit Standardabweichungen ... 18
2.13 Entscheidungstabellen für A und B ... 19
2.14 Auszahlungsmatrix ... 20

3.1 Stein–Schere–Papier, Auszahlungen an A, B ... 22
3.2 Stein–Schere–Papier, beste Antworten ... 22
3.3 Stein–Schere–Papier–LabskausausderDose, beste Antworten ... 23
3.4 Fußball–Spiel ... 25
3.5 Fußball–Spiel. Geschrumpft ... 27
3.6 Dominierte Strategie ohne dominante Strategie ... 28
3.7 Dominanzexperiment nach Fudenberg und Tirole (1991) ... 28
3.8 Iterierte Dominanz ... 29
3.9 Iterierte Dominanz. Geschrumpfte Matrix ... 30
3.10 Mehrdeutigkeit iterierter Dominanzgleichgewichte ... 30
3.11 Mehrdeutigkeit iterierter Dominanzgleichgewichte, erster Fall ... 31
3.12 Battle of the Sexes ... 33
3.13 Koordinationsspiel ... 36
3.14 Gefährliche Koordination ... 37
3.15 Risikodominanz–Spiel ... 37
3.16 Risikodominanz–Spiel. Erwartete Auszahlungen ... 38
3.17 Zitterspiel ... 39
3.18 Völliges Zerwürfnis der Geschlechter ... 42
3.19 Gefangenendilemma ... 43
3.20 Chicken–Game ... 44
3.21 Drachenjagd ... 46

4.1 Koordinationsspiel 47
4.2 Follow the Leader. A zieht zuerst. Normalform 50
4.3 Follow the Leader. Normalform 53
4.4 Battle of the Sexes in simultanen Zügen 54
4.5 Völliges Zerwürfnis der Geschlechter 55
4.6 Markteintritts–Spiel. Normalform. Komplette Darstellung 58
4.7 Markteintritt. Reduzierte Form 58
4.8 Markteintritt mit Selbstbindung. Normalform 60
4.9 Schotter–Spiel. Normalform 60

5.1 Inside–Outside–Teilspiel. Normalform 68
5.2 Erwartungsbildungs–Spiel. Normalform 69
5.3 Erwartete Auszahlungen an B 72
5.4 Erwartete Auszahlungen an B 79

6.1 Minimax–Maximin–Spiel, Auszahlungen für A 81
6.2 Sattelpunkt–Spiel. Auszahlungen an A 84
6.3 Nullsummenspiel. Auszahlungen 85
6.4 Spiel. Auszahlungen an A für reine Strategien und gemischte Strategie G 86
6.5 Rudi–Kargus–Spiel. Auszahlungen 89
6.6 Rudi–Kargus–Spiel. Auszahlungstabelle 93
6.7 Chicken–Game. Normalform 93
6.8 Tatterspiel 95
6.9 Zappelspiel 97

7.1 Reaktionsspiel 105
7.2 Reaktionsspiel. Reaktionskurven 106
7.3 Rudi–Kargus–Spiel. Auszahlungstabelle 107
7.4 Chicken–Game. Auszahlungen 109
7.5 Eimer–Spiel. Normalform 110
7.6 Eimer–Spiel, größere Strategiemengen. Normalform 112
7.7 Kollusion im Cournot–Duopol als Gefangenendilemma 125
7.8 Kollusion im Cournot–Duopol als Gefangenendilemma, einfachere Darstellung 125
7.9 Marktformen im Cournot–Modell 131

8.1 Gefangenendilemma G 141
8.2 Zweistufiges Gefangenendilemma G^2. Normalform. Erster Teil 144
8.3 Zweistufiges Gefangenendilemma G^2. Normalform. Zweiter Teil 145
8.4 Gefangenendilemma G^2. Auszahlungen 146
8.5 Gefangenendilemma G^{T-t}. Auszahlungen 146
8.6 Gertrud gegen Tit for two Tat. Aktionen und Auszahlungen 149

8.7 Unendlich oft wiederholtes Gefangenendilemma ... 151
8.8 Auszahlungen im Cournot–Spiel ... 153

9.1 Mode–Spiel. Normalform ... 158
9.2 Ablauf des Mode–Spiels bei naiver Erwartungsbildung ... 158
9.3 Fiktives Spiel ... 160
9.4 Fiktives Spielen im Fiktiven Spiel. Simulationsergebnisse ... 163
9.5 nochmal: Mode–Spiel. Normalform ... 165
9.6 Wahrscheinlichkeitsvorstellungen und Strategien im Mode–Spiel über die Zeit ... 166

10.1 Ultimatum–Spiel mit diskreten Geboten. Normalform ... 177

11.1 simples Auktionsspiel ... 188

12.1 Hawk–Dove–Spiel. Normalform ... 195
12.2 ESS–Finde–Spiel. Auszahlungen an Zeilenspieler ... 199
12.3 Mehrdeutige ESS ... 204
12.4 Ultimatum–Minispiel. Normalform ... 208

1. Einleitung

1.1 Entscheidungstheorie und Spieltheorie

Spieltheorie ist Entscheidungstheorie. Zugegeben, sie ist ein spezieller Teil der Entscheidungstheorie, vielleicht sogar ein besonders komplizierter, ein besonders eleganter, oder was auch immer. Dennoch und nochmals: Spieltheorie ist Entscheidungstheorie. Gegenstand beider sind und bleiben Entscheidungen von Individuen. Insofern ist es fair und angebracht, beides, klassische Entscheidungstheorie und Spieltheorie, gemeinsam in einem Buch unterzubringen; um so mehr deshalb, weil die Kenntnis der Grundlagen der klassischen Entscheidungstheorie den Einstieg in die Spieltheorie erleichtern kann. Viele Ideen und Konzepte sind sich schließlich sehr ähnlich.

Entscheidungen sind Wahlhandlungen.[1] Dabei sind die folgenden Merkmale wichtig:

- In einer Entscheidungssituation hat der Entscheidungsträger mindestens zwei Handlungsmöglichkeiten zur *freien* Auswahl.
- Nur Wahlhandlungen, die *bewußt* vollzogen werden, gelten als Entscheidungen. Sogenannte „Reflexe" können daher nicht als Entscheidungen im Sinne der Entscheidungstheorie gelten.
- Nur solche Ergebnisse von Wahlhandlungen („getroffene Entscheidungen"), die auch tatsächlich verwirklicht werden sollen, gelten als Entscheidungsergebnis.

Die Entscheidungstheorie ist Bestandteil vieler Wissenschaftszweige. Besonders die Logik, die Mathematik und die Philosophie haben sie geprägt. Zu unterscheiden sind einerseits die präskriptive oder normative Entscheidungstheorie und andererseits die deskriptive oder positive Entscheidungstheorie.

Die deskriptive Entscheidungstheorie hat die Beschreibung von Entscheidungen zum Ziel, wie sie in der Realität beobachtet werden können. Der Gegenstand der deskriptiven Entscheidungstheorie lässt sich mit der Frage „Wie werden in der Realität Entscheidungen getroffen?" beschreiben.

Die normative Entscheidungstheorie soll Hilfestellungen bei der Entscheidungsfindung bieten. Ihre zentrale Frage lautet: „Wie sollte eine Entscheidung getroffen werden?"

[1] Tatsächlich hat das Wort „Entscheidung" in der deutschen Sprache zwei Bedeutungen: Einerseits beschreibt es den Vorgang des Auswählens einer Handlungsalternative, andererseits aber auch das Ergebnis dieser Auswahl.

1.2 Präferenzen und Präferenzaxiome

Um sinnvolle Entscheidungen treffen zu können, ist es notwendig, dass der Entscheider die möglichen Ergebnisse von Entscheidungen miteinander vergleichen kann. Damit dies möglich ist, müssen mindestens zwei Grundanforderungen oder Axiome erfüllt sein[2] — das Vollständigkeits- und das Transitivitätsaxiom. Diese Axiome beziehen sich auf die Präferenzen (die Vorlieben, den Geschmack) eines Entscheiders.

1.2.1 Vollständigkeit der Präferenzen

Das Vollständigkeitsaxiom verlangt, dass der Entscheider für jedes beliebige Ergebnispaar einer Entscheidung sagen kann, welches Ergebnis er besser findet („höher schätzt") oder ob er beide Ergebnisse gleich gut findet („gleich hoch schätzt").

Zur formalen Beschreibung sollen einige Symbole benutzt werden: e_i sei ein beliebiges Entscheidungsergebnis und e_j ein anderes. Dann bedeutet: $e_i \succ e_j$, dass der Entscheider e_i höher schätzt als e_j. Man sagt auch, der Entscheider zieht e_i gegenüber e_j vor. Umgekehrt bedeutet $e_i \prec e_j$, dass der Entscheider e_i weniger schätzt als e_j. $e_i \sim e_j$, bedeutet, dass e_i und e_j gleich hoch geschätzt werden, d.h. der Entscheider ist indifferent zwischen e_i und e_j.

Wichtigster Inhalt des Vollständigkeitsaxioms ist die Forderung, dass der Entscheider *alle* möglichen Entscheidungsergebnisse miteinander vergleichen können soll.

Ist die Entscheidungssituation die Situation, dass der Entscheider ein Getränk wählen muss, und die Getränke, die zur Auswahl stehen, sind Kuhmilch, Bier und Tomatensaft, so kann der Entscheider beispielsweise angeben, dass

$$\text{Tomatensaft} \succ \text{Kuhmilch}$$
$$\text{Kuhmilch} \prec \text{Bier}$$

Kann ein Entscheider für eine beliebige Kombination von zwei Ergebnissen nicht angeben, wie er sie gegeneinander einschätzt, so sind seine Präferenzen *unvollständig*, und seine Entscheidungen können in der Entscheidungs– und Spieltheorie nicht behandelt werden.

Kurz gefasst besagt das Vollständigkeitsaxiom, dass nur dann die Entscheidungen eines Menschen untersucht werden können, wenn dieser weiß, was er will.

[2] Die beiden genannten Axiome sind nicht die einzigen Präferenzaxiome, die in der Entscheidungstheorie verwendet werden (vgl. etwa Kreps 1990, S. 18 ff.). Es sind hier aber nur zwei genannt, weil diese beiden für die Analyse in diesem Buch völlig ausreichen.

1.2.2 Transitivität der Präferenzen

Das Transitivitätsaxiom verlangt, dass die Präferenzen eines Entscheiders über alle möglichen Entscheidungsergebnisse (z.B. e_i, e_j und e_k) konsistent, d.h. widerspruchsfrei sind. Es muss gelten, dass

$$\begin{array}{lcl} e_i \sim e_j \quad \text{und} \quad e_j \sim e_k & \Rightarrow & e_i \sim e_k \\ e_i \succ e_j \quad \text{und} \quad e_j \succ e_k & \Rightarrow & e_i \succ e_k \\ e_i \prec e_j \quad \text{und} \quad e_j \prec e_k & \Rightarrow & e_i \prec e_k \end{array}$$

Im Beispiel folgt aus

$$\text{Tomatensaft} \succ \text{Kuhmilch}$$

und

$$\text{Bier} \succ \text{Tomatensaft}$$

per Transitivität, dass auch

$$\text{Bier} \succ \text{Kuhmilch}$$

gelten muss.

Findet aber der Entscheider, dass beispielsweise Tomatensaft $\succ$ Kuhmilch und Bier $\succ$ Tomatensaft gelten, meint aber gleichzeitig, dass er Kuhmilch gegenüber Bier vorzieht, also

$$\text{Kuhmilch} \succ \text{Bier}\ ,$$

dann sind seine Präferenzen *intransitiv*, d.h. widersprüchlich, und seine Entscheidungen können in der Entscheidungs– und Spieltheorie nicht behandelt werden (sondern eher in einer Nervenklinik).

2. Klassische Entscheidungstheorie als Grundlage der Spieltheorie

2.1 Das Grundmodell der Entscheidungstheorie

Mit Hilfe des Grundmodells der Entscheidungstheorie lassen sich Entscheidungsprobleme strukturieren und Lösungen für Entscheidungsprobleme entwickeln. Die beiden Hauptbestandteile des Grundmodells sind das Entscheidungsfeld und die Zielfunktion.

2.1.1 Das Entscheidungsfeld

Das Entscheidungsfeld erfasst modellmäßig die Handlungsalternativen einer Entscheidung, die für die Entscheidung relevanten Umweltzustände und die Ergebnisse von Entscheidungen. Das Entscheidungsfeld besteht aus drei Teilen, den Handlungsalternativen, den Umweltzuständen und den Handlungsergebnissen. Es lässt sich in Form einer Entscheidungstabelle darstellen, wie dies in Tabelle 2.1 geschieht.

		Umweltzustand	
		s_1	s_2
Handlungs–	a_1	$\pi(a_1, s_1)$	$\pi(a_1, s_2)$
alternative	a_2	$\pi(a_2, s_1)$	$\pi(a_2, s_2)$

Tabelle 2.1: Entscheidungstabelle

In der Tabelle bezeichnen s_1 und s_2 die Umweltzustände, a_1 und a_2 die Handlungsalternativen und $\pi(a_1, s_1)$ bis $\pi(a_2, s_2)$, allgemein: $\pi(a_i, s_j)$, die Ergebnisse oder Auszahlungen. Dabei ist $\pi(a_i, s_j)$, $i \in \{1,2\}$; $j \in \{1,2\}$ das Ergebnis, das eintritt, wenn die Handlungsalternative a_i gewählt wurde und dann der Umweltzustand s_j eintrat.

Eine Wahlhandlung wird vereinbarungsgemäß nur dann Entscheidung genannt, wenn dem Entscheider mindestens zwei Handlungsalternativen zur Verfügung stehen. Die Handlungsalternativen sind ein Bestandteil des Entscheidungsfeldes. Sie lassen sich als Werte solcher Größen beschreiben, die der Entscheider beeinflussen kann. Handlungsalternativen können beispielsweise aus einer Liste von Getränken bestehen, von denen eines ausgewählt werden soll. Die Handlungsalternativen können aber auch die Höhe eines zu investierenden Geldbetrages sein. Ein weiteres Beispiel könnte folgendes sein: Für das Problem, wie man am besten von zu Hause zur Universität gelangt, existieren zwei Handlungsalternativen, die Fahrt per Bus oder die Fahrt per Fahrrad. Die Handlungsalternativen werden in der Entscheidungstabelle an den Zeilen notiert. Die Gesamtheit aller Entscheidungsalternativen, später oft auch „Aktionen" oder „Strategien" genannt, bildet den *Alternativenraum.*

Das Ergebnis einer Entscheidung hängt nicht nur davon ab, welche Handlungsalternative gewählt wird, sondern auch davon, welcher Umweltzustand (auch: Situation) eintritt. Als Umweltzustand können alle Größen angesehen werden, die das Ergebnis einer Entscheidung beeinflussen, die aber vom Entscheider nicht verändert werden können. So können die Umweltzustände beispielsweise das Investitionsklima oder die Ertragsaussichten einer Investition sein. Umweltzustände werden als Kopfspalten der Entscheidungstabelle notiert. Die Gesamtheit aller Umweltzustände bildet den *Zustandsraum* einer Entscheidungssituation. Wichtig zur korrekten Beschreibung von Entscheidungssituationen ist es, dass der Zustandsraum *vollständig* erfasst ist. Dies bedeutet, dass der Zustandsraum alle denkbaren und für die Entscheidungsfindung wichtigen Umweltzustände enthalten muss. Zudem müssen sich die erfassten Zustände gegenseitig ausschließen. Im Beispiel des Uniweg–Problems ist der wichtigste Umweltzustand das Wetter. Wichtig ist, dass als Werte eines Umweltzustandes immer solche Ausprägungen gewählt werden, die sich gegenseitig ausschließen, d.h. solche Ausprägungen, die nicht gleichzeitig eintreten können. Eine vernünftige Spezifikation des Zustandsraumes „Wetter" wäre etwa „Schneefall" und „kein Schneefall", nicht aber „Regen" und „Wind". Es kann nicht gleichzeitig (an demselben Ort zur selben Zeit) schneien und nicht schneien. Diese beiden Zustände schließen einander aus. Es kann aber sehr wohl gleichzeitig regnen und windig sein.[1] Den gewählten Umweltzuständen können möglicherweise Eintrittswahrscheinlichkeiten zugeordnet werden, d.h. es lässt sich angeben, wie wahrscheinlich die einzelnen Umweltzustände sind.

Für jede Wahlhandlung ergibt sich für jede gewählte Alternative bei jedem Umweltzustand ein Entscheidungsergebnis. Dieses Ergebnis wird, unabhängig davon, ob es sich hierbei um einen Geldbetrag handelt oder nicht, oft auch als *Auszahlung* bezeichnet. Dies kann beispielsweise der Ertrag einer Investition, die Dauer einer Haftstrafe oder der Ausgang eines Fußballspiels sein. Als Ergebnis des Uniweg–Problems ergibt sich die Fahrzeit. Die Gesamtheit aller Entscheidungsergebnisse oder Auszahlungen bildet den *Ergebnisraum* oder den *Auszahlungsraum.*

[1] Dieses Buch ist in Norddeutschland entstanden!

Innerhalb einer Entscheidungstabelle oder Entscheidungsmatrix lassen sich alle genannten Elemente für das Uniweg–Problem darstellen, wie dies in Abb. 2.1 dargestellt ist.

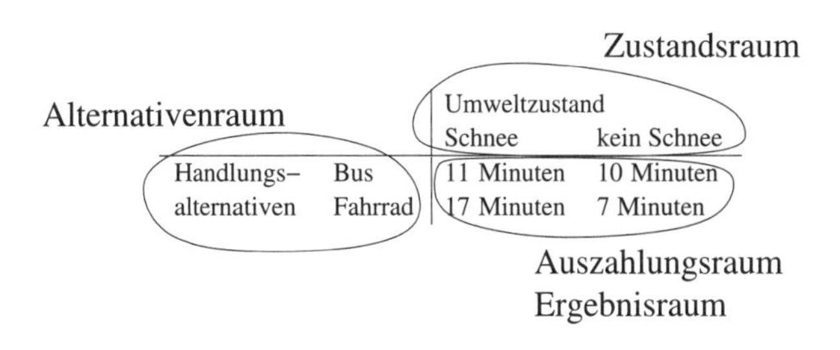

Abbildung 2.1: Bestandteile einer Entscheidungsmatrix

2.1.2 Die Zielfunktion

Vernünftige Entscheidungen können nur dann getroffen werden, wenn Zielvorstellungen existieren. Der Entscheider muss wissen, was er mit seiner Entscheidung erreichen will. Erst wenn ein Ziel vorhanden ist, können die verschiedenen Entscheidungsergebnisse dahingehend verglichen werden, wie gut das Ziel erreicht wird.

Jedes Ziel wird durch drei Merkmale charakterisiert, durch seinen Inhalt, seinen zeitlichen Bezug und sein Ausmaß. Der Zielinhalt ist der materielle Inhalt des Ziels. Zielinhalt kann beispielsweise der Ertrag einer Investition sein, der Umsatz eines Unternehmens oder die Fahrtzeit zur Uni. Sinnvollerweise wird der Zielinhalt in Form der Entscheidungsergebnisse bzw. Auszahlungen in der Entscheidungstabelle angegeben.

Der zeitliche Bezug eines Ziels ist der Zeitpunkt oder der Zeitraum, in dem die Zielerreichung angestrebt wird.

Das Zielausmaß legt fest, in welcher Form das Ziel erreicht werden soll. Man unterscheidet:

- Maximierung
- Minimierung
- Satisfizierung („Das Ziel muss mindestens in folgendem Ausmaß erreicht werden ...“)
- Fixierung („Das Ziel muss genau den folgenden Wert annehmen ...“)

Für das Uniweg–Beispiel bedeutet die Zielformulierung „Erreiche heute die Uni so schnell wie möglich!“ folgende Ausprägung der Zielmerkmale: Zielinhalt ist die Dauer des Uniweges, der zeitliche Bezug ist der heutige

Tag und das Zielausmaß ist die Minimierung des Zielinhalts. Andere Zielausmaße würden lauten: „Erreiche heute die Uni so langsam wie möglich.“ (Maximierung), „Erreiche heute die Uni in höchstens 10 Minuten.“ (Zielsatisfizierung) oder „Erreiche heute die Uni in genau 12 Minuten.“ (Zielfixierung).

Sowohl in der Spieltheorie wie auch in der klassischen Entscheidungstheorie ist die Maximierung das bei weitem am häufigsten anzutreffende Zielausmaß.

2.2 Entscheidungsregeln

2.2.1 Unsicherheit und Risiko

Entscheidungen sind trivial, falls bekannt ist, welcher der möglichen Umweltzustände eingetroffen ist. A priori jedoch ist es zumeist unsicher, welcher Umweltzustand eintreffen wird. Tatsächlich sind aber häufig Wahrscheinlichkeiten bekannt, mit denen der eine oder der andere Zustand eintreffen wird. So kann beispielsweise dafür, dass es am 20. Juli in Norddeutschland schneien wird, eine Wahrscheinlichkeit ermittelt werden. (Man könnte diese Wahrscheinlichkeit etwa aus den Wetteraufzeichnungen der letzten einhundert Jahre errechnen.) Somit ließe sich für den Zustand „Schnee am 20. Juli in Norddeutschland“ eine *objektive Wahrscheinlichkeit* bestimmen. Zudem erscheint es subjektiv unwahrscheinlich, dass es am 20. Juli in Norddeutschland schneit. Dennoch ist dieses Ereignis nicht unmöglich!

Für das Eintreffen von Ereignissen lassen sich also zumeist Wahrscheinlichkeiten bestimmen, und zwar *objektive* oder *subjektive* Wahrscheinlichkeiten. Solange Entscheidungen unter der Voraussetzung getroffen werden, dass für das Eintreten der möglichen Umweltzustände Wahrscheinlichkeiten (egal, ob objektiv oder subjektiv) bestimmt werden können, spricht man von *Entscheidungen unter Risiko*.

Es gibt aber auch Fälle, bei denen keine Eintrittswahrscheinlichkeiten für die Umweltzustände existieren. In diesem Fall muss die *Entscheidung unter Unsicherheit* (oft auch: Unsicherheit im engeren Sinne) getroffen werden.

Für Entscheidungen unter Unsicherheit gibt es verschiedene Entscheidungsregeln, von denen einige im folgenden betrachtet werden sollen.

2.2.2 Das Dominanzkriterium

Zunächst ist es möglich, die zur Auswahl stehenden Handlungsalternativen „vorzusortieren“. Es ist manchmal der Fall, dass eine Handlungsalternative in jedem Fall, d.h. bei jedem Umweltzustand zu schlechteren Ergebnissen führt als eine andere. In diesem Fall sagt man, die schlechte Alternative sei (durch die anderen) dominiert. Die dominierte Alternative muss bei der weiteren Entscheidungsfindung nicht mehr berücksichtigt werden. Das Beispiel aus Tab. 2.2 soll dies verdeutlichen. Es existiere eine Entscheidungssituation mit vier möglichen Umweltzuständen und fünf Handlungsalternativen. Ziel sei es, die Auszahlung zu maximieren.

		Umweltzustand			
		s_1	s_2	s_3	s_4
	a_1	20	[15]	[20]	3
	a_2	5	6	7	[4]
Handlungs-	a_3	[22]	3	3	-2
alternative	a_4	19	3	2	2
	a_5	21	3	2	2
	a_6	5	3	6	[4]

Tabelle 2.2: Beste und dominierte Handlungsalternativen

Zur genauen Analyse empfiehlt es sich, die Entscheidungssituation für jeden der Umweltzustände einzeln zu untersuchen. Für den Fall, dass Zustand s_1 eintreten sollte, ist Alternative a_3 die beste Wahl. Im Zustand s_2 ist Alternative a_1 am besten, im Zustand s_3 Alternative a_1 und in Zustand s_4 sind es a_2 und a_6 gleichermaßen. Die Auszahlungen, die jeweils die höchstmöglichen in jedem Umweltzustand sind, sind in Tabelle 2.2 durch ein Kästchen eingefasst.

Bei genauerer Betrachtung zeigt sich, dass die Alternativen a_4 und a_5 bei keinem der möglichen Umweltzustände die beste Wahl sind, immer gibt es wenigstens eine bessere Alternative.

Bei Alternative a_4 ist dies besonders ausgeprägt. Die Alternative a_1 führt in jedem möglichen Umweltzustand zu einer höheren Auszahlung als a_4. Was immer auch passiert, es ist in jedem Fall besser, a_1 zu wählen als a_4. Man sagt, a_4 wird von a_1 „streng dominiert", oder a_1 ist gegenüber a_4 „streng dominant".

Alternative a_5 ist, ähnlich wie a_4, niemals die beste Wahl. a_5 wird aber nicht von einer einzigen Alternative dominiert, sondern in verschiedenen Umweltzuständen von verschiedenen Alternativen. In s_1 ist a_3 besser als a_5, in s_2 sind a_1 und a_2 besser als a_5, und in s_3 und s_4 sind es a_1, a_2 und a_6. Auch a_5 ist streng dominiert, aber nicht von einer einzigen dominanten Strategie.

Alternative a_6 ist nicht grundsätzlich eine schlechtere Wahl als andere Strategien. Sie ist aber niemals besser als die anderen Strategien, meistens sogar schlechter. In s_4 ist sie, gemeinsam mit a_4, die beste Alternative. Es gibt aber dennoch keinen Grund, sich für a_6 zu entscheiden, denn es existiert für jeden Umweltzustand eine Alternative, die mindestens so gut ist wie a_6.

a_6 ist eine Alternative, die niemals die alleinig beste Wahl ist, sondern mehrmals sogar eine schlechte Auswahl. Solche Strategien nennt man „schwach dominiert".

Dominierte Alternativen, egal ob schwach oder streng dominiert, müssen zur Entscheidungsfindung nicht weiter betrachtet werden, denn es gibt in jedem Fall eine Alternative, die eine mindestens so gute Wahl ist wie die dominierte.

Das bisher beispielhaft zur Dominanz gesagte gilt natürlich nur für den Fall, dass das Ergebnis (die Auszahlung) maximiert werden soll. Bei Zielminimierung dreht sich die Argumentation natürlich um.

2.3 Entscheidungen unter Unsicherheit im engeren Sinne

Liegen keinerlei Informationen über die Eintrittswahrscheinlichkeiten der Umweltzustände vor, lässt sich anhand der folgenden Regeln entscheiden.

2.3.1 Maximin–Regel

Die Maximin–Regel (oder Wald–Regel) ist eine pessimistische Regel. Sie fordert, sich für die Handlung zu entscheiden, bei der „am wenigsten schief gehen" kann. Bei Maximierungsentscheidungen bedeutet dies, diejenige Alternative auszuwählen, die im schlimmst möglichen Fall das höchste Ergebnis aller Alternativen erreicht. Mathematisch bedeutet dies, das Maximum der Zeilenminima zu ermitteln.

Die Regel „finde das Maximum der Zeilenminima." gilt natürlich nur für *Maximierungsprobleme*. Bei Minimierungsproblemen ist die gesamte Entscheidungslogik analog zu verwenden, so dass hier das Minimum der Zeilenmaxima zu ermitteln ist.

Die Maximin–Regel lässt sich am Beispiel darstellen. Dabei müssen wegen der Dominanz die Alternativen a_4 bis a_6 nicht mehr betrachtet werden. Die entsprechend bearbeitete Tabelle ist Tab. 2.3.

		Umweltzustand				
		s_1	s_2	s_3	s_4	Minimum
	a_1	20	15	20	3	3
Alt.	a_2	5	6	7	4	4
	a_3	22	3	3	-2	-2

Tabelle 2.3: Maximin–Regel

Nach der Maximin–Regel sollte Handlungsalternative a_2 gewählt werden: Wenn der schlimmste Fall eintritt (s_4), ist das Ergebnis immer noch

4. Wählt man dagegen a_1, und es tritt der schlechteste Fall ein (nämlich Umweltsituation s_4), beträgt das Ergebnis nur 3. Das schlechtest mögliche Ergebnis bei a_3 ist -2 u.s.w.

Am Beispiel ist deutlich zu erkennen, dass die Maximin–Regel sehr pessimistisch ist. Sie geht immer davon aus, dass der schlimmste Fall eintritt, und verringert im Grunde nur den Verlust. Die Chance einer Auszahlung von 22, die die Auswahl von a_3 bietet (wenn nicht der schlimmste Fall eintritt), bleibt ungenutzt.

2.3.2 Maximax–Regel

Die Maximax–Regel ist die Umkehrung der Maximin–Regel. Sie fordert, die Alternative zu wählen, die das höchste Ergebnis bringt, wenn der günstigste Umweltzustand eintritt. Mathematisch bedeutet dies, das Maximum der Zeilenmaxima auszuwählen.

		Umweltzustand				
		s_1	s_2	s_3	s_4	Maximum
	a_1	20	15	20	3	20
Alt.	a_2	5	6	7	4	7
	a_3	22	3	3	-2	22

Tabelle 2.4: Maximax–Regel

Die Maximax–Regel ist sehr optimistisch. Sie richtet sich danach, wo das höchste Ergebnis zu suchen ist, wenn „alles bestens läuft“. Im Beispiel würde a_3 gewählt, weil diese Alternative im besten Fall (s_1) zum höchsten Ergebnis führt.

2.3.3 Hurwicz–Regel

Die Maximin–Regel ist eine Entscheidungsregel, der nur ausgeprägte Pessimisten folgen würden, die Maximax–Regel ist eine Regel für strahlendste Optimisten. Es liegt nahe, eine Regel zu suchen, die einen Kompromiss zwischen beiden Regeln bietet. Eine solche Regel ist die Hurwicz–Regel.

Bei der Hurwicz–Regel wird zunächst der Entscheider hinsichtlich der Ausprägung seines Optimismus (oder seines Pessimismus) durch eine Zahl charakterisiert, den „Optimismus–Pessimismus–Index“ α. Der Index α liegt zwischen (einschließlich) Null („Null Prozent“) und Eins („Hundert Prozent“). Ein extremer, „hundertprozentiger“, Optimist erhält einen Index von $\alpha = 1$, ein extremer Pessimist („nullprozentiger Optimist“) einen Index von $\alpha = 0$. Normale Menschen liegen mit ihrem Index zwischen diesen Extremen.

Das eigentliche Vorgehen bei der Hurwicz–Regel ist nun das folgende: Man bestimmt für jede Handlungsalternative die höchstmögliche Auszahlung und die geringst mögliche Auszahlung. Hieraus errechnet man einen mit dem persönlichen α–Index des Entscheiders gewichteten Durchschnittswert aus minimaler und maximaler Auszahlung, den „H–Wert“:

$$H = (1-\alpha)\,\text{Minimum} + \alpha\,\text{Maximum}$$

Die Alternative mit dem höchsten H–Wert ist auszuwählen.

Tabelle 2.5 zeigt ein Beispiel für einen leicht pessimistischen Entscheider mit einem Index von $\alpha = 0.4$. Im Beispiel wäre Alternative a_1 zu wählen.

		Umweltzustand						
		s_1	s_2	s_3	s_4	Min.	Max.	H
	a_1	20	15	20	3	3	20	9.8
Alt.	a_2	5	6	7	4	4	7	5.2
	a_3	22	3	3	-2	-2	22	7.6

Tabelle 2.5: Hurwicz–Regel für einen Entscheider mit $\alpha = 0.4$

2.3.4 Minimax–Regret–Regel

Die Minimax–Regret–Regel (oder Savage–Niehans–Regel) ist die richtige Regel für Menschen, die schwer unter Enttäuschungen leiden. Gegenstand dieser Regel ist der Versuch, die Gefahr von Enttäuschungen möglichst klein zu halten.

Eine Enttäuschung im Sinne der Minimax–Regret–Regel ist die Differenz zwischen der maximal möglichen Auszahlung in einem Umweltzustand und der (nach der Entscheidung) tatsächlich eingetretenen Auszahlung. Diese Differenz soll durch möglichst geschickte Wahl der Handlungsalternative minimiert werden.[2]

Das Prinzip der Minimax–Regret–Regel lässt am Beispiel aus Tab. 2.6 erläutern.

Angenommen, der Entscheider habe die Alternative a_1 gewählt und Zustand s_1 sei eingetreten. Die entstehende Auszahlung beträgt $\pi(a_1, s_1) = 20$. Hätte der Entscheider in dem Vorhaben, die Auszahlung zu maximieren, Alternative a_3 gewählt, betrüge seine Auszahlung nach Eintreffen von Zustand s_1 aber $\pi(a_3, s_1) = 22$. Ein Entscheider mit Neigung zur Selbstvorwürfen hätte Anlass, sich zu ärgern: Durch die Entscheidung für a_1 ist ihm Auszahlung in Höhe von $v(a_1, s_1) = 22 - 20 = 2$ entgangen.

[2] Achtung, Mikro–Spezialisten! Die Minimax–Regret–Regel ist nur bei kardinal skalierten Auszahlungen sinnvoll anwendbar, nicht aber bei ordinalen. Deshalb sollte diese Regel nicht für Nutzenwerte angewendet werden.

		Umweltzustand			
		s_1	s_2	s_3	s_4
	a_1	20	15	20	3
Alt.	a_2	5	6	7	4
	a_3	22	3	3	-2

Tabelle 2.6: Minimax–Regret–Regel

Die Höhe des Bedauerns oder die Höhe des Verlustes durch eine Fehlentscheidung lässt sich entsprechend bestimmen. Der Verlust einer Entscheidung bemisst sich als Differenz zwischen der Auszahlung, die — bei dem nun eingetretenen Zustand — maximal hätte entstehen können (im Beispiel 22) und der tatsächlich entstandenen Auszahlung (hier: 20):

$$v(a_k, s_j) = \max_i \pi(a_i, s_j) - \pi(a_k, s_j) .$$

Im Sinne der Minimax–Regret–Regel gilt es, zunächst die Höhe des Verlustes für jede Kombination von Alternative und Umweltzustand zu bestimmen. Dies geschieht analog zum oben genannten Beispiel und führt zur Verlustmatrix 2.7.

		Umweltzustand				
		s_1	s_2	s_3	s_4	$v(\cdot)$
	a_1	2	0	0	1	$\boxed{2}$
Alt.	a_2	17	9	13	0	17
	a_3	0	12	17	6	17

Tabelle 2.7: Minimax–Regret–Regel, Verlustmatrix

Die Alternative, die im Sinne der Minimax–Regret–Regel auszuwählen ist, ist die, die den maximal möglichen Verlust minimiert, im Beispiel also a_2. Die Minimax–Regret–Regel fordert also, die Minimax–Regel auf die Verlustmatrix anzuwenden.

2.3.5 Laplace–Regel

Annahmegemäß existieren bei Entscheidungen unter Unsicherheit im engeren Sinne keine Vorstellungen darüber, mit welcher Wahrscheinlichkeit die Umweltzustände eintreffen könnten. Aus diesem Grund unterstellt die Laplace–Regel, alle Umweltzustände hätten die gleiche Eintrittswahrscheinlichkeit. (Wegen dieser Annahme wird die Laplace–Regel auch *Regel des unzureichenden Grundes* genannt. Es gibt keinen Grund anzunehmen, die Wahrscheinlichkeiten seien nicht gleich.)

Unter dieser Annahme soll dann die Handlungsalternative gewählt werden, die den höchsten Erwartungswert der Ergebnisse (in etwa das gleiche wie das höchste durchschnittliche Ergebnis) aufweist. Tabelle 2.8 zeigt den notwendigen Aufbau.

Im Beispiel wäre die Eintrittswahrscheinlichkeit jedes Umweltzustandes $\frac{1}{4}$. Die Erwartungswerte ergeben sich nach der üblichen Formel:

$$E\left[\pi(a_i)\right] = \frac{1}{4}\sum_{j=1}^{4} \pi(a_i, s_j).$$

		Umweltzustand				
		s_1	s_2	s_3	s_4	E
	a_1	20	15	20	3	14.5
Alt.	a_2	5	6	7	4	5.5
	a_3	22	3	3	-2	6.5

Tabelle 2.8: Laplace–Regel

Im Beispiel würde a_1 gewählt, weil diese Alternative im Durchschnitt den höchsten Ertrag bietet.

2.4 Entscheidungen unter Risiko

Im Gegensatz zu den Situationen, in denen Entscheidungen unter Unsicherheit (im engeren Sinne) getroffen werden muss, ist bei Entscheidungen unter Risiko für jeden Umweltzustand eine Eintrittswahrscheinlichkeit bekannt. Dabei ist es zunächst nicht von Bedeutung, ob diese Wahrscheinlichkeiten objektive oder subjektive Wahrscheinlichkeiten sind. Auch für solche Entscheidungssituationen existieren Entscheidungskriterien, d.h. Vorschläge, wie sinnvolle Entscheidungen getroffen werden können.

Am grundlegenden Werkzeug der Entscheidungsfindung, der Entscheidungsmatrix, ändert sich ein Detail: In der Kopfspalte des Zustandsraumes wird zu jedem Umweltzustand seine Eintrittswahrscheinlichkeit notiert. Aus den Eintrittswahrscheinlichkeiten lässt sich dann sogar feststellen, ob der Zustandsraum vollständig definiert worden ist, d.h. ob alle für die Entscheidung wichtigen Umweltzustände erfasst worden sind: Ist der Zustandsraum vollständig, so muss die Summe der Eintrittswahrscheinlichkeiten aller Zustände genau Eins betragen.

Nimmt man beispielsweise an, dass das Uniweg–Beispiel tatsächlich an einem 20. Juli in Norddeutschland „spielt“, so kann als Eintrittswahrscheinlichkeit für den Umweltzustand „Schnee“ beispielsweise 1% gewählt werden. Für das Gegenereignis „kein Schnee“ gilt dann automatisch eine Wahrscheinlichkeit von 99%. Die Entscheidungsmatrix wird zu Tab. 2.9.

		Umweltzustand	
		Schnee p(Schnee) = 0.01	kein Schnee p(kein Schnee) = 0.99
Handlungs–	Bus	11 Minuten	10 Minuten
alternativen	Fahrrad	17 Minuten	7 Minuten

Tabelle 2.9: Entscheidung unter Risiko

2.4.1 Die Erwartungswertregel

Die Erwartungswertregel ist die einfachste Entscheidungsregel im Risikofall. Zur Beurteilung der Qualität einer Handlungsalternative dient der Erwartungswert des Ertrages der Alternative. Ist die Zielfunktion also eine Maximierungsfunktion, muss der Erwartungswert maximiert werden. Ist das Ziel die Minimierung, so muss der Erwartungswert minimiert werden.

Der Erwartungswert kann als das gewichtete arithmetische Mittel der Handlungsergebnisse interpretiert werden. Als Gewichtungsfaktoren dienen die Eintrittswahrscheinlichkeiten der verschiedenen Umweltzustände. Dabei gelten die üblichen Bemerkungen zur Interpretation des Erwartungswertes. Vor allem ist es wichtig, sich vor Augen zu halten, dass in den meisten Situationen das Ergebnis *niemals* gleich dem Erwartungswert sein wird. Die Interpretation ist eher die folgende: Hat man sich sehr oft für dieselbe Handlungsalternative entschieden, so wird das durchschnittliche Ergebnis aller dieser Entscheidungen sehr nahe am Erwartungswert liegen. (Dieser Zusammenhang wird oft als „Gesetz der großen Zahl“ bezeichnet.)

Uniweg–Beispiel. Um für das Uniweg–Beispiel den Erwartungswert der Alternative „Busfahrt“ zu ermitteln, geht man wie folgt vor: Man nimmt an, dass es in einem Prozent aller Fälle schneit. Dies bedeutet auch, dass man in einem Prozent aller Busfahrten elf Minuten benötigen wird. Bei den restlichen 99 Prozent aller Busfahrten wird es nicht schneien, d.h. die Fahrtzeit wird in 99 Prozent aller Fälle 10 Minuten betragen. Dies lässt sich mathematisch formulieren: Die erwartete Fahrzeit (besser: der Erwartungswert der Fahrzeit) beträgt:

$$\begin{aligned} E\,(\text{Busfahrzeit}) &= E\,[\pi(\text{Bus})] \\ &= 0.01 \cdot 11\,\text{min} + 0.99 \cdot 10\,\text{min} \\ &= 10.01\,\text{min} \end{aligned}$$

Entsprechend lässt sich der Erwartungswert der Fahrzeit per Fahrrad ermitteln:

$$\begin{aligned} E\,(\text{Fahrradfahrzeit}) &= E\,[\pi(\text{Fahrrad})] \\ &= 0.01 \cdot 17\,\text{min} + 0.99 \cdot 7\,\text{min} \\ &= 7.1\,\text{min} \end{aligned}$$

Damit ergibt sich nach der Erwartungswertregel, dass die Wahl auf die Fahrt mit dem Fahrrad fallen sollte.

Ein allgemeineres Beispiel. Auch das zweite bisherige Beispiel kann per Erwartungswertregel gelöst werden, wenn Eintrittswahrscheinlichkeiten bekannt sind. In vgl. Tab. 2.10 ist ein entsprechendes Beispiel gegeben, wobei die Wahrscheinlichkeiten der Umweltzustände in der Zeile $p(s_j)$ notiert sind.

		Umweltzustand				
		s_1	s_2	s_3	s_4	$E(a_i)$
	$p(s_j)$	0.2	0.4	0.1	0.3	
	a_1	20	15	20	3	12.9
Alt.	a_2	5	6	7	4	5.3
	a_3	22	3	3	-2	5.3

Tabelle 2.10: Allgemeineres Beispiel, Entscheidungstabelle

Nun lassen sich die Erwartungswerte der verschiedenen Alternativen bestimmen. Der Erwartungswert der Ergebnisse der ersten Handlungsalternative errechnet sich beispielsweise als

$$E\left[\pi(a_1)\right] = 0.2 \cdot 20 + 0.4 \cdot 15 + 0.1 \cdot 20 + 0.3 \cdot 3 = 12.9\,.$$

Allgemein errechnet sich der Erwartungswert der Auszahlung einer Alternative zu

$$E\left[\pi(a_i)\right] = \sum_j p(s_j)\,\pi(a_i, s_j)\,.$$

Nun lassen sich alle Erwartungswerte errechnen und in die Entscheidungsmatrix eintragen, woraus die letzte Spalte in Tab. 2.10 resultiert.

Nach der Erwartungswertregel wäre im Beispiel bei Zielmaximierung Alternative a_1 zu ergreifen.

2.4.2 Das μ–σ–Prinzip

Die Erwartungswertregel reicht oft nicht aus, um eine eindeutig beste Handlungsalternative zu bestimmen. Das folgende Beispiel soll die Problematik illustrieren.

Gegeben seien zwei mögliche Investitionsprojekte a_1 und a_2 sowie zwei mögliche Umweltzustände s_1 und s_2, die den Ertrag der Projekte beeinflussen können. Die Eintrittswahrscheinlichkeiten für die Umweltzustände seien bekannt. Die Entscheidungsmatrix ist in Tab. 2.11 gegeben.

In diesem Fall bietet die Erwartungswertregel keine Lösung. Beide Handlungsalternativen haben den gleichen Erwartungswert des Ertrages.[3] Dennoch sind die beiden Investitionsprojekte sehr verschieden: Projekt a_1 bietet

[3] Nun könnte man natürlich die Eintrittswahrscheinlichkeiten „vergessen“ und nach einer der Regeln bei Unsicherheit entscheiden.

	s_1	s_2	
$p(s_j)$	0.5	0.5	$E[\pi(a_i)]$
a_1	20	-5	7.5
a_2	8	7	7.5

Tabelle 2.11: μ–σ–Beispiel

die Chance eines vergleichsweise hohen Gewinns (20), aber auch die Gefahr eines hohen Verlustes (-5). Projekt a_2 ist dagegen ein eher „sicheres" Projekt: Geht alles gut, beträgt der Ertrag 8, im schlechteren Fall wenigstens noch 7. Projekt a_1 trägt in sich also die größere Gewinnchance und gleichzeitig die größere Verlustgefahr. Man sagt, Projekt a_1 trage ein größeres Risiko, oder auch: Projekt a_1 sei riskanter. Ein Maß dafür, wie riskant eine Handlungsalternative ist, ist die Standardabweichung σ des Ertrages der Alternative.[4] Die Standardabweichung $\sigma_{\pi(a_i,s_j)}$ der Auszahlung einer Alternative a_i errechnet sich zu

$$\sigma_{\pi(a_i,s_j)} = \sqrt{\sum_j \left[(\pi(a_i,s_j) - E[\pi(a_i,s_j)])^2 p(s_j) \right]} .$$

Für den Erwartungswert $E[\pi(a_i)]$ wird auch oft das Symbol μ_{a_i} benutzt. Die entscheidenden Größen innerhalb dieses Prinzips sind der Erwartungswert μ des Ertrags einer Alternative und seine Standardabweichung σ. Deshalb heißt das Entscheidungsprinzip, das im weiteren besprochen wird, das μ–σ–Prinzip (gesprochen „Müh–Sigma–Prinzip").

Die Standardabweichung des Ertrags der Alternativen im Beispiel kann errechnet werden. Die Standardabweichung der Erträge von a_1 beträgt

$$\begin{aligned} \sigma_{a_1} &= \sqrt{\sum_{j=1}^{2} (\pi(a_1,s_j) - E[\pi(a_1)])^2 p(s_j)} \\ &= \sqrt{(20-7.5)^2 \cdot 0.5 + (-5-7.5)^2 \cdot 0.5} \\ &= 12.5 . \end{aligned}$$

Entsprechend ergibt sich σ_{a_2}:

$$\begin{aligned} \sigma_{a_2} &= \sqrt{\sum_{j=1}^{2} (\pi(a_2,s_j) - E[\pi(a_2)])^2 p(s_j)} \\ &= \sqrt{(8-7.5)^2 \cdot 0.5 + (7-7.5)^2 \cdot 0.5} \\ &= 0.5 . \end{aligned}$$

[4] Genau genommen ist σ ein Maß für die Streuung der Zufallsvariable $\pi(a_i, s_j)$.

Durch Ergänzung einer Spalte für die Standardabweichung in Tab. 2.11 ergibt sich Tab. 2.12.

	s_1	s_2		
$p(s_i)$	0.5	0.5	μ_{a_i}	σ_{a_i}
a_1	20	-5	7.5	12.5
a_2	8	7	7.5	0.5

Tabelle 2.12: μ–σ–Beispiel mit Standardabweichungen

Das μ–σ–Prinzip macht grundsätzlich keine Aussage darüber, ob (bei gleichem Erwartungswert) ein riskanteres Projekt einem weniger riskanten vorzuziehen ist oder nicht. Wie schon erwähnt, trägt ein riskantes Projekt nicht nur die größere Gefahr eines Verlustes, sondern auch die größere Chance eines Gewinns in sich. Ob ein riskantes Projekt einem weniger riskanten Projekt (mit gleichem Erwartungswert) vorgezogen wird, hängt von der *Risikoeinstellung* des Entscheiders ab:

- Ein Entscheider, der eine riskante Alternative einer weniger riskanten mit gleichem Erwartungswert vorzieht, wird *risikofreudig* genannt. Ein risikofreudiger Entscheider würde Alternative a_1 wählen.
- Ein Entscheider, der zwischen einer riskanten Alternative und einer weniger riskanten Alternative mit gleichem Erwartungswert indifferent ist, wird als *risikoneutral* bezeichnet. Ein risikoneutraler Entscheider wäre indifferent zwischen den Alternativen.
- Ein Entscheider, der eine weniger riskante einer riskanteren Alternative mit gleichem Erwartungswert vorzieht, heißt *risikoscheu* oder *risikoavers*. Ein risikoaverser Entscheider würde Alternative a_2 gegenüber a_1 vorziehen.

Im Regelfall wird davon ausgegangen, dass Wirtschaftssubjekte risikoavers sind.

Für Handlungsalternativen, bei denen sowohl der Erwartungswert als auch das Risiko unterschiedlich hoch sind, können nur dann Entscheidungsempfehlungen angegeben werden, wenn die Form der Risikoeinstellung des Entscheiders sehr genau bekannt ist. Solche Formen der Risikoeinstellung können in so genannten Risikonutzenfunktionen festgehalten werden. Diese können dann beispielsweise helfen, die Frage zu klären, wie viel erwarteten Ertrag ein Entscheider aufzugeben bereit ist, wenn dafür das Risiko vermindert wird.

2.5 Interdependente Entscheidungen: Spieltheorie

2.5.1 Spieltheorie und klassische Entscheidungstheorie

Viele Entscheidungen sind so gestaltet, dass ihr Ergebnis, die Auszahlung an einen Entscheider, *nicht nur* von dessen eigener Entscheidung abhängt, *sondern auch* von den Entscheidungen anderer Individuen.

In der klassischen Entscheidungstheorie werden nur solche Entscheidungssituationen betrachtet, bei denen der Zustandsraum (und insbesondere die Eintrittswahrscheinlichkeiten der Zustände) unabhängig davon ist, was andere Individuen tun. Dies ist in der Spieltheorie anders. Hier werden solche Entscheidungssituationen betrachtet, in denen Entscheidungen von anderen Individuen (Gegnern, Konkurrenten, Partnern) mit in Betracht gezogen werden müssen. Die Individuen, deren Entscheidungen berücksichtigt werden müssen, heißen allgemein *Mitspieler*.

Auch für Akteure in spieltheoretischen Modellen, die Spieler, gilt natürlich, dass ihre Präferenzen den Anforderungen der Präfenzaxiome gehorchen müssen: Nur die Einhaltung dieser Axiome garantiert ein Mindestmaß an „geistiger Gesundheit", ohne die eine sinnvolle Untersuchung menschlichen Verhaltens unmöglich wäre.

2.5.2 Auszahlungsmatrix

Auch spieltheoretische Entscheidungen lassen sich wieder mit Hilfe einer Entscheidungsmatrix (s. Seite 7) formulieren. Dabei ist (bei Spielen mit zwei Spielern) der Aktionsraum eines Spielers zugleich Situationsraum des Gegners und vice versa.

Beispielhaft soll eine Entscheidungssituation für zwei Individuen, A und B, betrachtet werden. Die Entscheidungsmatrizen für A und B sind unten dargestellt. Dabei hat A die Handlungsalternativen a_1 und a_2, B die Alternativen b_1 und b_2. Die Handlungsalternativen von B bilden den Zustandsraum von A und vice versa.

		Zustand	
		b_1	b_2
Handlungs–	a_1	1	3
alternative	a_2	2	4

		Zustand	
		a_1	a_2
Handlungs–	b_1	5	7
alternative	b_2	6	8

Tabelle 2.13: Entscheidungstabellen für A (links) und B (rechts)

Diese beiden Entscheidungstabellen lassen sich zu einer einzigen Tabelle zusammenfassen (Tab. 2.14), wobei im Auszahlungsraum jeweils zwei

Auszahlungen eingetragen sind. Die erste Zahl ist die Auszahlung an den „Zeilenspieler", hier Spieler A, die zweite die Auszahlung an den „Spaltenspieler", Spieler B.

		Handlungsalt. von B	
		b_1	b_2
Handlungsalt.	a_1	$1,5$	$3,6$
von A	a_2	$2,7$	$4,8$

Tabelle 2.14: Auszahlungsmatrix

Diese „doppelte" Tabelle, die so genannte Bimatrix, wird in der Spieltheorie als *Auszahlungsmatrix* bezeichnet. Sie bildet die Grundlage beinahe aller spieltheoretischen Analysen.

3. Statische Spiele

Statische Spiele sind Spiele, in denen die beteiligten Spieler (Entscheidungsträger) ihre Entscheidung gleichzeitig fällen. Wichtig ist aber weniger der Zeitbezug der Entscheidungen, sondern vielmehr der Effekt der Gleichzeitigkeit der Entscheidungen auf den Informationsstand der Spieler. In statischen Spielen weiß zum Zeitpunkt seiner eigenen Entscheidung keiner der Spieler, was seine Gegenspieler tun werden. Aus diesem Grund werden statische Spiele auch häufig „Spiele mit imperfekter Information" oder „Spiele mit unvollkommener Information" genannt.

Die Theorie statischer Spiele bildet die Basis vieler Konzepte der Spieltheorie.

3.1 Beste Antworten

3.1.1 Grundlagen

Die grundlegende Technik bei der spieltheoretischen Analyse ist die Suche nach „besten Antworten". Um das jeweils beste Vorgehen (oder „Strategie" oder „Aktion") eines Spielers in einer interaktiven Entscheidungssituation zu finden, versucht man festzustellen, was der Spieler in jeder denkbaren Situation, d.h. für jede denkbare Handlungsweise seiner Gegenspieler, bestenfalls tun sollte.

Als Beispiel soll ein berühmtes Spiel dienen, das Spiel „Stein–Schere–Papier".[1] Zwei Spieler, Herr A und Frau B, sind am Spiel beteiligt. Sie entscheiden, jeweils unbeobachtet vom anderen Spieler, welche Alternative (Strategie) sie wählen, „Stein", „Schere" oder „Papier". Die weiteren Regeln lauten wie folgt: Stein schlägt Schere, Schere schlägt Papier und Papier schlägt Stein. Der Spieler mit der besseren Strategie erhält vom unterlegenen Spieler eine Portion eines beliebigen Erfrischungsgetränkes. Die Auszahlung des Siegers wird als 1 bezeichnet, die des Verlierers als -1. Wählen beide Spieler dieselbe Strategie, endet das Spiel unentschieden, für beide Spieler eine Auszahlung von 0. Tabelle 3.1 fasst das Spiel zusammen.

Tabelle 3.1 enthält alle wichtigen Elemente eines „Spiels", die Spieler, die Strategien der Spieler, und die Auszahlungen, die den Spielern aus den verschiedenen möglichen Kombinationen von Strategien entstehen. Die Auszahlungen sind im Inneren der Tabelle notiert. Es lohnt sich, in Erinnerung

[1] Böse Zungen behaupten, dieses Spiel werde in Deutschland auch als billige gefälschte Version „Sching–Schang–Schong" verbreitet.

		Spieler B		
		Stein	Schere	Papier
Spieler A	Stein	0, 0	1,-1	-1, 1
	Schere	-1, 1	0, 0	1,-1
	Papier	1,-1	-1, 1	0, 0

Tabelle 3.1: Stein–Schere–Papier, Auszahlungen an A, B

zu behalten, dass die jeweils erste Zahl die Auszahlung an den Zeilenspieler angibt (hier: Spieler A), die zweite Zahl die des Spaltenspielers (hier: B).

Die Analyse des Spiels besteht nun darin, für jeden der Spieler herauszufinden, welche Strategie er wählen würde, wenn er wüsste, was der andere Spieler wählt. (In Wahrheit weiß er das in statischen Spielen natürlich nicht, zur Analyse des Spiels ist diese Annahmen aber recht nützlich.) Für Spieler A bedeutet dies folgendes: Es wird zunächst angenommen, Frau B entscheide sich für „Stein" (erste Spalte der Tabelle). In diesem Fall könnte Spieler A „Stein" wählen, was für ihn zu einer Auszahlung von 0 führen würde. Entschiede er sich in diesem Fall für „Schere", wäre seine Auszahlung -1, eine Entscheidung für „Papier" würde eine Auszahlung von 1 nach sich ziehen. Für den Fall, dass Spieler B „Stein" wählt, ist also Spieler As beste Wahl „Papier", denn diese Wahl führt (unter den gegebenen Umständen) zur höchsten erreichbaren Auszahlung. Man sagt „Papier" ist Spieler As *beste Antwort* auf Spieler Bs Strategie „Stein".

Entsprechend gilt es nun, As beste Antworten auf Bs übrige Strategien zu bestimmen. Dies sind „Stein", falls B „Schere" wählt, und „Schere" für Bs „Papier".

Der zweite „große" Schritt der Analyse besteht darin, Bs beste Antwort auf jede von As Strategien zu bestimmen. Dabei ist es wichtig, darauf zu achten, dass nun die Auszahlungen jeweils einer *Zeile* der Tabelle verglichen werden müssen, und dass Bs Auszahlung jeweils die zweite Auszahlung in einem Eintrag der Tabelle ist. Für B sind die besten Antworten „Schere" für As „Stein", „Stein" auf As „Schere" und „Schere" auf As „Papier". Die besten Antworten sind in Tab. 3.2 dadurch markiert, dass die jeweils zugehörigen Auszahlungen von einem Kästchen umgeben sind.

		Spieler B		
		Stein	Schere	Papier
Spieler A	Stein	0, 0	$\boxed{1}$, -1	-1, $\boxed{1}$
	Schere	-1, $\boxed{1}$	0, 0	$\boxed{1}$, -1
	Papier	$\boxed{1}$, -1	-1, $\boxed{1}$	0, 0

Tabelle 3.2: Stein–Schere–Papier, beste Antworten

Nachzuliefern ist nur noch die formale Definition einer besten Antwort.

Eine Strategie $s^\star$ des Spielers i, $s_i^\star$, ist dann eine beste Antwort auf Strategie s des Spielers $-i$, s_{-i}, wenn $s_i^\star$ eine höhere oder zumindest gleich hohe Auszahlung gegen die Strategie s_{-i} des Gegenspielers $-i$ erzielt als jede andere Strategie s_i', die Spieler i zur Verfügung steht. Die Gesamtheit aller Strategien, die Spieler i zur Verfügung stehen, ist in Spieler is Strategiemenge S_i zusammengefasst.

Definition 3.1.1 (Beste Antwort). *Strategie $s_i^\star$ ist eine beste Antwort auf Strategie s_{-i}, wenn gilt, dass*

$$\pi_i\left(s_i^\star, s_{-i}\right) \geq \pi_i\left(s_i', s_{-i}\right) \; \forall s_i' \in S_i \, .$$

3.1.2 Streng beste und schwach beste Antworten

Laut Definition 3.1.1 ist eine Strategie eines Spielers eine beste Antwort auf eine Strategie des Gegners, wenn der Spieler keine Strategie zur Verfügung hat, die besser ist als die beste Antwort.

Dies kann bei genauerer Betrachtung zweierlei bedeuten: Entweder die beste Antwort ist eine („allerbeste“) Strategie, die besser ist als alle anderen, oder es gibt mehrere beste Strategien, die alle gleich gut sind, aber besser als die nicht–besten–Strategien.

Der Unterschied wird an einer erweiterten Version des obigen Beispiels deutlich. Eine norddeutsche Variante von „Stein–Schere–Papier“ ist „Stein–Schere–Papier–LabskausausderDose“. Bei dieser Variante hat jeder Spieler eine Strategie mehr zur Verfügung. (Spieltheoretiker sagen: Bei dieser Variante vergrößert sich die Strategiemenge jedes Spielers.) Die zusätzliche verfügbare Strategie ist „LabskausausderDose“, kurz LadD. „LabskausausderDose“ ist eine Art Joker: Sie gewinnt gegen Stein, Schere und Papier und spielt unentschieden gegen sich selbst. Tabelle 3.3 gibt die Auszahlungen an.

		Spieler B			
		Stein	Schere	Papier	LadD
Spieler A	Stein	0, 0	[1], -1	-1, [1]	-1, [1]
	Schere	-1, [1]	0, 0	[1], -1	-1, [1]
	Papier	[1], -1	-1, [1]	0, 0	-1, [1]
	LadD	[1], -1	[1], -1	[1], -1	0, 0

Tabelle 3.3: Stein–Schere–Papier–LabskausausderDose, beste Antworten

In diesem Spiel eine andere Art bester Antworten. Im Fall, dass Spielerin B Strategie „Stein“ auswählt, existieren für Spieler A zwei beste Antworten, „Papier“ und „LadD“. Da keine der beiden besten Antworten die einzige beste Antwort ist, heißen sie beide „schwach beste Antwort“.

Die Definition einer schwach besten Antwort lautet, dass Strategie $s_i^\star$ eine schwach beste Antwort auf s_{-i} ist, wenn sie gegen s_{-i} eine höhere oder gleich große Auszahlung erreicht als alle anderen verfügbaren Strategien, und wenn es mindestens eine andere Strategie (hier $\tilde{s}_i$ genannt) gibt, die gegen s_{-i} eine genau so hohe Auszahlung erzielt wie $s_i^\star$. $s_i^\star$ ist also dann eine *schwach* beste Antwort auf s_{-i}, wenn sie eine beste Antwort auf s_{-i} ist und es (mindestens) eine weitere beste Antwort auf s_{-i} gibt.

Definition 3.1.2 (Schwach beste Antwort). *Strategie $s_i^\star$ ist eine schwach beste Antwort auf Strategie s_{-i}, wenn gilt, dass*

$$\pi\left(s_i^\star, s_{-i}\right) \geq \pi\left(s_i', s_{-i}\right) \forall s_i' \in S_i \quad \textit{und}$$
$$\exists \tilde{s}_i \in S_i \setminus s_i^\star \textit{ mit } \pi\left(\tilde{s}_i, s_{-i}\right) = \pi\left(s_i^\star, s_{-i}\right).$$

Zurück zum originalen Spiel „Stein–Schere–Papier“ aus Tabelle 3.1. Hier gibt es eine andere Art von bester Antwort. Spielt Spielerin B Strategie „Papier“, dann gibt es für Spieler A nur eine beste Antwort, „Schere“. Diese beste Antwort ist die einzig beste Antwort auf „Papier“. Eine solche „allerbeste“ Antwort heißt “streng beste Antwort“ oder „strikt beste Antwort“.

Die formale Definition stützt sich auf die Tatsache, dass eine streng beste Antwort immer einzigartig ist. Es kann keine zweite geben! Eine Strategie $s_i^\star$ ist dann streng beste Antwort auf s_{-i}, wenn sie gegen s_{-i} zu einer höheren Auszahlung führt als alle anderen verfügbaren Strategien.

Definition 3.1.3 (Streng beste Antwort). *Strategie $s_i^\star$ ist eine streng beste Antwort auf Strategie s_{-i}, wenn gilt, dass*

$$\pi\left(s_i^\star, s_{-i}\right) > \pi\left(s_i', s_{-i}\right) \forall s_i' \in S_i \setminus s_i^\star.$$

Das Konzept der besten Antworten bildet die Grundlage aller weiteren Konzepte der Spieltheorie, insbesondere der Dominanz (Abschnitt 3.2) und des Nash–Gleichgewichts (Abschnitt 3.3).

An dieser Stelle müsste eigentlich die „Lösung“ des Spiels folgen, also eine Antwort auf mindestens eine der zentralen Fragen der Spieltheorie, nämlich “Wie *sollten* sich die Spieler im betrachteten Spiel verhalten?“ und „Wie *werden* sich die Spieler im betrachteten Spiel verhalten?“. Die beiden vorgestellten Spiele sind aber ein wenig kompliziert, so dass die Ermittlung einer „Lösung“ erst später möglich wird. Der Grund, warum diese Spiele an dieser Stelle des Buches vorgestellt werden, ist ein schlicht pädagogischer: Fast jeder kennt sie, und sie sind nützlich, das Konzept der besten Antworten zu erläutern.

3.2 Dominanz

3.2.1 Strenge Dominanz

Fußball ist bekanntlich Denksport. Das ist allein schon daran zu erkennen, dass es in diesem Spiel *zwei* Strategien pro Mannschaft gibt: Eine Mannschaft kann offensiv oder defensiv eingestellt sein. Durch die Wahl der Strategien liegt das Ergebnis fest: Spielen etwa in einem Bundesligaspiel beide Mannschaften die gleiche Strategie, dann endet das Spiel unentschieden, und jede Mannschaft erhält einen Punkt für die Bundesligatabelle. Spielt eine Mannschaft offensiv und die andere defensiv, so gewinnt die offensive Mannschaft und erhält drei Punkte, der Gegner bekommt keinen Punkt.

Die Auszahlungmatrix ist in Tab. 3.4 gegeben.

		Mannschaft B	
		defensiv	offensiv
Mannschaft A	defensiv	1, 1	0, 3
	offensiv	3, 0	1, 1

Tabelle 3.4: Fußball–Spiel

Für Mannschaft A ist es in jedem Fall besser, offensiv zu spielen: Spielt B defensiv, bekommt A bei offensiver Taktik drei Punkte statt einem Punkt bei defensiver Spielweise. Spielt B offensiv, kann A bei offensivem Spiel wenigstens einen Punkt retten, bei defensiver Einstellung verliert A alle Punkte. Egal, was B tut: Für A ist es *in jedem Fall besser*, offensiv zu wählen. Die Strategie „offensiv" ist für A streng beste Antwort auf jede denkbare Strategie von B. Man sagt, die Alternative „offensiv" sei für A streng dominant.

Definition 3.2.1 (strenge Dominanz). *Eine Strategie $s_i^\star \in S_i$ des Spielers i heißt streng dominant, wenn sie für jede denkbare Strategie $s_{-i} \in S_{-i}$ des Gegners $-i$ zu einer höheren Auszahlung führt als jede andere Strategie $s_i' \in S_i \setminus s_i^\star$ von i, d.h. wenn gilt, dass*

$$\pi_i\left(s_i^\star, s_{-i}\right) > \pi_i\left(s_i', s_{-i}\right) \;\forall s_i' \in S_i \setminus s_i^\star \; \mathit{und} \; \forall s_{-i} \in S_{-i}\,.$$

Im Fußball–Beispiel bedeutet dies folgendes: Jede Mannschaft (jeder Spieler im spieltheoretischen Sinne) kann eine Strategie aus einer Menge von Strategien auswählen. Die Menge der auswählbaren Strategien heißt „Strategiemenge". Im Beispiel sind die Strategiemengen der beiden Spieler sehr einfach: Jeder Mannschaft steht jeweils die Strategiemenge $S = \{\text{offensiv, defensiv}\}$ zur Verfügung. Die Strategiemenge von Mannschaft $i = A$ ist also $S_A = \{\text{offensiv, defensiv}\}$. Die Strategiemenge der gegnerischen Mannschaft $-i = B$ lautet $S_B = \{\text{offensiv, defensiv}\}$.

Definition 3.2.1 gibt nun eine Bedingung an, die erfüllt sein muss, damit man eine Strategie von Mannschaft A „streng dominant" nennen kann. Die dominante Strategie von Mannschaft $i = A$ wird (vorläufig) $s_i^\star$ genannt. Ob es eine solche dominante Strategie überhaupt gibt, und welche Strategie dies ist, wird sich im Laufe der Analyse herausstellen. Sicher ist zunächst einmal, dass die gesuchte Strategie aus der Menge der Strategien stammen muss, die $i = A$ zur Verfügung stehen, also $s_i^\star \in S_i$. Die gesuchte Strategie $s_i^\star$ soll nun eine höhere Auszahlung erreichen als jede andere Strategie, die A wählen könnte, also höher als alle anderen $s_i' \in S_i \setminus s_i^\star$. Die erreichte Auszahlung muss in jedem Fall die Höchsterreichbare sein, d.h. für jede Strategie s_{-i}, die Mannschaft $-i = B$ auswählen könnte, für $s_{-i} \in S_{-i}$.

Laut dieser Definition ist nun für Mannschaft A eine Strategie, genannt $s_i^\star$, aus der Strategiemenge S_A streng dominant, wenn Sie für jede mögliche Strategie s_{-i}, die der Gegenspieler B auswählen könnte, also für alle Strategien $s_B \in S_B$, eine höhere Auszahlung erreicht als *jede andere Strategie* von A, $s_A' \in S_A \setminus s_A^\star$, also wenn $\pi(s_A^\star, s_B) > \pi(s_A', s_B)\ \forall s_B \in S_B$.

Es hat sich bereits herausgestellt, dass für Mannschaft A die Strategie „offensiv" zu mehr Punkten führt als Strategie „defensiv", und zwar für jede denkbare Strategie des Gegners. Mit anderen Worten: Für A ist „offensiv" eine streng beste Antwort auf jede Strategie von B. Damit ist für Mannschaft A die Strategie „offensiv" streng dominant.

Kurz gesagt ist für einen Spieler immer dann eine Strategie streng dominant gegenüber einer anderen, wenn die eine Strategie *in jedem Fall*, d.h. egal, was der Gegner tut, eine höhere Auszahlung bringt als die andere Strategie. Aus der Definition von strenger Dominanz folgt unmittelbar, dass es für jeden Spieler in einem Spiel maximal eine streng dominante Strategie geben kann.

Dieselbe Untersuchung wie die oben angestellte ließe sich nun auch für Mannschaft B anstellen. Dies ist aber im gegebenen Fall unnötig, denn das Spiel ist ein *symmetrisches Spiel*. Pragmatisch gesehen ist ein symmetrisches Spiel ein Spiel, bei dem man die Zeilen– und Spaltenspieler in der Spielmatrix gegeneinander austauschen könnte, ohne dass sich dadurch deren strategische Situation verändern würde. Besitzt in einem symmetrischen Spiel ein Spieler eine dominante Strategie, so ist diese Strategie auch für den anderen Spieler dominant. Auch für Mannschaft B ist also „offensiv" streng dominant.

Damit lässt sich voraussagen, was A und B wählen werden: Beide Mannschaften werden offensiv agieren. Wenn in einem Spiel für beide Spieler dominante Alternativen existieren, lässt sich der Ausgang des Spiels prognostizieren.

3.2.2 Dominierte Strategien und deren Eliminierung

Das Gegenteil von dominanten Strategien sind dominierte Strategien. Eine dominierte Strategie ist eine Strategie, die auf keine Strategie des Gegenspielers eine streng beste Antwort ist. Man unterscheidet zwischen streng dominierten und schwach dominierten Strategien. Eine streng dominierte Strategie ist in keinem Fall eine beste Antwort. Eine schwach dominierte Strategie ist niemals eine streng beste Antwort, möglicherweise aber auf manche Strategien des Gegners eine schwach beste Antwort. Im Fußball–Beispiel ist „defensiv" eine streng dominierte Strategie: Egal, was der Gegner tut, „defensiv" ist die schlechtere Wahl. Ein Beispiel für eine schwach dominierte Strategie ist die Strategie „Papier" im Spiel „Stein–Schere–Papier–LabskausausderDose" aus Abschnitt 3.1.2, Tab. 3.3 (S. 23). „Papier" ist eine schwach beste Antwort auf die Strategie „Stein" des Gegners. Eine alternative beste Antwort auf „Stein" ist auch „LadD". „Papier" ist keine streng beste Antwort auf irgend eine andere Strategie des Gegners. Es gibt also keinen Grund, „Papier" zu spielen. Falls der Gegner „Stein" wählt, kann man genau so gut „LadD" wählen, ansonsten empfiehlt sich die Strategie „Papier" ohnehin nicht.

Für einen Spieler existiert in jedem Fall eine genau so gute, im Fall strenger Dominanz sogar eine bessere Strategie als eine dominierte. Ein rationaler Spieler wird niemals eine streng dominierte Strategie anwenden.

Aus dieser Überlegung entsteht eine Möglichkeit, die häufig zur Vereinfachung komplexerer Spiele hilfreich ist, die Eliminierung dominierter Strategien. Hierbei werden die streng dominierten Strategien aus der Spielmatrix eliminiert. Damit würde die obige Matrix zu einem einzigen Feld zusammenschrumpfen (Tab 3.5).

		Mannschaft B offensiv
Mannschaft A	offensiv	1, 1

Tabelle 3.5: Fußball–Spiel. Geschrumpft

Aus der geschrumpften Tabelle wird das zu erwartende Ergebnis (immer unentschieden) deutlich.

In Spielen, in denen mindestens einem der Spieler mehr als zwei Strategien zur Verfügung stehen, kann es zu folgendem Phänomen kommen: Es gibt eine streng dominierte Strategie, ohne dass eine streng dominante Strategie existiert. Ein Beispiel zeigt Tabelle 3.6. Spieler B hat hier keinen Grund, jemals b_3 zu spielen: Wählt Spieler A Strategie a_1, dann ist für B b_1, die beste Wahl. Wählt Spieler A Strategie a_2, sollte B Strategie b_2 spielen. Strategie b_3

		Spieler B		
		b_1	b_2	b_3
Spieler A	a_1	4, 4	3, 0	1, 3
	a_2	0, 0	2, 4	10, 3

Tabelle 3.6: Dominierte Strategie ohne dominante Strategie

ist in jedem Fall die schlechtere Wahl, b_3 ist also streng dominiert. Dennoch gibt es keine Strategie für B, die immer die beste Wahl ist, also keine streng dominante Strategie.

In jeder Art von Spiel ist es sinnvoll, zuerst nach Dominanzen zu suchen. Dominante Gleichgewichte, Kombinationen dominanter Strategien aller Spieler, sind immer gut prognostizierbare Zustände für den Ausgang eines Spiels.

In Laborexperimenten wird dennoch häufig das Dominanzkriterium nicht beachtet. Fudenberg und Tirole (1991, S. 8) berichten von Experimenten mit den folgenden Auszahlungen:

		Spieler II	
		L	R
Spieler I	U	8, 10	-100, 9
	D	7, 6	6, 5

Tabelle 3.7: Dominanzexperiment nach Fudenberg und Tirole (1991)

Für Spieler II ist die Strategie „L“ streng dominant gegenüber „R“. Dies müsste auch Spieler I wissen, die Möglichkeit, dass II „R“ spielt, ausschließen, und deshalb „U“ spielen. In Experimenten ergab sich aber, dass häufig von Spielern in der Position von Spieler I dennoch die Strategie „D“ gespielt wurde. Über die Gründe (Vorsicht, Misstrauen bezüglich der geistigen Kapazitäten von Spieler II, ... ?) kann spekuliert werden.

Als Erkenntnis bleibt festzuhalten, dass die theoretische Vorhersage von Verhaltensweisen auf Basis der Methode des Eliminierens streng dominierter Strategien nicht immer realtypische Ergebnisse generiert.

3.2.3 Schwache und iterierte Dominanz

Im zweiten Weltkrieg stehen sich im Pazifik zwei Marineoffiziere gegenüber. Der Japaner Kimura muss mit Transportschiffen Soldaten nach Neuguinea bringen. Sein Gegner, der Amerikaner Kenney, soll das mit Hilfe seiner Flugzeuge verhindern. Kimura kann für seinen Flottenverband zwei Wege wählen. Für die Nordroute benötigt er zwei Tage, für die Südroute drei. Kenney muss wählen, ob er seine Flugzeuge nach Norden oder nach Süden schickt. Treffen seine Flugzeuge Kimuras Flottenverband auf der von Kenney gewählten Route nicht an, so müssen sie umkehren, was zusätzlich Zeit beansprucht.

Als Auszahlungen ergeben sich die Tage, an denen Kenney Kimura bombardieren kann, bzw. die Tage, an denen Kimura von Kenney bombardiert wird. Die Auszahlungsmatrix ist in Tab. 3.8 angegeben.

		Kimura	
		nord	süd
Kenney	nord	2, -2	2, -2
	süd	1, -1	3, -3

Tabelle 3.8: Iterierte Dominanz

Es lässt sich feststellen, dass für Kenney keine dominante Strategie existiert: Wählt Kimura „nord“, so ist für Kenney „nord“ die beste Wahl, wählt Kimura „süd“, so sollte sich auch Kenney für „süd“ entscheiden.

Die Untersuchung nach Dominanzen für Kimura ergibt ein undeutliches Bild: Wählt Kenney „süd“, so ist für Kimura „nord“ die beste Wahl. Wählt Kenney „nord“, so sind für Kimura beide Strategien gleich gut, er ist indifferent zwischen „nord“ und „süd“.

Es lässt sich also feststellen, dass für Kimura die Strategie „nord“ *nie schlechter* ist als die Strategie „süd“, im Fall, dass Kenney „süd“ wählt, sogar besser.

Ist eine Strategie in jedem Fall mindestens so gut wie jede andere, in zumindest einem Fall aber sogar besser, so ist dies eine *schwach dominante* Strategie. Gibt es für einen Spieler eine schwach dominante Strategie, so kann angenommen werden, dass er die schwach dominante Strategie auswählt.[2]

Definition 3.2.2 (schwache Dominanz). *Eine Strategie $s_i^\star$ ist schwach dominant, wenn sie auf jede denkbare Strategie $s_{-i} \in S_{-i}$ des Gegners eine schwach beste Antwort und auf wenigstens eine Strategie des Gegners eine streng beste Antwort ist, d.h. wenn gilt, dass*

$$\begin{aligned}
&\pi_i\left(s_i^\star, s_{-i}\right) \geq \pi_i\left(s_i', s_{-i}\right) \; \forall s_{-i} \in S_{-i} \\
&\textit{und} \\
&\exists s_{-i} \in S_{-i} \; \textit{mit} \; \pi_i\left(s_i^\star, s_{-i}\right) > \pi_i\left(s_i', s_{-i}\right).
\end{aligned}$$

[2] Es können nie eine schwach dominante und eine streng dominante Strategie gleichzeitig existieren.

Es kann also angenommen werden, dass Kimura „nord“ wählt. Nach Identifizierung der schwach dominierten Strategie kann diese aus der Auszahlungsmatrix eliminiert werden. Es resultiert die Tabelle 3.9.

		Kimura
		nord
Kenney	nord	2, -2
	süd	1, -1

Tabelle 3.9: Iterierte Dominanz. Geschrumpfte Matrix

Unter dieser Voraussetzung wählt auch Kenney „nord“. Das Gleichgewicht der Strategien („nord“, „nord“), das sich aus einer schwach dominanten Strategie und einer darauf aufbauenden Antwort ergibt, heißt Gleichgewicht bei *iterierter Dominanz.*

Schwach dominante Strategien sind nicht grundsätzlich eindeutig. Es ist denkbar, dass für einen Spieler in einem Spiel mehr als eine schwach dominante Strategie existiert. In diesem Fall führt der Prozess der iterierten Eliminierung schwach dominanter Strategien zu einer Pfadabhängigkeit: Für die Antwort auf die Frage, welche Strategien letztendlich von den Spielern gewählt werden, spielt die Reihenfolge eine Rolle, in der schwach dominierte Strategien eliminiert werden. Das Resultat der spieltheoretischen Analyse ist abhängig von dem Weg („Pfad“), den die Analyse nimmt. Diese Behauptung lässt sich beispielsweise anhand des Spiels belegen, das in 3.10 dargestellt ist.

		Spieler II		
		c_1	c_2	c_3
	r_1	2, 12	1, 10	1, 12
Spieler I	r_2	0, 12	0, 10	0, 11
	r_3	0, 12	0, 10	0, 13

Tabelle 3.10: Mehrdeutigkeit iterierter Dominanzgleichgewichte

Beispielsweise lässt sich folgende Reihenfolge der Eliminierung wählen:

1. Eliminiere c_2 (wird von c_1 und c_3 streng dominiert).
2. Eliminiere r_3 (wird von r_1 streng dominiert).
3. Eliminiere c_3 (wird von c_1 schwach dominiert).
4. Eliminiere r_2 (wird von r_1 streng dominiert).

Es resultiert die iterierte Lösung (r_1, c_1).

	c_1	c_2	c_3
r_1	2, 12	1, 10	1, 12
r_2	0, 12	0, 10	0, 11
r_3	0, 12	0, 10	0, 13

$\Rightarrow$

	c_1	c_2	c_3
r_1	2, 12	1, 10	1, 12
r_2	0, 12	0, 10	0, 11
r_3	0, 12	0, 10	0, 13

$\Rightarrow$

	c_1	c_2	c_3
r_1	2, 12	1, 10	1, 12
r_2	0, 12	0, 10	0, 11
r_3	0, 12	0, 10	0, 13

$\Rightarrow$

	c_1	c_2	c_3
r_1	2, 12	1, 10	1, 12
r_2	0, 12	0, 10	0, 11
r_3	0, 12	0, 10	0, 13

Tabelle 3.11: Mehrdeutigkeit iterierter Dominanzgleichgewichte, erster Fall

Für folgende Reihenfolge ergibt sich ein anderes Resultat: Eliminierung in der Reihenfolge c_2, r_2, c_1 und schließlich r_3 ergibt eine iterierte Lösung von (r_1, c_3).

3.2.4 Common Knowledge

Obwohl das Konzept der Dominanz recht einfach erscheint, gibt es Entscheidungssituationen, die den Entscheidern offensichtlich so kompliziert vorkommen, dass sie sich bei ihren Entscheidungen nicht daran halten. Ein Beispiel ist das Zahlenwahlspiel (englisch: guessing game).

Beteiligt an diesem Spiel sind viele (mehr als zwei!) Spieler. Aufgabe jedes Spielers ist es, eine natürliche Zahl zwischen (inklusive) Null und Einhundert auszuwählen und auf einem Zettel zu notieren. Der Schiedsrichter des Spiels sammelt alle Zettel ein und errechnet den Durchschnitt aller ausgewählten Zahlen. Dann wird ein Gewinner ermittelt: Gewinner ist der Spieler, dessen gewählte Zahl am dichtesten an zwei Dritteln des Durchschnitts aller gewählten Zahlen liegt.

Welches ist nun die beste Wahl? Theoretisch ganz einfach: Jeder sollte die Null wählen. Diese Lösung entsteht durch simple Anwendung der iterierten Dominanz. Weil die höchste wählbare Zahl 100 ist, kann auch der Durchschnitt der gewählten Zahlen höchsten gleich 100 sein. Die höchstmögliche Gewinnerzahl ist dann gleich $100 \times 2/3 = 66.\overline{6}$, also ungefähr 67. Wählt man eine höhere Zahl als 67, kann man niemals der Gewinner sein. Alle Zahlen als 67 sind dominiert.

Wenn dies (Dominiertheit aller Zahlen größer als 67) jeder Mitspieler weiß, sollte niemand mehr als 67 wählen. Damit ist dann der höchstmögliche Durchschnitt gleich 67, die Gewinnerzahl also höchstens $2/3 \cdot 67$, ungefähr gleich 45. Alle Zahlen höher als 45 sind damit (iteriert) dominiert. Sie sollten nicht gewählt werden.

Wenn dies jeder Mitspieler weiß und sich gleichzeitig darauf verlassen kann, dass dies jeder andere Mitspieler ebenfalls weiß, dann wird niemand eine höhere Zahl wählen als 45. Daraus folgt, dass der Durchschnitt maximal gleich 45 sein kann und dass die Gewinnerzahl nicht höher liegt als $2/3 \cdot 45 \approx 30$. Alle Zahlen größer als 30 sind dominiert.

Wenn dies jeder weiß, und jeder weiß, dass dies jeder weiß, und jeder weiß, dass jeder weiß, dass dies jeder weiß, ist die maximal mögliche Auswahl 30, der maximale Durchschnitt 30 und die Gewinnerzahl nicht höher als $2/3 \cdot 30 = 20$. Alle Zahlen größer als 20 sind dominiert.

Wenn dies jeder weiß, und jeder weiß, dass dies jeder weiß, und jeder weiß, dass jeder weiß, das dies jeder weiß, und jeder weiß, dass jeder weiß, dass ...

Diese Argumentationskette lässt sich so lange fortsetzen, bis die einzige undominierte Zahl gleich Null ist. Wenn alle 0 wählen, ist auch die Gewinnerzahl gleich 0.

Dennoch ist es beim Zahlenwahlspiel beinahe nie eine gute Idee, die Null zu wählen. Denn wenn man das Zahlenwahlspiel tatsächlich spielt, ist die Gewinnerzahl sehr selten die Null. Meistens werden sehr viel höhere Zahlen gewählt. Dies ist selbst so, wenn die Spieler Professoren der Mathematik sind, von denen man eigentlich erwarten sollte, dass sie das oben erläuterte Prinzip verstehen können.[3] Das Problem liegt auch weniger in der mathematischen Struktur des Spiels, sondern darin, dass es ein Spiel (in spieltheoretischen Sinne) ist, eine interdependente Entscheidungssituation. Wie oben erwähnt, muss man, um die „richtige“ Zahl zu wählen, wissen, was die anderen Spieler tun werden. Nur, wer die Auswahl jedes anderen Gegners weiß, kann die Gewinnerzahl auswählen. Hier liegt ein Kernproblem guter Entscheidungen: Man muss wissen, was die anderen tun werden. Dies ist aber oft schwer möglich oder unmöglich. Dies hängt wiederum davon ab, was jeder der anderen von den von ihm aus gesehen anderen und von einem selbst weiß.

Wie soll man also in der Spieltheorie damit umgehen, dass Wissen über das Wissen aller Spieler und deren Wissen über deren Wissen etc. gefragt ist? Die Lösung der klassischen Spieltheorie ist radikal (und unrealistisch): Man nimmt an, jeder Spieler wisse alles über jeden anderen Spieler, auch dass der andere dasselbe über ihn weiß. Ein wichtiger Bestandteil der obigen Argumentation, die zur theoretischen Lösung führt, sind die Teile „Wenn dies jeder weiß, und jeder weiß, dass jeder weiß, dass jeder ...“. Dieses Konzept über das Wissen der Spieler übereinander heißt *common knowledge*. Die Annahme, die Spieler besäßen common knowledge ist eine Vorrausetzung der Analyse der allermeisten Spiele.

---

[3] Eine gute Beschreibung des Spiels und viele Ergebnisse von teilweise sehr großen realen Spielen des Zahlenwahlspiels findet sich in einem Aufsatz von Bosch-Domenech et al. (2002).

3.3 Nash-Gleichgewichte

Der Fall reiner oder iterierter Dominanzen ist bei Spielen nur selten anzutreffen. Häufig kann sich aber wenigstens ein so genanntes Nash-Gleichgewicht ergeben.

Im folgenden Beispiel ist der Fall der „Schlacht der Geschlechter“ dargestellt (Original: battle of the sexes, ein beliebtes angelsächsisches Lehrbuchbeispiel). Es beschreibt die Abendplanung eines Paares. Der Mann möchte am liebsten mit seiner Freundin ein Fußballspiel besuchen (Nutzenindex: 3), am zweitliebsten mit seiner Freundin (zum Anschauen eines Films!) ins Kino gehen (Nutzen: 2) und am wenigsten gern allein irgendetwas unternehmen (Nutzen: 1). Die Freundin möchte am liebsten mit ihrem Freund ins Kino („... am besten was mit Tom Kreuzfahrt, dem Schönling...“, Nutzen: 3), am zweitliebsten mit ihrem Freund zum Fußball (Nutzen: 2) und am wenigsten gern etwas ohne ihren Freund unternehmen (Nutzen: 1).

		Handlungsalt. der Frau	
		Kino	Fußball
Handlungsalt.	Kino	[2], [3]	1, 1
des Mannes	Fußball	1, 1	[3], [2]

Tabelle 3.12: Battle of the Sexes

In dieser Situation existiert kein Dominanzgleichgewicht mehr. Es gibt nun für den Mann keine Handlungsalternative, die für *jede* Entscheidung seiner Freundin die beste Antwort ist. Stattdessen gilt es nun, für den Mann herauszufinden, was er tun sollte, falls die Frau „Fußball“ oder falls die Frau „Kino“ wählt. Das entsprechende Verfahren muss dann auch für die Frau durchgeführt werden. Man macht sich also auf die Suche nach besten Antworten des Mannes: Man nimmt an, die Frau entscheide zuerst und der Mann erst nach ihr. Wählt nun die Frau (warum auch immer) die Alternative „Kino“, so ist es für ihren Freund sinnvoll, auch „Kino“ zu wählen. Nun sollte geprüft werden, ob das Entscheidungspaar (Kino, Kino) auch bei der anderen Entscheidungsreihenfolge zustande käme. Würde also der Mann zuerst wählen und sich für „Kino“ entscheiden, so würde seine Freundin tatsächlich auch „Kino“ wählen. Es ist also in diesem Fall egal, wer zuerst entscheidet — wenn die Frau „Kino“ wählt, wählt der Mann „Kino“ und anders herum. „Kino“ ist die beste Antwort des Mannes auf „Kino“ der Frau und „Kino“ der Frau ist eine beste Antwort auf „Kino“ des Mannes. Man sagt, die Strategien „Kino“ der Frau und „Kino“ des Mannes seien *wechselseitig beste Antwor-*

ten. Das „stabile Paar" (Kino, Kino) ist ein Entscheidungsgleichgewicht. Es wird *Nash-Gleichgewicht* genannt.

Nash-Gleichgewicht:

$$Frau : Kino \rightarrow Mann : Kino$$
$$\Leftrightarrow$$
$$Mann : Kino \rightarrow Frau : Kino$$

Problematisch am Konzept der Nash-Gleichgewichte ist allerdings die Tatsache, dass Nash-Gleichgewichte nicht immer eindeutig sind. Eine Entscheidungssituation kann zu verschiedenen Nash-Gleichgewichten führen. Dann lässt sich nicht vorhersagen, welche Entscheidung zustande kommen wird. Im Beispiel ist auch das Paar (Fußball, Fußball) ein Nash-Gleichgewicht.

Allgemein gelten folgende Definitionen:

Definition 3.3.1 (Nash–Gleichgewicht). *Ein Strategieprofil $s^\star$, die Sammlung je einer Strategie für jeden Spieler, ist ein Nash–Gleichgewicht, wenn die darin enthaltene Strategie jedes einzelnen Spielers jeweils eine beste Antwort auf die enthaltenen Strategien der restlichen Spieler ist, d.h. wenn gilt, dass*

$$\pi_i\left(s_i^\star, s_{-i}^\star\right) \geq \pi_i\left(s_i', s_{-i}^\star\right) \quad \forall s_i' \in S_i, \forall i\,.$$

Definition 3.3.2 (strenges Nash–Gleichgewicht). *Ein Strategieprofil $s^\star$ ist ein strenges Nash–Gleichgewicht, wenn die darin enthaltene Strategie jedes einzelnen Spielers jeweils eine streng beste Antwort auf die enthaltenen Strategien der restlichen Spieler ist, d.h. wenn gilt, dass*

$$\pi_i\left(s_i^\star, s_{-i}^\star\right) > \pi_i\left(s_i', s_{-i}^\star\right) \quad \forall s_i' \in S_i \setminus s_i^\star, \forall i\,.$$

Da eine *streng dominante* Strategie eine beste Antwort auf *jede* Strategie der Gegner ist, ist sie natürlich auch die streng beste Antwort auf *eine* gegebene Strategie der Gegner. Analog ist ein Dominanzgleichgewicht immer auch ein Nash–Gleichgewicht. Zudem lässt sich sagen, dass in Spielen, in denen ein eindeutiges strenges Dominanzgleichgewicht existiert, auch keine weiteren Nash–Gleichgewichte zu finden sind.

Als *Nash–Strategie* wird jeweils die Handlungsalternative eines Spielers bezeichnet, die sich als beste Antwort auf eine bereits *gegebene* Handlung des Gegners ergibt. Im Beispiel ist für den Mann die Alternative „Kino" die beste Antwort auf die gegebene Alternative „Kino" der Frau, weil diese Alternative in diesem Fall (wenn die Frau bereits „Kino" gewählt hat) dem Mann den höchsten Nutzen gewährt, den er nun noch erreichen kann. Man sagt, „Kino" ist die Nash–Strategie des Mannes für die Strategie „Kino" der Frau. Analog lassen sich die übrigen bereits untersuchten Fälle formulieren.

Ein *Nash–Gleichgewicht* ist dort erreicht, wo sich zwei Nash–Strategien der Gegner aufeinander beziehen. Im Beispiel ist unter anderem „Fußball" die Nash–Strategie des Mannes für die gegebene Strategie „Fußball" der Frau. Außerdem ist „Fußball" die Nash–Strategie der Frau für die gegebene Strategie „Fußball" des Mannes. Damit ist (Fußball, Fußball) ein Nash–Gleichgewicht.

Was ein Nash–Gleichgewicht zum *Gleichgewicht* macht, ist die Tatsache, dass es ausschließlich aus besten Antworten besteht. Im Nash–Gleichgewicht hat keiner der Spieler einen Grund, seine Strategie zu wechseln, solange es nicht ein anderer tut. Im Beispiel ist (Kino, Kino) ein Nash–Gleichgewicht. Der Mann hat keinen Anlass, *nicht* „Kino" zu wählen, solange die Frau bei ihrer Auswahl „Kino" bleibt. Analoges gilt für die Frau. Ein Nash–Gleichgewicht ist dadurch gekennzeichnet, dass sich kein Spieler durch „unilaterales Abweichen" von den im Gleichgewicht gespielten Strategien verbessern kann. Dies bedeutet allerdings noch lange nicht, dass die Spieler in der Realität auch wirklich ein Nash–Gleichgewicht spielen. Ob Nash–Gleichgewichte beispielsweise durch Wiederholung eines Spiels erreicht werden können oder nicht, ist Gegenstand von Abschnitt 9.

Nash–Gleichgewichte lassen sich in einfachen Spielen wie diesem recht leicht auffinden. Für den Zeilenspieler (hier: Mann) markiere man für jede Spalte die höchste Auszahlung, also die beste Antwort auf die jeweilige Strategie des Gegners. Gibt es mehrere größte Auszahlungen, werden diese alle markiert. In der Auszahlungsmatrix ist dies bereits geschehen. Dann markiere man für den Spaltenspieler (hier: Frau) in jeder Zeile die höchste Auszahlung. Zellen der Matrix, in der für beide Spieler Markierungen zu finden sind, repräsentieren wechselseitig beste Antworten und sind Nash–Gleichgewichte. Dieses Vorgehen ist auf Tab. 3.12 angewandt worden. Es ist zu erkennen, dass tatsächlich bei den Nash–Gleichgewichten die Auszahlungen jedes Spielers markiert sind.

3.4 Gleichgewichtsselektion

Es zeigt sich also, dass ein Spiel möglicherweise mehr als ein Nash–Gleichgewicht besitzt. Daher stellt sich die Frage, welches dieser Gleichgewichte das ist, das tatsächlich erreicht werden wird. Diese Frage ist die Frage der *Gleichgewichtsselektion*. Mögliche Kriterien zur Auswahl von Gleichgewichten bieten das Konzept der Pareto–Effizienz oder Erwägungen bezüglich des Risikos der denkbaren Strategien.

3.4.1 Pareto–Effizienz

Zwei Firmen wollen beginnen, Geruchsfernseher herzustellen, Fernseher also, die (zusätzlich zu Bild und Ton) Gerüche übertragen können. Dazu stehen zwei Systeme zur Auswahl: „Really Stinky“ (RS), bei dem ein nasser Hund in den Fernseher eingebaut wird, und „TrueSmell“ (TS), das sich eines modernen elektro–nasalen Verfahrens bedient. Aus Gründen der Verbreitung eines Systems (zu erwartende Skaleneffekte) ist es von Vorteil, wenn beide Hersteller auf dasselbe System setzen, also ihre Strategien koordinieren. Die Auszahlungen ergeben sich aus den zu erwartenden Gewinnen:

		Firma B	
		RS	TS
Firma A	RS	1, 1	-1, -1
	TS	-1, -1	2, 2

Tabelle 3.13: Koordinationsspiel

Das Spiel besitzt keine Dominanzen. Nash–Gleichgewichte sind (RS, RS) und (TS, TS). Auch hier stellt sich die Frage, welches Nash–Gleichgewicht eintreffen wird. Die Antwort fällt hier aber auch ohne Zusatzinformationen leichter: Beide Firmen müssten ein Interesse daran haben, mehr Gewinn zu machen. Da (TS, TS) für beide Firmen zu höheren Auszahlungen führt als (RS, RS), kann davon ausgegangen werden, dass (TS, TS) gespielt wird.

Hier ist das Konzept der Pareto–Verbesserung und der Pareto–Effizienz von Bedeutung. Ausgehend von der Strategienkombination (RS, RS) ist der Übergang zu (TS, TS) für beide Spieler eine Verbesserung. Jeder Wechsel, der mindestens einen Spieler besser stellt als zuvor, ohne gleichzeitig einen Spieler schlechter zu stellen, ist eine Pareto–Verbesserung. Strategieprofile, von denen aus keine weiteren Pareto–Verbesserungen mehr möglich sind, sind Pareto–effizient. Spiel 3.13 hat eine eindeutige Pareto–effizientes Strategienkombination in (TS, TS).

Da sich im Spiel 3.13 die Nash–Gleichgewichte mit Hilfe des Pareto–Kriteriums ordnen lassen, wird dieses Spiel auch „geordnete Koordination“ (ranked coordination) genannt. Es ist zu erwarten, dass die Koordination in dem Strategieprofil enden wird, in dem beide Spieler am besten gestellt sind, also in (TS, TS). Ein solches eindeutiges Pareto–effizientes Nash–Gleichgewicht heißt *Pareto–perfekt*.

Ähnlich wie gegen die behavioralistischen Vorhersagen, die sich auf das Konzept der Dominanz stützen, gibt es auch gegen die Vorhersagen der geordneten Koordination Einwände. Obwohl das Spiel 3.14 strukturell das gleiche Spiel ist wie 3.13, erscheint aus psychologischer Sicht die Entscheidung weniger verlässlich.

Obwohl A, auf die perfekte Rationalität von B vertrauend, a_2 wählen sollte, erscheint diese Wahl zumindest zweifelhaft.

		B	
		b_1	b_2
A	a_1	1, 1	-1, -1
	a_2	-1 000 000, -1	2, 2

Tabelle 3.14: Gefährliche Koordination

3.4.2 Risikodominanz

Ähnlich wie im Beispiel 3.14 lässt sich in vielen Fällen bezweifeln, ob zwei Spieler tatsächlich ein Pareto–perfektes Gleichgewicht einem anderen Gleichgewicht vorziehen würden. Auf diesem Gedanken basiert die Idee eines risikodominanten Gleichgewichts (Harsanyi und Selten, 1988).

Das Konzept der Risikodominanz lässt sich für symmetrische Zwei–Personen–Zwei–Strategien–Spiele am Beispiel des Risikodominanz–Spiels (Tab. 3.15) leicht erläutern.

		B	
		b_1	b_2
A	a_1	9, 9	0, 8
	a_2	8, 0	7, 7

Tabelle 3.15: Risikodominanz–Spiel

Das Spiel besitzt zwei Nash–Gleichgewichte: (a_1, b_1) und (a_2, b_2). Das Gleichgewicht (a_1, b_1) ist Pareto–perfekt. Dennoch ist es denkbar, dass zumindest einer der Spieler a_2 bzw. b_2 spielen würde: Spielt beispielsweise Spieler A a_1, so erhält er in dem Fall, dass Spieler B b_2 wählt, eine Auszahlung von Null. Spielt A dagegen a_2, so ist die kleinste Auszahlung, die er erhalten kann, 7, also deutlich besser als für die Wahl, a_1 zu spielen. Eine analoge Argumentation gilt für Spieler B. Insgesamt ist es für beide Spiele weniger „gefährlich“, (a_2, b_2) zu spielen. Dieses Gleichgewicht ist gegenüber (a_1, b_1) *risikodominant.*

Formal gilt für symmetrische Spiele mit zwei Spielern und zwei Strategien pro Spieler folgender Zusammenhang: Es sei vorausgesetzt, jeder Spieler nehme an, sein Gegner spiele jede seiner Strategien mit der Wahrscheinlichkeit $\frac{1}{2}$. Beide Spieler entscheiden annahmegemäß anhand der Erwartungswerte ihrer Auszahlungen. Dann ist das Gleichgewicht, das beide Spieler streng vorziehen, das risikodominante Gleichgewicht.[4]

[4] Formal entspricht das Vorgehen zur Bestimmung der risikodominanten Strategie eines Spielers also dem Vorgehen nach der Laplace–Regel (Abschnitt. 2.3.5, S. 13).

Für das Beispiel aus Tabelle 3.15 bedeutet dies folgendes: Spielt Spieler A Strategie a_1, beträgt der Erwartungswert seiner Auszahlung

$$E[\pi_A(a_1)] = \frac{1}{2} \cdot 9 + \frac{1}{2} \cdot 0 = 4.5\,.$$

Die erwartete Auszahlung aus a_2 ist

$$E[\pi_A(a_2)] = 7.5\,.$$

A wird also a_2 gegenüber a_1 vorziehen. Da es sich um ein symmetrisches Spiel handelt, folgt aus der analogen Überlegung für B, dass auch B eher b_2 als b_1 spielen wird. Damit ist (a_2, b_2) das risikodominante Nash–Gleichgewicht.

Warum das Gleichgewicht risiko*dominant* genannt wird, lässt sich leicht erkennen, wenn man die Auszahlungstabelle 3.15 umformuliert, wie dies in Tab. 3.16 geschehen ist: Hier sind für die Spieler jeweils die Erwartungswerte der Auszahlungen notiert, also bei A $E[\pi_A(a_1)] = 4.5$ für Strategie a_1 und $E[\pi_A(a_2)] = 7.5$ für a_2 sowie bei B $E[\pi_B(b_1)] = 4.5$ für b_1 und $E[\pi_B(b_2)] = 7.5$ für b_2.

		B	
		b_1	b_2
A	a_1	4.5, 4.5	4.5, 7.5
	a_2	7.5, 4.5	7.5, 7.5

Tabelle 3.16: Risikodominanz–Spiel. Erwartete Auszahlungen

Es ist zu erkennen, dass für jeden Spieler die jeweils zweite Strategie (also a_2 bzw. b_2) die jeweils erste Strategie *streng dominiert*. Insofern ist das verbleibende Gleichgewicht (a_2, b_2) unter Risiko–Gesichtspunkten dominant.

3.4.3 Trembling–Hand–Perfektion

Ein weiteres Kriterium zur Selektion von Nash–Gleichgewichten ist die Frage, wie robust ein Gleichgewicht gegenüber „Fehlern" des Gegners bei seiner Strategiewahl ist.

Als Beispiel soll das Spiel aus Tabelle 3.17 dienen.

Die beiden Nash–Gleichgewichte liegen bei (a_2, b_1) und (a_1, b_2). Weitere Analyse ergibt, dass die Strategie a_2 von der Strategie a_1 schwach dominiert wird. Nach dem Kriterium der iterierten (schwachen) Dominanz wäre die Gleichgewichtsselektion einfach: (a_1, b_2) wäre das plausiblere Gleichgewicht.

		Spieler B	
		b_1	b_2
Spieler A	a_1	10 , 0	4 , 4
	a_2	10 , 0	−1 , −1

Tabelle 3.17: Zitterspiel

An dieser Stelle soll aber ein anderes Kriterium betrachtet werden: Das Trembling–Hand–Kriterium.[5] Angenommen, Spieler A plane, a_1 zu spielen. Diese Wahl scheint sinnvoll, denn B könnte ja die Strategie b_2 wählen, womit beide Spieler eine Auszahlung von je 4 erhielten. Aber ist diese Strategiewahl von A auch *sicher*? Angenommen, A glaube relativ fest daran, B werde seine beste Antwort b_2 spielen, sei sich dessen aber nicht völlig sicher. Was ist, wenn B einen Fehler macht und doch (aus Versehen) b_1 wählt?

Beim Trembling–Hand–Kriterium geht es genau um diese Frage: Es soll ermittelt werden, ob eine Strategie eines Spielers auch dann noch die beste Wahl ist, falls es eine geringe Wahrscheinlichkeit gibt, dass sich der Gegner nicht erwartungsgemäß entscheidet, sondern (irrtümlich) eine andere als die erwartete Strategie wählt. Ist eine Strategie auch im Fall eines sehr unwahrscheinlichen Fehlers des Gegners die beste Wahl, nennt man diese Strategie Trembling–Hand–perfekt.

Um im Beispiel herauszufinden, ob a_1 Trembling–Hand–perfekt ist, muss folgende Prüfung angestellt werden: Man nimmt an, B spiele *beinahe sicher* Strategie b_2, könne sich aber mit der geringen Wahrscheinlichkeit ε_{b1} irren und b_1 spielen. Für diesen Fall gilt es zu ermitteln, ob A aus der Strategie a_1 oder aus a_2 die höheren Auszahlungen zu erwarten hat. Der Erwartungswert der Auszahlung an A, falls er a_1 wählt, beträgt

$$
\begin{aligned}
E\left[\pi_A(a_1)\right] &= (1-\varepsilon_{b1})\,\pi_A\,(a_1,b_2)+\varepsilon_{b1}\,\pi_A\,(a_1,b_1) \\
&= (1-\varepsilon_{b1})\cdot 4+\varepsilon_{b1}\cdot 10\,.
\end{aligned}
$$

Die erwartete Auszahlung der Strategie a_2 beträgt

$$
\begin{aligned}
E\left[\pi_A(a_2)\right] &= (1-\varepsilon_{b1})\,\pi_A\,(a_2,b_2)+\varepsilon_{b1}\,\pi_A\,(a_2,b_1) \\
&= (1-\varepsilon_{b1})\cdot(-1)+\varepsilon_{b1}\cdot 10\,.
\end{aligned}
$$

Es ist leicht zu erkennen, dass die erwartete Auszahlung größer ist, wenn A a_1 und nicht etwa a_2 wählt. Strategie a_1 ist also auch dann As beste Wahl, wenn B im Verdacht steht, einen Fehler begehen zu können. Strategie a_1 ist Trembling–Hand–perfekt.

[5] Tatsächlich handelt es sich bei der Darstellung an dieser Stelle um eine eher pragmatische Darstellung des Konzepts des Trembling–Hand–Kriteriums. Die formal aufwändige, aber korrekte Darstellung findet sich in Abschnitt 6.5.1 auf S. 94.

Ein Trembling–Hand–perfektes Nash–Gleichgewicht ist ein Nash–Gleichgewicht, das aus Trembling–Hand–perfekten Strategien besteht. Um also festzustellen, ob das Gleichgewicht (a_1, b_2) tatsächlich Trembling–Hand–perfekt ist, muss nun noch die Strategie b_2 auf ihre Trembling–Hand–Perfektion geprüft werden. Dies bedeutet anzunehmen, dass A beinahe sicher a_1, aber mit geringer Fehlerwahrscheinlichkeit ε_{a2} a_2 spiele. Unter dieser Annahme gilt es, die erwarteten Auszahlungen aus Bs Strategien zu errechnen und miteinander zu vergleichen. Das Resultat ist[6]

$$E\left[\pi_B(b_1)\right] = 0 < 4 - 5\,\varepsilon_{a2} = E\left[\pi_B(b_2)\right].$$

Auch Strategie b_2 ist also Trembling–Hand–perfekt, womit insgesamt das Gleichgewicht (a_1, b_2) ein Trembling –Hand–perfektes Nash–Gleichgewicht ist.

Die Tatsache, dass das Nash–Gleichgewicht (a_1, b_2) Trembling–Hand–perfekt ist, bedeutet aber noch lange nicht, dass das verbleibende Nash–Gleichgewicht, also (a_2, b_1), *automatisch nicht* Trembling–Hand–perfekt ist! Um beispielsweise sagen zu können, ob die verbleibende Strategie b_1 von Spieler B Trembling–Hand–perfekt ist, muss dies explizit überprüft werden. Es muss also nun angenommen werden, A spiele beinahe sicher a_2, mit einer kleinen Wahrscheinlichkeit ε_{a1} jedoch Strategie a_1. Der notwendige Vergleich der erwarteten Auszahlungen an B ergibt

$$E\left[\pi_B(b_1)\right] = 0 > 5\,\varepsilon_{a1} - 1 = E\left[\pi_B(b_2)\right].$$

Auch b_1 ist also Trembling–Hand–perfekt.

Erst die letzte Prüfung fällt negativ aus: Strategie a_2 ist nicht Trembling–Hand–perfekt.

$$E\left[\pi_A(a_1)\right] = 10(1-\varepsilon_{b2}) + 4\,\varepsilon_{b2} > 10(1-\varepsilon_{b2}) - \varepsilon_{b2} = E\left[\pi_A(a_2)\right].$$

Damit handelt es sich beim Strategie*profil* (a_2, b_1) nicht um ein Trembling–Hand–perfektes Nash–Gleichgewicht.

Zwischen dem Konzept der Trembling–Hand–Perfektion und der Methode der iterierten Eliminierung dominierter Strategien besteht ein Zusammenhang: Besitzt ein Spieler eine dominante und eine dominierte Strategie, dann kann er der „Zittergefahr“, der die dominierte Strategie ausgesetzt ist, einfach dadurch ausweichen, dass er statt der dominierten die dominante Strategie wählt. Im Beispiel des Zitterspiels 3.17 ist dies leicht zu erkennen: Falls Spieler A Strategie a_2 wählt, muss er befürchten, dass sich sein Gegner für b_2 entscheidet. Dieser Gefahr kann er dadurch entgehen, dass es stattdessen a_1 wählt. Entscheidet sich B nun für b_2, ist der erreichte Zustand für A optimal

[6] Die Ungleichheit in der folgenden (Un–)Gleichung gilt deshalb in der angegebenen Richtung, weil es sich bei ε_{a2} annahmegemäß um eine *sehr kleine* Wahrscheinlichkeit handelt.

(Nash–Gleichgewicht). Aber selbst wenn sich B für b_1 entscheidet, geht es A nicht schlechter als in dem Fall, dass er a_2 gewählt hätte. Dies ist natürlich nichts als eine Wiederholung der Idee der Dominanz.

Allgemein lässt sich damit sagen: Jede Strategie, die in einem Trembling–Hand–perfekten Gleichgewicht gespielt wird, ist nicht dominiert. Die Umkehrung dieses Satzes gilt aber nicht: Nicht jede undominierte Strategie ist auch automatisch Trembling–Hand–perfekt. Die Beziehung zwischen Nash–Gleichgewichten, Nash–Gleichgewichten nach Eliminierung dominierter Strategien und Trembling–Hand–perfekten Nash–Gleichgewichten ist in Abb. 3.1 (nach Holler und Illing 2003, S. 100) zusammengefasst.

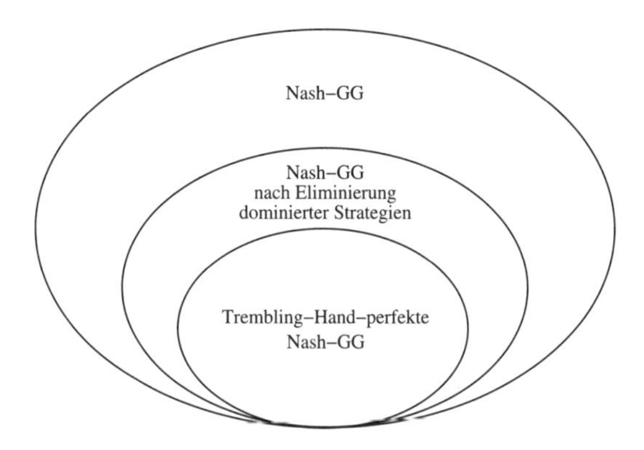

Abbildung 3.1: Beziehungen zwischen verschiedenen Gleichgewichtskonzepten

Obwohl also nicht jedes undominierte Gleichgewicht automatisch Trembling–Hand–perfekt ist, ist bei der Suche nach Trembling–Hand–perfekten Strategien die Eliminierung dominierter Strategien ein geeigneter Schritt, um die Menge der „verdächtigen" Strategien einzugrenzen.

Allerdings ist zudem anzumerken, dass auch Trembling–Hand–perfekte Gleichgewichte nicht grundsätzlich eindeutig sind. In vielen Spielen gibt es mehrere solcher Gleichgewichte.

3.5 Spiele ohne Gleichgewichte

Es existieren auch Spiele ohne Gleichgewichte.[7] Auch hierfür lässt sich ein Beispiel im Sinne des Geschlechterkampfes finden. Der Mann hat Präferen-

[7] Exakt muss es heißen: Es existieren auch Spiele ohne Gleichgewichte in *reinen Strategien*. Außer den bisher betrachteten Strategien gibt es auch so genannte gemischte Strategien und entsprechend Gleichgewichte in gemischten Strategien. Genaueres hierzu findet sich in Abschnitt 6.

zen in folgender Reihenfolge: Fußball ohne Freundin (3), Kino ohne Freundin (2), Abendgestaltung mit seiner Freundin (1). Die Präferenzen der Frau sind: Kino mit Freund (3), Fußball mit Freund (2), Abend allein verbringen (1).

		Handlungsalt. der Frau	
		Kino	Fußball
Handlungsalt.	Kino	1, 3	2, 1
des Mannes	Fußball	3, 1	1, 2

Tabelle 3.18: Völliges Zerwürfnis der Geschlechter

Eine Prüfung auf ein Nash-Gleichgewicht müsste wie folgt ablaufen: Entscheidet sich die Frau fürs Kino, wählt ihr Freund Fußball. Wählt der Mann Fußball, geht seine Freundin auch zum Fußball. Geht die Frau zum Fußball, geht ihr Mann lieber ins Kino. Wählt der Mann Kino, will sie auch ins Kino. Geht sie ins Kino, will er zum Fußball, u.s.w.

Anstelle eines Nash-Gleichgewichts lässt sich ein zyklisches Verhalten beobachten, das nie zum Stillstand kommt:[8]

Frau: Kino → Mann: Fußball
Mann: Fußball → Frau: Fußball
Frau: Fußball → Mann: Kino
Mann: Kino → Frau: Kino

Es findet sich also niemals ein Plan zur Abendgestaltung, dem beide zustimmen würden. Mit anderen Worten: Es existiert kein Nash-Gleichgewicht. Wird das Spiel häufig wiederholt, kommt es zu zyklischem Verhalten.

3.6 Beispiele

3.6.1 Gefangenendilemma

Das wohl berühmteste Spiel ist das so genannte Gefangenendilemma.[9] Ursprünglich wurde hiermit die Situation zweier Personen beschrieben, die gemeinsam ein Verbrechen begangen haben, verhaftet worden sind und in getrennten Zellen gefangen gehalten werden. Für jeden Gefangenen gilt nun

[8] Zyklisches Verhalten zu postulieren bedeutet aber, einen Ausflug in die dynamische Spieltheorie, insbesondere die Lerntheorie zu wagen. Genaueres hierzu findet sich in den Abschnitten 8, 9 und 12.

[9] „Erfinder" des Gefangenendilemmas — oder zumindest der „Geschichte" zur Auszahlungstabelle — ist laut Straffin (1980) Albert W. Tucker, der Doktorvater von John Nash. Tucker konzipierte das Gefangenendilemma 1950 in einer Notiz eher als Anekdote für einen Vortrag. Erstmals veröffentlicht worden ist diese Notiz in Tucker (1980).

folgende Regel. Gesteht er das Verbrechen, und sein Partner gesteht nicht (leugnet), so wird der Partner wegen Falschaussagens und wegen des eigentlichen Verbrechens für sechs Jahre eingesperrt, der Geständige wird freigelassen (Kronzeugenregelung). Gesteht der Partner ebenfalls, so werden beide für drei Jahre inhaftiert. Gesteht keiner der beiden, werden beide wegen geringer Vergehen für ein Jahr festgehalten.

		Handlungsalt. von B	
		Gestehen	Leugnen
Handlungsalt.	Gestehen	-3, -3	0, -6
von A	Leugnen	-6, 0	-1, -1

Tabelle 3.19: Gefangenendilemma

Es lässt sich leicht feststellen, dass für jeden der beiden Verbrecher die Handlungsalternative „Gestehen" dominant ist. Die stabile Gleichgewichtslösung der dominanten Strategien ist natürlich das einzige Nash-Gleichgewicht. Aber die stabile Gleichgewichtslösung (Gestehen, Gestehen) ist nicht Pareto–effizient: Würden beide Spieler leugnen, so könnte sich jeder zwei Jahre Haft ersparen, beide könnten also zu einer Pareto–Verbesserung gelangen. Die Pareto effiziente Lösung (Leugnen, Leugnen) ist aber kein Gleichgewicht des Spiels: Könnten sich die beiden Verbrecher beraten, so würden sie wohl vereinbaren, beide zu leugnen. Danach besteht aber dennoch die Gefahr, dass sich einer der Partner nicht an die Absprache hält, um sich noch besser zu stellen. Tatsächlich ist zu erwarten, dass beide bei einer Absprache vereinbaren würden, gemeinsam zu leugnen. Dann aber würde jeder seinen Partner betrügen und gestehen, in der Hoffnung, der Partner würde sich an das gemeinsame Abkommen halten. So werden beide den Partner betrügen und anstatt in der besten gemeinsamen Lösung in der schlechtesten gemeinsamen Situation landen: Beide bleiben für je drei Jahre im Gefängnis. Hierin besteht das erwähnte Gefangenendilemma.

Technisch interessant am Gefangenendilemma ist also die Tatsache, dass das Pareto–effiziente Resultat kein Gleichgewicht ist.

Am Gefangenendilemma wird deutlich, dass weitere spieltheoretische Untersuchungen sich auch mit der Frage beschäftigen müssen, welche Entscheidungen zustande kommen, wenn sich die Spieler untereinander absprechen. Dieser Zweig der Spieltheorie ist die Theorie kooperativer Spiele. Teile der kooperativen Spieltheorie werden im Abschnitt 10 behandelt. Dabei gewinnt vor allem die Problematik des Betruges große Bedeutung. Es zeigt sich, dass sich Betrug oft dann nicht lohnt, wenn Spiele mit denselben Mitspielern mehr als einmal gespielt werden. Es lässt sich nachweisen, dass sich bei unbekannt häufiger Wiederholung des Gefangenendilemma-Spiels im Laufe der Zeit die Kooperationslösung, also die Situation gemeinsamen Leugnens etablieren kann. Eine ausführliche Behandlung des Gefangenendilemmas als wiederholtem Spiel findet sich in Abschnitt 8.1.

Das Gefangenendilemma ist Modell für viele ökonomische Situationen. Dies sind häufig Situationen, in denen individuell rationale Entscheidungen zu Situationen führen, die gesellschaftlich (d.h. in ihrer Gesamtwirkung) nicht optimal sind. Ein prominentes Beispiel ist die Thematik der öffentlichen Güter. Auch die Frage, ob Kartellvereinbarungen aufrechterhalten sollten oder nicht, entpuppt sich als Gefangenendilemma (vgl. Abschnitt 7.3 ab S. 123).

3.6.2 Das Chicken–Game

Ein Spiel, bei dem es darum geht, dass sich die Spieler miteinander koordinieren, ist das berühmte Chicken–Game (hat nichts mit „Broilern" zu tun, wohl aber mit Hühnern). Es geht um eine legendäre Mutprobe pubertierender Amerikaner.

Zwei 16-jährige, Tom und Joe, fahren in den Autos ihrer Väter mit 120 mph (each) auf einer geraden Straße aufeinander zu, jeder in der Straßenmitte. Beide haben zwei Handlungsalternativen, in der Mitte bleiben (aus traditionellen Gründen abgekürzt als „D") und nach rechts ausweichen (Abkürzung: „C"). Weicht nur einer aus, der andere aber nicht, so ist der Ausweicher als Feigling enttarnt, kann nicht erwarten in seinem Leben jemals das Herz einer Frau zu erobern und erhält deswegen eine Auszahlung von 1. Der Nicht–Ausweicher ist zum Held geworden, alle Frauen liegen ihm zu Füßen: Auszahlung = 3. Weichen beide aus, teilen sie sich die Frauen (und die Auszahlung). Die Auszahlung an jeden beträgt 2. Weicht keiner aus, kann auch keiner eine Auszahlung erwarten: 0 für jeden.

		Joe	
		D	C
Tom	D	0, 0	3, 1
	C	1, 3	2, 2

Tabelle 3.20: Chicken–Game

Es gibt keine dominanten Strategien. Nash-Gleichgewichte liegen bei (C, D) und bei (D, C). Problematisch ist die Tatsache, dass die Nash–Gleichgewichte *asymmetrisch* sind: Im Gleichgewicht müssen die Spieler unterschiedliche Strategien wählen. Eine Koordination wird hierdurch wesentlich erschwert. So entsteht folgende Gefahr: Streben beide Spieler mit Macht die von ihnen persönlich präferierte Lösung an, kann nicht ausgeschlossen werden, dass der Fall (D, D) eintritt, der einzige Fall, in dem die gesamte Gesellschaft schlecht gestellt wird.

Allerdings ließe sich ausgehend von der denkbar schlechtesten Lösung, (D, D), die Situation für beide Beteiligten verbessern, was etwa durch Absprache oder Verhandlung zwischen den beiden geschehen könnte. Im Fall (D, D) erhalten beide keine Auszahlung. Würde nun mindestens einer der beiden Spieler ausweichen, d.h. C wählen, so würden sich beide Spieler verbessern. Alle weiteren Situationen sind Pareto–effizient.

3.6.3 Stag–Hunt

Ein weiteres Koordinationsspiel ist das Stag–Hunt Spiel („Hirschjagd"-Spiel), oft auch Assurance–Game genannt. Angeblich geht „die Geschichte" zum Spiel auf Jean–Jacques Rousseau zurück, der die Jagd zweier Jäger auf Hirsche oder Hasen beschreibt.

Spieltheoretisch gesehen geht es um einen technischen Konflikt zwischen zwei Arten von Kriterien zur Gleichgewichtsselektion, dem Kriterium der Pareto–Effizienz (Abschnitt 3.4.1) und dem Kriterium der Risikodominanz (Abschnitt 3.4.2). Um diesen Konflikt deutlicher zu illustrieren, soll hier eine mittelalterliche Variante des Spiels vorgestellt werden, das Drachenjagd–Spiel.[10]

Zwei mittelalterliche Gesellen, Archibald und Bertram, haben dasselbe Problem: Der Kühlschrank muss gefüllt werden. Am nächsten Tag wollen Sie auf die Jagd gehen. Die beiden treffen sich zur Vorbesprechung auf einem Humpen Honigmet mit Aspirin. Für jeden gibt es zwei Alternativen, man kann eine Maus jagen oder einen Drachen. Beides hat Vor– und Nachteile. Mäuse sind nicht besonders groß, relativ knochig und wenig schmackhaft. Wer eine Maus zur Strecke bringt, hat damit nur für einen Tag Vorrat (Auszahlung:1). Der Vorteil der Mäusejagd liegt in der Tatsache, dass Mäuse vergleichsweise ungefährlich sind. Wer sich aufs Jagen von Mäusen verlegt, hat vom Beutetier kaum etwas zu befürchten. Insbesondere kann man Mäuse gefahrlos auch allein, also ohne Hilfe eines anderen, erlegen. Drachen dagegen haben den Vorteil ihrer Größe. Ein Drache ist schmackhaft, sein Blut (als Badezusatz) ist gut für die Haut, und er füllt den Kühlschrank für gut und gern vier Tage. (Dabei müssen die Getränke zuerst rausgeräumt werden!) Die Auszahlung, wenn *zwei* Jäger einen Drachen erlegen, beträgt also für jeden Jäger 2. Allerdings haben Drachen auch Nachteile, die weit über deren schlechten Atem hinausgehen: Sie sind gefährlich. So einfach wie eine

[10] Die Erfahrung lehrt, dass es angebracht ist, zu betonen, dass in Deutschland (anders als in einigen asiatischen Ländern) der Drache nicht als heiliges Tier gilt, sondern vielmehr als üble Landplage.

Maus erlegt man einen Drachen nicht. Wenn nicht zwei Jäger zusammenarbeiten, erlegt nicht der Jäger den Drachen, sondern anders herum. Ein Jäger, der allein einen Drachen jagt, muss daher mit einer Auszahlung von -1 rechnen, was der letalen Ausgang der Jagd symbolisiert. Tabelle 3.21 fasst die Überlegungen zusammen.

		B	
		Drache	Maus
A	Drache	2, 2	-1, 1
	Maus	1, -1	1, 1

Tabelle 3.21: Drachenjagd

Wie das Koordinationsspiel hat auch das Drachenjad–Spiel zwei Nash–Gleichgewichte. Das Gleichgewicht (Drache, Drache) ist Pareto–effizient. Stehen beide Jäger am Jagdtag vor der Drachenhöhle, hat der Drache keine Chance, und bei den Jägern gibt es zum Mittag leckeren Drachenauflauf. Der Nachteil dieses Gleichgewichts ist die Tatsache, dass es gefährlich ist. Erscheint nämlich einer der beiden Jäger nicht zur Drachenjagd, geht es dem anderen schlecht. Beim Drachen gibt es Jägerschnitzel. Das Gleichgewicht (Maus, Maus) dagegen ist lange nicht so ertragreich wie (Drache, Drache), aber für jeden Jäger viel sicherer. Dieses Gleichgewicht ist risikodominant.

Der hier zu beobachtende Konflikt zwischen zwei Arten von Gleichgewichten, einem effizienten und einem sicheren, ist ein Kennzeichen von vielen Spielen. Theoretisch lässt sich kaum festlegen, welches Konzept der Gleichgewichtsauswahl das überlegene ist.

Ergebnisse der experimentellen Wirtschaftsforschung[11] deuten darauf hin, dass die meisten Menschen das sichere Gleichgewicht dem effizienten vorziehen.

[11] Ein Beispiel ist das Papier von Battalio et al. (2001).

4. Sequentielle Spiele

4.1 Einführung

4.1.1 Beispiel: Sequentielle Koordination

Die bisher betrachteten Spiele waren so angelegt, dass alle Spieler gleichzeitig ziehen, und damit kein Spieler vor seinem Zug über die Züge der Gegner informiert ist. Dies ist natürlich nicht grundsätzlich der Fall. Sequentielle Spiele sind Spiele, in denen die Spieler nicht simultan, sondern nacheinander ziehen.

Durch diese leichte Veränderung der Struktur können Spiele sehr viel komplizierter werden. Dies kann am vermeintlich einfachen Koordinationsspiel 3.13 demonstriert werden, dessen Auszahlungsmatrix in 4.1 nochmals dargestellt ist.

		Firma B	
		RS	TS
Spieler A	RS	1, 1	-1, -1
	TS	-1, -1	2, 2

Tabelle 4.1: Koordinationsspiel

Nun soll angenommen werden, Spieler A entscheide sich zuerst. Spieler B entscheidet nach A und kennt zum Zeitpunkt seiner Entscheidung bereits die Entscheidung von A. Durch diese zusätzliche Annahme wird das „Koordinationsspiel“ in simultanen Zügen zum sequentiellen Spiel „Follow the Leader“.

Sequentielle Spiele lassen sich gut durch ihre extensive Form, das heißt als Spielbaum darstellen, wie dies in Abb. 4.1 geschehen ist. Extensive Darstellungen von Spielen bestehen aus zwei Elementen, Kanten (Strichen) und Knoten (Punkten, Kreisen). Jeder Knoten, ausgenommen die Knoten am Ende des Spielbaumes, repräsentiert eine Entscheidungssituation eines Spielers. Am Knoten ist der Spieler notiert, der jeweils entscheiden muss. Im Beispiel in Abb. 4.1 repräsentiert der linke äußere Knoten (der *Wurzelknoten* des Spielbaums) die einzige Entscheidungssituation von Spieler A: A muss entscheiden, ob er *R* oder *T* spielt. Es ist zu sehen, dass die Kanten, die vom Knoten ausgehen, genau diese möglichen Entscheidungen, die denkbaren *Aktionen* von Spieler A darstellen. Folgt man dem Verlauf der extensiven

Form weiter, erkennt man, dass für Spieler B zwei Entscheidungssituationen existieren, je nachdem, ob Spieler A Alternative R (Entscheidungssituation I) oder T (Entscheidungssituation II) gewählt hat. In jeder dieser Entscheidungssituationen stehen B die Handlungsalternativen R und T zur Auswahl. Am Ende des Spielbaumes befinden sich die *Endknoten*. An diesen Knoten sind die Auszahlungen notiert. Die Reihenfolge der Auszahlungen richtet sich nach der Reihenfolge, in der die Spieler ziehen. Im Beispiel gibt also jeweils die erste Zahl die Auszahlung an Spieler A an, die zweite Zahl die Auszahlung an Spieler B, denn A zieht zuerst, B als zweiter.

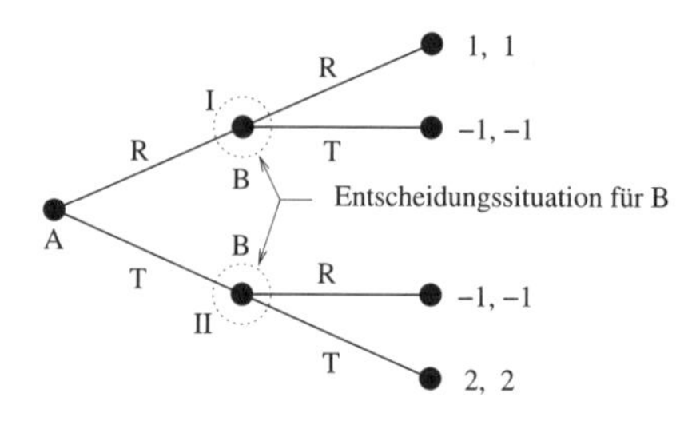

Abbildung 4.1: Follow the Leader. A zieht zuerst. Auszahlungen an (A, B)

4.1.2 Begriffe

Allgemein, d.h sowohl für statische als auch für sequentielle Spiele, gelten folgende Begriffsdefinitionen:

Aktion Eine Aktion ist eine Handlungsalternative oder mögliche Handlung eines Spielers in einer einzigen Entscheidungssituation. Im Beispiel stehen Spieler A in seiner einzigen Entscheidungssituation die Aktionen R und T zur Verfügung, Spieler B hat in jeder seiner Entscheidungssituationen jeweils die Wahl zwischen den Aktionen R und T. Eine Aktion des Spielers i soll als a_i notiert werden. In der Regel hat ein Spieler in jeder Entscheidungssituation die Wahl zwischen mehr als einer Aktion.[1]

Alle Aktionen, die dem Spieler i in einer bestimmten Situation zur Verfügung stehen, sind zusammengefasst in der *Aktionsmenge* dieser Situation $A_i = \{a_i\}$. So lautet beispielsweise die Aktionsmenge von Spieler B in seiner Entscheidungssituation II $A_{B,II} = \{R, T\}$.

Die Zusammenfassung aller Aktionen, die jeder der n beteiligten Spieler i in einer bestimmten Situation des Spiels gewählt hat, heißt *Aktionsprofil*. Das Aktionsprofil wird dargestellt als geordnete Menge $a = \{a_i\}, i = \{1, 2, \ldots, n\}$. Hat im Beispiel Spieler A Aktion R gespielt und darauf Spieler

[1] Andernfalls kann nicht wirklich von einer Entscheidungssituation gesprochen werden.

B Aktion T gewählt (warum auch immer ...), lautet das entsprechende Aktionsprofil des Spielverlaufs $a = \{R, T\}$. Ein Aktionsprofil beschreibt also den Verlauf eines „Spiels des Spiels".

Strategie Eine Strategie eines Spielers ist die Zusammenfassung jeweils einer Aktion des Spielers für jede Entscheidungssituation innerhalb des Spiels. Existiert in einem Spiel für einen Spieler nur eine Entscheidungssituation, dann sind Strategie und Aktion identisch, wie dies im Beispiel für Spieler A der Fall ist. Die Strategie von Spieler i wird notiert als s_i. Eine Strategie für Spieler B muss also zwei Aktionen aufführen, jeweils eine für jede der beiden Entscheidungssituationen. Plant B beispielsweise, in Entscheidungssituation I R und in Entscheidungssituation II T zu spielen, kann die entsprechende Strategie als $s_B = \{R, T\}$ notiert werden. Weiter unten wird allerdings eine etwas übersichtlichere Notation von Strategien eingeführt werden.

Alle Strategien, die Spieler i innerhalb eines Spiels zur Verfügung stehen, werden als *Strategiemenge* oder *Strategieraum* $S_i = \{s_i\}$ zusammengefasst.

Die Zusammenfassung jeweils einer Strategie für jeden der n an einem Spiel beteiligten Spieler heißt *Strategieprofil* $s = \{s_i\}, i = \{1, 2, \ldots, n\}$.

4.1.3 Herleitung der Normalform

Eine Strategie eines Spielers ist also ein Handlungsplan, der für *jede* Situation des Spiels, in der sich der Spieler entscheiden muss, die Aktion angibt, die der Spieler jeweils wählt. Für B existieren zwei Entscheidungssituationen: A hat sich für R entschieden und A hat sich für T entschieden. Die extensive Darstellung des Spiels in Abb. 4.1 zeigt dies deutlich.

In jeder Entscheidungssituation stehen B nun zwei Aktionen zur Verfügung, R und T. Damit ergeben sich vier mögliche Strategien, die insgesamt die Strategiemenge von B bilden. Beispielhaft soll die im folgenden verwendete Notation verdeutlicht werden. Die Strategie b_1 besagt, dass B sich für R entscheiden soll, falls A sich für R entschieden hat $(R|R)$ und sich für R entscheiden soll, falls Spieler A Aktion T gewählt hat $(R|T)$. Die vorausgegangene Aktion von A steht also hinter dem senkrechten Strich $|$, die als Antwort geplante Aktion von B davor. Die vier möglichen Strategien von B lauten:

$b_1 = (R|R, R|T)$: immer R
$b_2 = (R|R, T|T)$: immer das, was A tut; folge A
$b_3 = (T|R, R|T)$: immer das Gegenteil von dem, was A tut
$b_4 = (T|R, T|T)$: immer T

Damit lässt sich nun die *Normalform* oder *strategische Form* des Spiels notieren (Tabelle 4.2). Die Normalform ist im Grunde eine Auszahlungstabelle in Strategien. Da in den bisher betrachteten statischen Spielen die Aktionen und Strategien dasselbe bezeichneten, war hier die Normalform identisch mit der Auszahlungstabelle. Dies ist dann nicht mehr der Fall, wenn für mindestens einen Spieler die Aktionen nicht mehr mit den Strategien identisch sind. Die Normalform gibt die Auszahlungen für alle *Strategie*profile des Spiels an.

		B			
		b_1 $(R\|R, R\|T)$	b_2 $(R\|R, T\|T)$	b_3 $(T\|R, R\|T)$	b_4 $(T\|R, T\|T)$
A	R	$\boxed{1}, \boxed{1}$	$1, \boxed{1}$	$\boxed{-1}, -1$	$-1, -1$
	T	$-1, -1$	$\boxed{2}, \boxed{2}$	$\boxed{-1}, -1$	$\boxed{2}, \boxed{2}$

Tabelle 4.2: Follow the Leader. A zieht zuerst. Normalform

Für die jeweiligen Auszahlungen ist dabei immer nur ein Teil der Strategie von B bedeutsam, der andere Teil wird überhaupt nicht gespielt. So ist es im Fall (R, b_1) für das tatsächliche Spiel völlig unerheblich, dass B im Fall, dass Spieler A Aktion T spielt, mit R antworten würde, denn A spielt nicht T.

Für das sequentielle Spiel aus dem Beispiel ergeben sich drei Nash–Gleichgewichte:

1. (R, b_1): Eine beste Antwort von B auf A: R ist b_1 (*immer R*). Die beste Antwort von A auf B: *immer R* ist R.
2. (T, b_4): Eine beste Antwort von B auf A: T ist b_4 (*immer T*). Die beste Antwort von A auf B: *immer T* ist T.
3. (T, b_2): Eine beste Antwort von B auf A: T ist b_2 (*folge A*). Die beste Antwort von A auf B: *folge A* ist T.

Zwei dieser drei Nash–Gleichgewichte sind nicht ganz überzeugend. So ist b_1 (*immer R*) zwar eine beste Antwort auf A: R, nicht aber auf A: T. Ähnliches gilt für b_4 (*immer T*): Es ist eine beste Antwort auf A: T, nicht aber auf A: R. Lediglich die Strategie b_2 (*folge A*) ist immer eine beste Antwort, egal welche Strategie A wählt.

4.2 Teilspiel–Perfektheit

Im vorangegangenen Beispiel (Spiel 4.1 bzw. 4.2) existieren drei Nash–Gleichgewichte, von denen allerdings nur eins so beschaffen ist, dass die zugehörige Strategie von B nur aus solchen Aktionen besteht, die für jede mögliche Strategie von A die beste Antwort darstellen. Ein solches Nash–Gleichgewicht heißt „teilspielperfektes Nash–Gleichgewicht“ (subgame perfect Nash equilibrium).

Definition 4.2.1 (teilspielperfektes Nash–Gleichgewicht). *Ein Strategieprofil ist ein teilspielperfektes Gleichgewicht, wenn es a) ein Nash–Gleichgewicht des gesamten Spiel ist, und b) die jeweils relevanten Aktionen ein Nash–Gleichgewicht für jedes Teilspiel konstituieren.*

Ein Teilspiel ist jeder Abschnitt eines Spiels, der aus mindestens einer Entscheidungssituation eines Spielers besteht. Das Spiel in Abbildung 4.2 (eine Wiederholung von 4.1) besteht aus drei Teilspielen: Dem Teilspiel, das in Knoten I beginnt (Teilspiel I), dem Teilspiel, das in Knoten II beginnt (Teilspiel 2), sowie dem gesamten Spiel (Teilspiel 3).

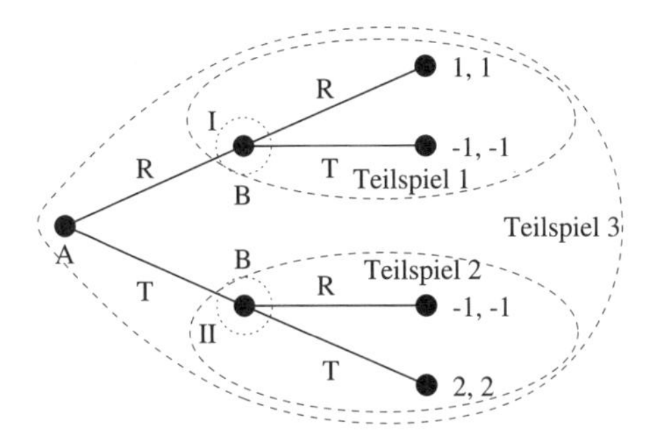

Abbildung 4.2: Follow the Leader. Teilspiele

Die drei Nash–Gleichgewichte finden sich in der extensiven Darstellung wieder. Das gleichgewichtige Strategieprofil $(R, b_1) = (R, (R|R, R|T))$ führt zu einem Nash–Gleichgewicht im Teilspiel 1 und im Teilspiel 3, nicht aber im Teilspiel 2. Das Strategieprofil $(T, b_4) = (T, (T|R, T|T))$ führt zu einem Nash–Gleichgewicht in Teilspiel 2 und Teilspiel 3, nicht aber in Teilspiel 1. Nur das Strategieprofil $(T, b_2) = (T, (R|R, T|T))$ führt zu Nash–Gleichgewichten in allen Teilspielen. Damit ist nur das Strategieprofil (T, b_2) ein teilspielperfektes Nash–gleichgewichtiges Strategieprofil.

4.2.1 Zermellos Algorithmus

Eine Methode, teilspielperfekte Nash–Gleichgewichte aufzufinden, ist Zermellos Algorithmus. Diese Methode arbeitet mit der extensiven Darstellung. Sie ist eine Variante der Rückwärtsinduktion oder der dynamischen Programmierung. Nach Zermellos Algorithmus muss in jedem Teilspiel, beginnend mit den kleinsten Teilspielen die Aktion markiert werden, die dem jeweiligen Spieler die höchste Auszahlung sichert.

Im Spiel 4.3 sind die kleinsten Teilspiele die Teilspiele ab Knoten I und II. Der entscheidende Spieler für diese beiden Teilspiele ist Spieler B.

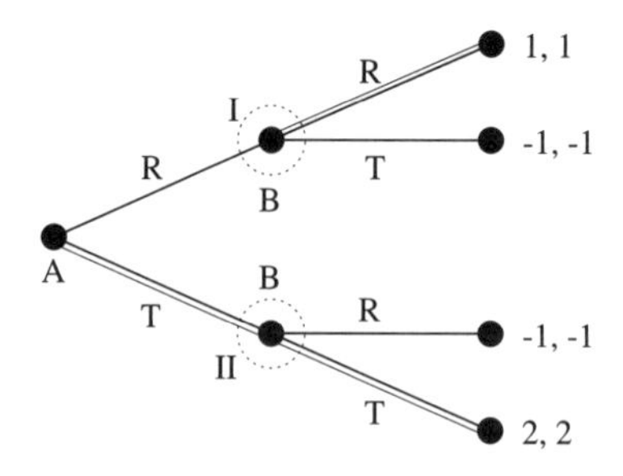

Abbildung 4.3: Follow the Leader. Zermello

Im Teilspiel ab Knoten I ist es für B optimal, R zu spielen. Entsprechend ist die Kante R als doppelte Linie markiert. Im Teilspiel ab Knoten II spielt B optimalerweise T. Also ist hier eine Markierung anzubringen.

Da mit den beiden Teilspielen bereits alle für Spieler B entscheidungsrelevanten Teilspiele erfasst sind, ergibt sich hieraus bereits Bs teilspielperfekte Nash–Strategie: Spiele R im Teilspiel ab I, also wenn Spieler A Aktion R spielt; spiele T im Teilspiel II, also wenn Spieler A Aktion T spielt. Zusammengefasst: $(R|R, T|T)$.

Nun muss die beste Strategie für Spieler A markiert werden. Spielt A Strategie R, so weiß er, dass B mit R antworten wird, und damit A eine Auszahlung von 1 entsteht. Entsprechend kann A für seine Strategie T eine Auszahlung von 2 erwarten. Folglich wählt A die Strategie T. Dies ist ebenfalls markiert.

Nun existiert nur ein Pfad durch das gesamte Spiel, der durchgängig markiert ist. Dieser Pfad führt zum teilspielperfekten Nash–Gleichgewicht. Es besteht aus den Strategien T für A und $(R|R, T|T)$ für B.

4.2.2 Eliminierung dominierter Strategien

Es ist schon bemerkt worden, dass lediglich das teilspielperfekte Nash–Gleichgewicht so beschaffen ist, dass die Strategie von B eine beste Antwort auf *jede* Strategie von A enthält. Das klingt nach Dominanz!

Tatsächlich lassen sich teilspielperfekte Nash–Gleichgewichte durch Eliminierung dominierter Strategien auffinden.

Die Normalform 4.3 zeigt, dass Strategie b_2 streng dominant gegenüber b_3 und schwach dominant gegenüber b_1 und b_4 ist. Nach Eliminierung der dominierten Strategien verbleibt lediglich b_2. Das Gleichgewicht (T, b_2) ist das teilspielperfekte Nash–Gleichgewicht.

An dieser Stelle ist allerdings ein Wort der Warnung angebracht. Wie schon bei der Eliminierung dominierter Strategien im Abschnitt 3.2.3 ist lediglich die iterierte Eliminierung *streng dominierter* Strategien gefahrlos.

		B			
		b_1 $(R\|R, R\|T)$	b_2 $(R\|R, T\|T)$	b_3 $(T\|R, R\|T)$	b_4 $(T\|R, T\|T)$
A	R	1, 1	1, 1	-1, -1	-1, -1
	T	-1, -1	2, 2	-1, -1	2, 2

Tabelle 4.3: Follow the Leader. Normalform

Bei der Eliminierung *schwach dominierter* Strategien kann die Reihenfolge der Eliminierung eine Rolle spielen. Im schlimmsten Fall kann durch eine schlechte Reihenfolge ein teilspielperfektes Gleichgewicht verloren gehen!

4.2.3 Teilspiel–Perfektheit und Trembling–Hand–Perfektion

Keine korrekte Begründung für die Sinnhaftigkeit des Konzeptes der Teilspielperfektheit ist die Idee der Trembling–Hand–Perfektion (vgl. Abschnitt 3.4.3): Nach diesem Konzept ist ein Strategieprofil ein Trembling–Hand–perfektes Gleichgewicht, wenn für jeden beteiligten Spieler seine zu einem Nash–Gleichgewicht gehörende Strategie auch dann noch optimal ist, wenn es eine geringe Chance gibt, dass ein Gegner seine Strategie ändert. Dass teilspielperfekte Gleichgewichte nicht in jedem Fall auch Trembling–Hand–perfekt sein müssen, zeigt das Beispiel aus Abb. 4.4 (nach Rasmusen 2001, S. 92–93):

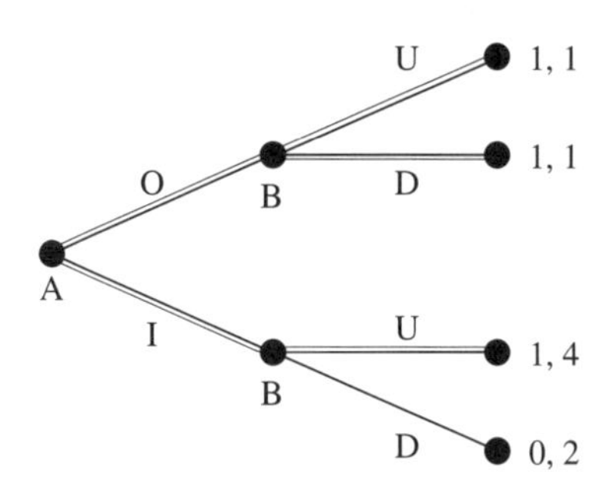

Abbildung 4.4: Teilspiel–Perfektheit vs. Trembling–Hand–Perfektion

In diesem Spiel existieren vier teilspielperfekte Nash–Gleichgewichte: $(O, (U|O, U|I))$, $(O, (D|O, U|I))$, $(I, (U|O, U|I))$ und $(I, (D|O, U|I))$.

Nur zwei dieser vier teilspielperfekten Gleichgewichte sind aber auch Trembling–hand–perfekt, nämlich die, in denen Spieler A Strategie O spielt: Hält es aber A auch nur für entfernt denkbar, dass Spieler B Aktion D spielt, wird A Strategie O wählen, denn dort ist er selbst genau so gut gestellt wie zuvor, ohne sich dem Risiko etwaiger Dummheiten von B auszusetzen. So sind die Strategieprofile $(I, (U|O, U|I))$ und $(I, (D|O, U|I))$ zwar teilspielperfekt, nicht aber Trembling–Hand–perfekt.

4.3 Gleichgewichtsselektion: Die Reihenfolge der Spieler

4.3.1 First Mover's Advantage

Im Spiel „Battle of the Sexes" aus Abschnitt 3.3, dessen Auszahlungstabelle in Tab. 4.4 nochmals dargestellt ist, ließen sich zwei Nash–Gleichgewichte finden: Entweder gehen die Spieler gemeinsam ins Kino oder gemeinsam zum Fußball. Welches der beiden Gleichgewichte sich einstellt, ist im Spiel in simultanen Zügen nicht klar.

		Handlungsalt. der Frau	
		Kino	Fußball
Handlungsalt.	Kino	[2], [3]	1, 1
der Mannes	Fußball	1, 1	[3], [2]

Tabelle 4.4: Battle of the Sexes in simultanen Zügen

Fügt man dem Spiel aber weitere Regeln hinzu, lässt sich die Menge der möglichen überzeugenden Gleichgewichte genauer eingrenzen. Hier soll aus dem Spiel in simultanen Zügen ein sequentielles Spiel konstruiert werden. Wird beispielsweise angenommen, der Mann entscheide zuerst und erst nach ihm die Frau, ergibt sich eine extensive Form wie in Abb. 4.5 dargestellt.

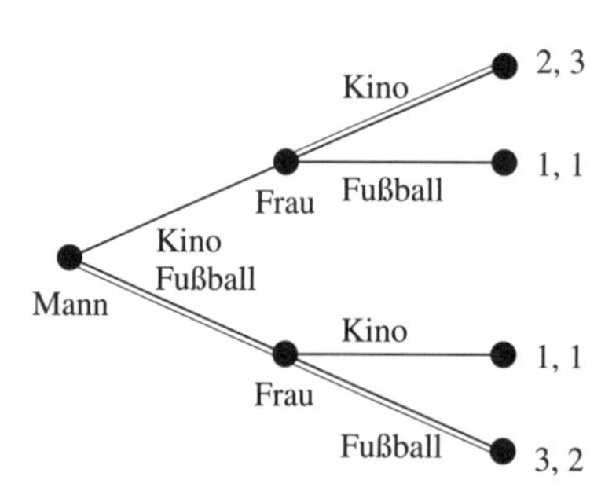

Abbildung 4.5: Battle of the Sexes in extensiver Darstellung. Mann zieht zuerst. Auszahlungen an (Mann, Frau)

Das einzige teilspielperfekte Gleichgewicht ist das, in dem der Mann „Fußball" spielt und die Frau sich anpasst. Dieses Gleichgewicht bringt dem Mann mehr Nutzen als der Frau.

Umgekehrt stellt sich das Spiel dar, falls die Frau die erste Entscheidung hat (vgl. Abb. 4.6): Hier wird im einzigen teilspielperfekten Gleichgewicht von beiden Spielern „Kino" gewählt, was für die Frau besser ist als für den Mann.

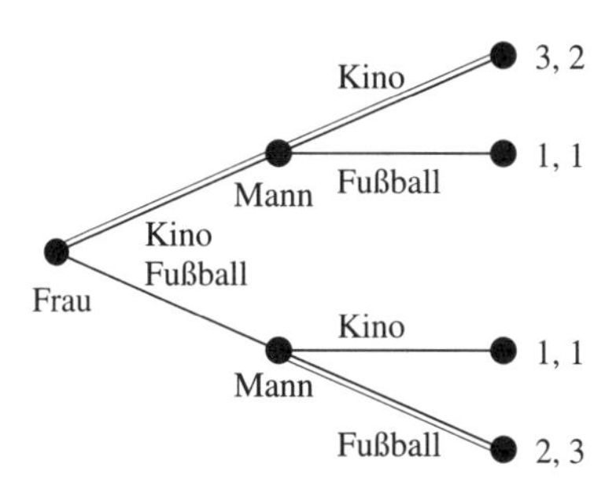

Abbildung 4.6: Battle of the Sexes in extensiver Darstellung. Frau zieht zuerst. Auszahlungen an (Frau, Mann)

Es zeigt sich also, dass jeweils der Spieler im Vorteil ist, der den ersten Zug des Spiels spielen darf. Aus diesem Grund spricht man bei Spielen wie der sequentiellen Variante von „Battle of the Sexes" von einem Spiel mit *First Mover's Advantage*.

4.3.2 Second Mover's Advantage

Nicht grundsätzlich ist der Spieler im Vorteil, der den ersten Zug hat. Dies zeigt sich, wenn man das Diskoordinationsspiel aus Abschnitt 3.5 als sequentielles Spiel formuliert. Tabelle 4.5 wiederholt die Auszahlungen des Spiels, Abb. 4.7 zeigt die extensive Form für den Fall, dass die Frau den ersten Zug hat.

		Handlungsalt. der Frau	
		Kino	Fußball
Handlungsalt.	Kino	1, 3	2, 1
des Mannes	Fußball	3, 1	1, 2

Tabelle 4.5: Völliges Zerwürfnis der Geschlechter

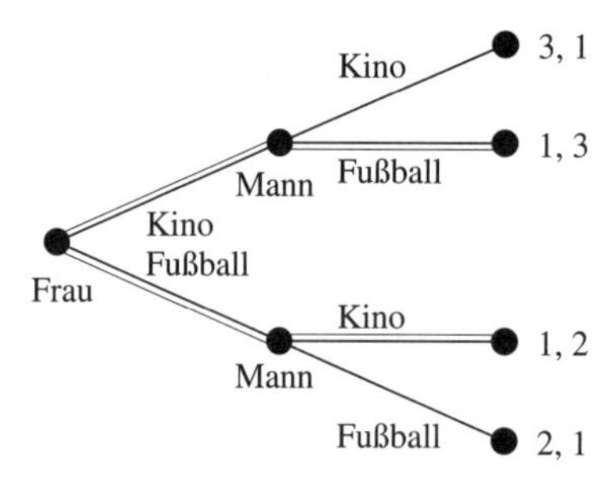

Abbildung 4.7: Diskoordinationsspiel. Frau zieht zuerst. Auszahlungen an (Frau, Mann)

Zunächst ist es interessant zu bemerken, dass die sequentielle Variante des Spiels, die in Abb. 4.7 dargestellt ist, zwei teilspielperfekte Nash–Gleichgewichte besitzt. Dies ist auf den ersten Blick überraschend, lässt sich doch im entsprechenden Spiel in simultanen Zügen aus Abschnitt 3.5 (S. 41) kein Gleichgewicht (in reinen Strategien, s.u.) finden. Auf den zweiten Blick wird der Grund aber deutlich. Die Struktur des sequentiellen Spiels gibt vor, wie häufig sich jeder Spieler entscheiden darf: Jeder Spieler trifft einmal eine Entscheidung und darf sich danach nicht mehr neu entscheiden. (Dürfte beispielsweise die Frau nach der Entscheidung des Mannes ihre Meinung nochmals ändern, müsste dies durch Anfügen entsprechender weiterer Kanten an das Ende der extensiven Form aus Abb. 4.7 dargestellt sein.) Die Tatsache, dass im Spiel in simultanen Zügen kein Gleichgewicht zustande kommt, beruht darauf, dass die Spieler im Rahmen der Gleichgewichtsanalyse quasi unendlich oft ihre Meinung ändern. Dies ist im sequentiellen Spiel nicht möglich. Nachdem jeder Spieler einmal entschieden hat, ist das Spiel zu Ende, die Kombination der Entscheidungen ist ein Nash–Gleichgewicht.

Der Spielverlauf ist denkbar unkompliziert. Nachdem die Frau antizipiert hat, was ihr Gegner in seinen Teilspielen spielen wird, ist sie selbst indifferent zwischen ihren möglichen Gleichgewichtsstrategien. Alles, was die Frau vorhersehen kann, ist die Tatsache, dass der Mann jeweils das Gegenteil von dem tun wird, was sie selbst wählt. Ihren Präferenzen gemäß ist es ihr wichtig, den Abend mit dem Mann gemeinsam zu verbringen. Da der Mann aber als zweiter wählt und weiß, was die Frau gewählt hat, gelingt es ihm in jedem Fall, der Frau zu entkommen: Dem Mann ergeht es (seinen Präferenzen gemäß) besser als der Frau. Das Spiel ist ein Spiel, bei dem der Spieler den Vorteil hat, der als zweiter zieht: Es handelt sich um ein Spiel mit einem *Second Mover's Advantage*.

Auch die naheliegende zweite extensive Variante des Spiels, also die, in der der Mann zuerst entscheidet, führt zu zwei teilspielperfekten Gleichgewichten. (Es ist sicher eine gute und instruktive Übung, diesen simplen Fall selbständig nachzuvollziehen.)

4.4 Beispiel: Markteintritt

4.4.1 Grundmodell

Ein klassisches Beispiel für ein sequentielles Spiel und damit eine nette Gelegenheit, die vorgestellten Konzepte anzuwenden, ist das Markteintritts–Spiel.

Spieler sind ein Monopolist M und ein potentieller Eindringling E. Der Eindringling hat zwei Strategien: Er kann versuchen, in den Markt des Monopolisten einzudringen (E) oder eben nicht ($\overline{E}$). Ist der Eindringling tatsächlich eingedrungen, kann der Monopolist einen Preiskampf starten (K) oder eben nicht ($\overline{K}$). Die Struktur des Spiels ist zusammen mit den Auszahlungen in Abb. 4.8 dargestellt.

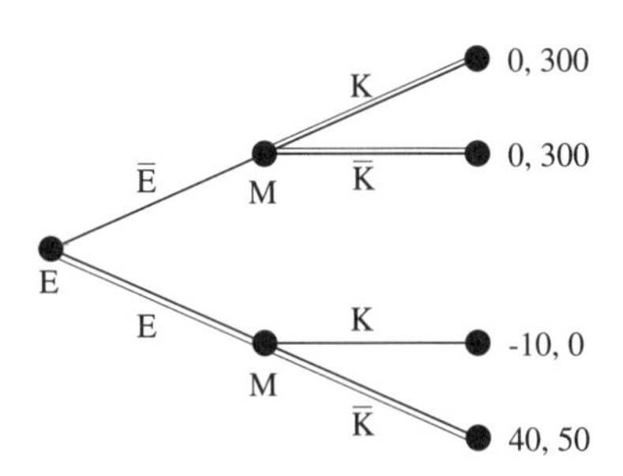

Abbildung 4.8: Markteintritts–Spiel. Komplette Darstellung. Auszahlungen an (E, M)

Die Auszahlungen sind so konstruiert, dass für den Fall, dass der Eindringling den Markt nicht betritt, die Aktion des Monopolisten irrelevant ist: Die Auszahlungen lauten in jedem Fall (0, 300). Deshalb lässt sich die extensive Form des Spiels verkürzen. Da es nur eine wirklich relevante Entscheidung für den Monopolisten gibt, reicht es aus, nur diese im Spielbaum darzustellen. Hieraus ergibt sich die Darstellung in Abb. 4.9.

In der Normalform lässt sich die Verkürzung gleichfalls durchführen. Tabelle 4.6 zeigt das komplette Spiel.

An der kompletten Normalform ist zu erkennen, dass für die Höhe der Auszahlungen nur eine Rolle spielt, welche Aktion M für den Fall des Markteintritts von E, also E, wählt. Insofern sind Ms Strategien m_1 und m_2 sowie m_3 und m_4 faktisch äquivalent. Sie können zusammengefasst werden.

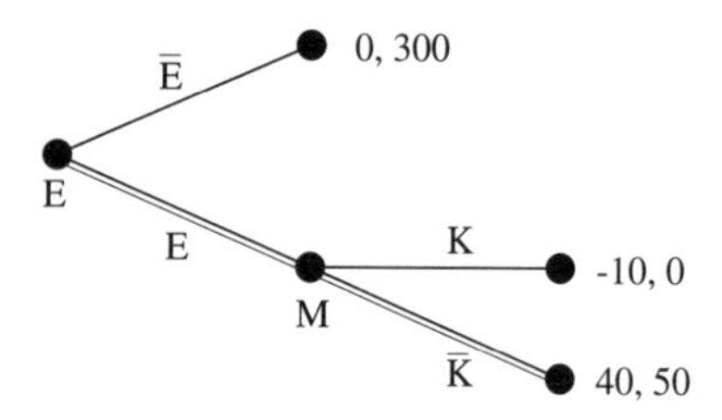

Abbildung 4.9: Markteintritts–Spiel. Verkürzte Darstellung. Auszahlungen an (E, M)

		M			
		m_1 $(K\|E, K\|\overline{E})$	m_2 $(K\|E, \overline{K}\|\overline{E})$	m_3 $(\overline{K}\|E, K\|\overline{E})$	m_4 $(\overline{K}\|E, \overline{K}\|\overline{E})$
E	E	-10, 0	-10, 0	40, 50	40, 50
	$\overline{E}$	0, 300	0, 300	0, 300	0, 300

Tabelle 4.6: Markteintritts–Spiel. Normalform. Komplette Darstellung

Mehrere Strategien desselben Spielers lassen sich immer dann zusammenfassen, wenn sie für jede Strategie der Gegner grundsätzlich zu denselben Auszahlungen für alle Beteiligten führen. Im Beispiel werden m_1 und m_2 zu K (der relevanten Aktion für Ms Strategie E) zusammengefasst. m_3 und m_4 können zu $\overline{K}$ zusammengefasst werden. So ergibt sich aus der kompletten Normalform die so genannte *reduzierte Form*, die in Tab. 4.7 dargestellt ist.

		M	
		K	$\overline{K}$
E	E	$-10, 0$	$\boxed{40}, \boxed{50}$
	$\overline{E}$	$\boxed{0}, \boxed{300}$	$0, \boxed{300}$

Tabelle 4.7: Markteintritt. Reduzierte Form

Die reduzierte Form 4.7 zeigt, dass zwei Nash–Gleichgewichte existieren: $(\overline{E}, K)$ und $(E, \overline{K})$. Für den Monopolisten wird aber die Strategie K von $\overline{K}$ schwach dominiert: Gibt es keinen Markteintritt, ist es egal, was M tut;[2] gibt es einen Markteintritt, ist es besser, nicht zu kämpfen. Nach Eliminierung der schwach dominierten Strategie (Hier gibt es kein Reihenfolge–Problem!) verbleibt $(E, \overline{K})$ als teilspielperfektes Gleichgewicht.

[2] Diese Begründung orientiert sich an den vorgegebenen Auszahlungen. Einwände, ein Preiskampf, d.h. Preissenkungen in Abwesenheit eines Konkurrenten würden ebenfalls die Auszahlungen senken, sind berechtigt, entsprechen aber eben nicht den hier getroffenen Annahmen.

Die Anwendung von Zermellos Algorithmus auf die extensive Form (in der Abbildung angedeutet) zeigt, dass das teilspielperfekte Nash–Gleichgewicht bei $(E, \overline{K})$ liegt: Der Eindringling wird den Markt betreten, ohne dass sich der Monopolist wehrt!

Warum also findet tatsächlich ein Markteintritt statt? Weil die Drohung des Monopolisten, einen Preiskrieg zu führen, nicht glaubwürdig ist. Sie ist lediglich *cheap talk*, leeres Gerede:[3] Ist der Markteintritt erst einmal geschehen, ist die Aktion *K* für M nicht optimal, es ist besser auf den Preiskrieg zu verzichten. Mit anderen Worten: Die Strategie, die vorschreibt, in jedem Fall zu kämpfen, ist in dem Teilspiel nach Markteintritt des Eindringlings nicht optimal und damit nicht teilspielperfekt.

4.4.2 Selbstbindung

Eine Möglichkeit für M, seine Drohung glaubwürdig zu machen, ist das Eingehen einer *Selbstbindung*. Dies bedeutet, dass M in einem Vertrag mit einem Dritten sich dazu verpflichtet, in jedem Fall zu kämpfen, egal, ob ein Markteintritt stattfindet oder nicht. Andernfalls ist eine erhebliche Strafe an den Dritten zu zahlen. Dieses Vorgehen dreht de facto die Entscheidungsreihenfolge um. M zieht zuerst, dann E.

Grundsätzlich bleiben die Auszahlungen des Grundmodells erhalten. Es sei allerdings angenommen, M verpflichte sich, eine Summe von 400 zu zahlen, falls er nicht kämpft, d.h. für $\overline{K}$. Durch die Selbstbindung von M entstehen also folgende Änderungen: Im Fall M:$\overline{K}$ / E:E lauten die Auszahlungen (an M, E) -350, 40. Im Fall M:$\overline{K}$ / E:$\overline{E}$ sind die Auszahlungen -100, 0.

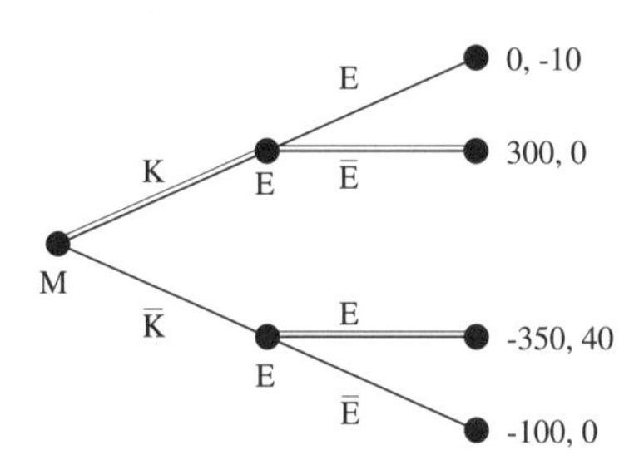

Abbildung 4.10: Markteintritt mit Selbstbindung. Auszahlungen an (M, E)

[3] Von einigen Quellen wird der Begriff „cheap talk“ anders belegt: Cheap talk gilt hier als Kommunikation zwischen Spielern, die keinem der Spieler Kosten verursacht. Dabei ist es egal, ob diese kostenlose Kommunikation tatsächlich nützliche Informationen transportiert oder nur leeres Gerede ist (vgl. Kreps 1990, S. 388 ff.).

		E			
		e_1 $(E\|K, E\|\overline{K})$	e_2 $(\overline{E}\|K, \overline{E}\|\overline{K})$	e_3 $(E\|K, \overline{E}\|\overline{K})$	e_4 $(\overline{E}\|K, E\|\overline{K})$
M	K	$\boxed{0}, -10$	$\boxed{300}, \boxed{0}$	$\boxed{0}, -10$	$\boxed{300}, \boxed{0}$
	$\overline{K}$	$-350, \boxed{40}$	$-100, 0$	$-100, 0$	$-350, \boxed{40}$

Tabelle 4.8: Markteintritt mit Selbstbindung. Normalform

Für das modifizierte Markteintritts–Spiel lässt sich die Normalform nicht weiter reduzieren: Egal, ob es zum Markteintritt kommt oder nicht, es spielt in jedem Fall eine Rolle, was der Monopolist tut.

Weiterhin ist festzustellen, dass für den Monopolisten die Strategie K die Strategie $\overline{K}$ streng dominiert. Damit ist nun die Drohung mit einem Preiskrieg glaubwürdig: M würde ohnehin in jedem Fall kämpfen. Die beiden Nash–Gleichgewichte liegen bei (K, e_2) und (K, e_4), wobei allerdings e_4 für E schwach dominant gegenüber e_2 ist. Das teilspielperfekte Gleichgewicht ist also (K, e_4). Dies ist auch das Ergebnis von Zermellos Algorithmus am Spielbaum 4.10.

4.5 Experimente: Normalform versus Extensive Form

Eine aufschlussreiche Erkenntnis zur Wahrnehmung der beiden möglichen Darstellungsformen von Spielen, Normalform und extensiver Form, geht auf Schotter et al. (1994) zurück. Die Autoren ließen in einer Reihe von Laborexperimenten das Spiel aus Tab. 4.9 von Probanden spielen.

		B	
		b_1	b_2
A	a_1	4, 4	4, 4
	a_2	0, 1	6, 3

Tabelle 4.9: Schotter–Spiel. Normalform

Im Spiel ist für Spieler B die Strategie b_1 schwach dominiert. Probanden in der Rolle von Spieler A müssten also darauf vertrauen, dass ihre Gegner, die Probanden in der Rolle von Spieler B, dies erkennen und folglich b_2 spielen. Spieler–A–Probanden müssten daraufhin ihre Strategie a_2 spielen.

Tatsächlich spielten in den Laborexperimenten von Schotter et al. jedoch nur 43% aller Spieler–A–Probanden a_2. Der überwiegende Anteil, 57%, spielte dagegen a_1, die „sichere“ Strategie. (Die Strategie a_1 ist risikodominant.) Dieses Verhalten kann als Indiz dafür angesehen werden, dass die Mehrheit der Spieler–A–Probanden ihren Gegnern nicht zutraute, ihre schwach dominante Strategie zu bestimmen.

Schotter et al. führten daraufhin eine zweite Serie von Experimenten durch, bei der eine andere Gruppe von Probanden dasselbe Spiel spielen musste. Dieses Mal wurde das Spiel aber in extensiver Form präsentiert, d.h. in der Form wie in Abb. 4.11.

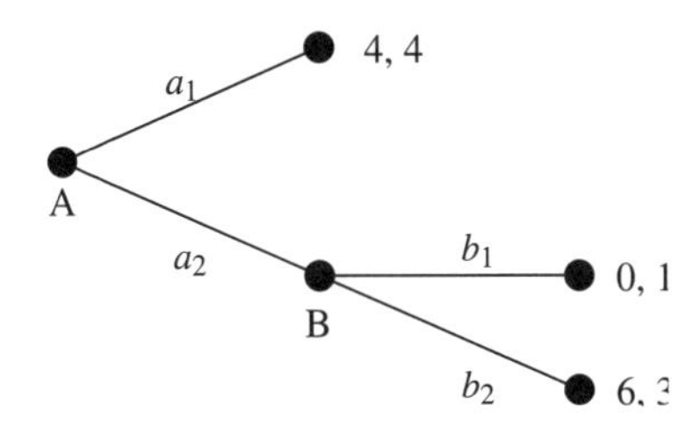

Abbildung 4.11: Schotter–Spiel. Extensive Darstellung

In dieser Serie von Experimenten spielten nur noch 9% der Spieler–A–Probanden die sichere Strategie a_1, jedoch 91% Strategie a_2.

Insgesamt scheinen die Experimente zu zeigen, dass (zumindest nach der Meinung der Spieler–A–Probanden) Spiele leichter zu verstehen und zu analysieren sind, wenn sie in ihrer extensiven Form dargestellt werden.[4]

[4] Neuere Untersuchungen von Cooper und van Huyck (2003) zeigen allerdings, dass die Ergebnisse von Schotter et al. (1994) nicht grundsätzlich, d.h. nicht für alle Typen einfacher Spiele gelten.

5. Information und Unsicherheit

5.1 Einleitung

Unsicherheit, also der Mangel an Informationen, kann sich — spieltheoretisch gesprochen — auf zweierlei Art und Weise äußern: Erstens kann es mindestens einem Spieler an sicherer Information über die genaue Höhe der Auszahlungen mangeln. (Oft wird in diesem Fall auch gesagt: Es fehlen Informationen über den Typ des Spiels oder den Typ der Gegenspieler.) Diese Art des Informationsmangels bezeichnet man als *unvollständige Information*.

Die zweite denkbare Art eines Informationsmangels besteht darin, dass mindestens ein Spieler nicht sicher weiß, in welcher Entscheidungssituation, also in welchem Knoten des Spielbaums er sich befindet. Hier ist von *imperfekter* oder *unvollkommener Information* die Rede.

5.2 Spiele bei unvollständiger Information

Zurück zum Geruchsfernsehen, d.h. zum Spiel *Follow the Leader* aus Abb. 4.1 bzw. der Normalform 4.2. Die Umstände des Spiels seien nun aber leicht verändert: In dem Fall, dass sich beide Spieler auf T einigen, seien die Auszahlungen nicht sicher: Entweder erhalten beide Spieler nichts (Abb. 5.1(a)), oder beide Spieler erhalten 10 (Abb. 5.1(b)). Die Spieler sind sich also im Unklaren darüber, welches Spiel sie spielen, das aus Abb. 5.1(a) oder das aus Abb. 5.1(b). Es ist ein Fall von unvollständiger Information gegeben.

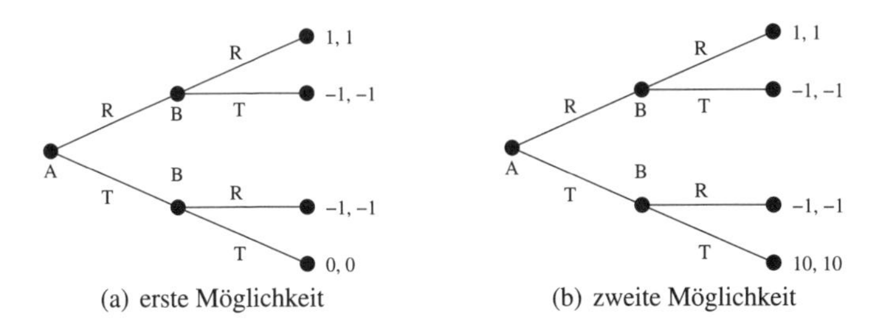

(a) erste Möglichkeit (b) zweite Möglichkeit

Abbildung 5.1: Follow the Leader bei unvollständiger Information

Nun sei angenommen, es existierten zumindest Wahrscheinlichkeitsvorstellungen darüber, welches der beiden möglichen Spiele gespielt werde. Diese Wahrscheinlichkeitsvorstellungen seien für beide Spieler dieselben. Im Beispiel sollen sie 80% für das erste und 20% für das zweite Spiel betragen. Beide Spieler glauben also, mit 80% Wahrscheinlichkeit werde das Spiel aus Abb. 5.1(a), mit 20% Wahrscheinlichkeit das aus Abb. 5.1(b) gespielt.

Die Situation lässt sich nun neu und einfacher darstellen: Im Grunde unterscheiden sich die beiden möglichen Spiele ja nur darin, welche Auszahlung nach der Entscheidung beider Spieler für T entsteht. Deshalb lassen sich beide Spiele leicht in eine gemeinsame extensive Form integrieren. Dies geschieht einfach dadurch, dass ein dritter Spieler eingeführt wird, der Pseudospieler „Natur". „Natur" zieht, nachdem sowohl Spieler A als auch Spieler B Aktion T gewählt haben. Mit 20% Wahrscheinlichkeit wählt der Pseudospieler die Kante, die zur Auszahlung von 10 für Spieler A und B führt, mit 80% Wahrscheinlichkeit wählt „Natur" den anderen Ast.

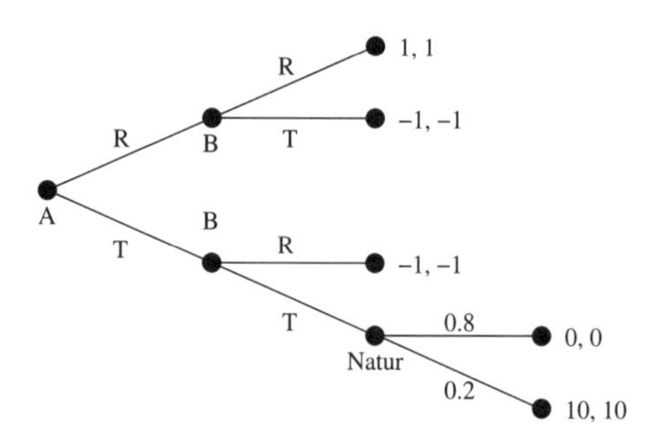

Abbildung 5.2: Follow the Leader bei unvollständiger Information. Gemeinsame Darstellung

Abbildung 5.2 stellt das Spiel in extensiver Form dar. Über den Kanten, die die möglichen Züge des Pseudospielers „Natur" beschreiben, ist die Wahrscheinlichkeit dieser Züge notiert.

Die Tatsache, dass explizit Zahlen als Auszahlungen notiert sind, impliziert keine Aussage über die Risikoeinstellung der Spieler A und B: Die Auszahlungen könnten in Nutzeneinheiten („utils") notiert sein, so dass sowohl Risikoaversion wie auch Risikoneutralität oder Risikofruede dargestellt sein könnten.

Die Darstellung in Abb. 5.2 lässt sich dadurch wieder reduzieren, dass anstelle des Zuges des Pseudospielers „Natur" die *erwarteten* Auszahlungen an die Spieler notiert werden. Hierdurch wird die Darstellung wieder identisch mit der extensiven Form aus Abb. 4.1. So bleibt auch mit der übrigen Analyse des Spiels alles beim Alten.

5.3 Informationsmengen und Spiele bei imperfekter Information

Eine Informationsmenge (information set) eines Spielers an einem Punkt im Spiel ist die Menge aller verschiedener Knoten, von denen der Spieler weiß, dass sie der aktuelle Knoten sein *könnten*, zwischen denen er aber nicht unterscheiden kann.

Als Beispiel soll das Koordinationsspiel aus Tabelle 3.13 (S. 36) dienen. Obwohl es sich hierbei um ein Spiel mit simultanen Zügen der Spieler handelt, lässt es sich in extensiver Form darstellen. Denn das Spiel mit simultanen Zügen ist technisch gesehen identisch mit einem Spiel, in dem ein Spieler (z.B. A) zuerst zieht, der zweite Spieler (z.B. B) zum Zeitpunkt seines eigenen Zuges aber nicht darüber informiert ist, wie der erste gezogen hat.

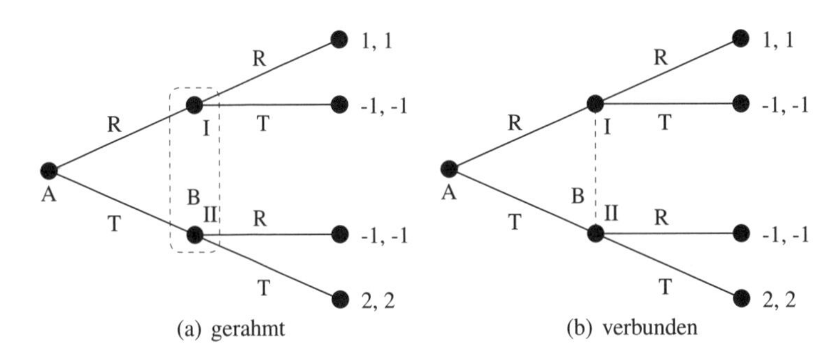

Abbildung 5.3: Koordinationsspiel in extensiver Form. Darstellung von Informationsmengen

Abbildung 5.3 zeigt das beschriebene Spiel: A zieht zuerst, aber B weiß zum Zeitpunkt seines Zuges nicht, ob er sich im Knoten I oder II befindet. Da B zwischen diesen beiden Knoten nicht unterscheiden kann, bilden die Knoten I und II für B dieselbe (gemeinsame) Informationsmenge. (Zudem ist diese Informationsmenge Bs einzige Informationsmenge in diesem Spiel.) Der Umstand, dass die beiden Knoten eine gemeinsame Informationsmenge bilden, wird üblicherweise dadurch dargestellt, dass diese Knoten von einem gemeinsamen Rahmen umgeben (Abbildung 5.3(a)) oder durch eine (gestrichelte) Linie verbunden werden (Abbildung 5.3(b)).

Die Informationsmenge von A besteht dagegen nur aus einem Knoten, dem Startknoten des Spiels.

Spiele, bei denen alle Informationsmengen aller Spieler aus nur jeweils einem Knoten bestehen, heißen *Spiele bei perfekter Information.* In Spielen bei perfekter Information weiß also jeder Spieler jederzeit genau, in welchem Knoten er sich befindet.

Das *Koordinationsspiel* ist also ein Spiel bei nicht perfekter Information, während das Spiel *Follow the Leader* aus Abbildung 4.1 ein Spiel bei perfekter Information ist.

Falls, wie im gegebenen Spiel, B nicht weiß, ob er sich in Knoten I oder II befindet, kann er seine jeweilige Aktion auch nicht davon abhängig machen, aus welchem speziellen Knoten der Informationsmenge er spielt. In Spielen mit nicht perfekter Information ist jede Entscheidungssituation durch eine Informationsmenge gekennzeichnet, so dass sich die Definition einer Strategie nun verfeinern läßt.

Definition 5.3.1 (Strategie). *Eine Strategie eines Spielers in einem Spiel ist die Zusammenfassung je einer Aktion pro Informationsmenge des Spielers im Spiel.*

5.4 Imperfekte Information und Teilspiel–Perfektheit

5.4.1 Teilspiele bei imperfekter Information

In Situationen, in denen mindestens einer der beteiligten Spieler nicht mehr sicher festlegen kann, in welchem Knoten des Spielbaums er sich befindet, ist eine genauere Definition dessen notwendig, was ein *Teilspiel* ist. Zunächst gilt weiterhin die Definition aus Abschnitt 4.2: Ein Teilspiel ist jeder Abschnitt des Spiels, der aus mindestens einer Entscheidungssituation eines Spielers besteht. Für den Fall von Spielen mit imperfekter Information ist aber eine weitere konstituierende Eigenschaft von Teilspielen festzuhalten: Teilspiele müssen insofern eindeutig sein, als dass sie komplett aus eigenen Informationsmengen bestehen. Verschiedene Teilspiele können keine gemeinsamen Informationsmengen besitzen!

Abbildung 5.4 zeigt zwei Spiele, die außer dem gesamten Spiel keine weiteren Teilspiele besitzen. Im linken Spiel der Abbildung beginnt nur im Knoten I ein Teilspiel. Die Knoten II und III liegen in einer gemeinsamen Informationsmenge von Spieler B. Weil sie einer gemeinsamen Informationsmenge angehören, können sie nicht Bestandteil verschiedener Teilspiele sein. Auch im rechten Spiel der Abbildung existiert als einziges Teilspiel das gesamte Spiel, d.h. das Spiel, das in Knoten I startet. Die Spiele aus Knoten II und III haben zwei Informationsmengen von Spieler C gemeinsam, die Menge, die aus Knoten IV und V besteht, und die Menge aus Knoten VI und VII. Auch in Knoten IV und V können keine Teilspiele starten, weil diese beiden Knoten eine gemeinsame Informationsmenge für Spieler C bilden.

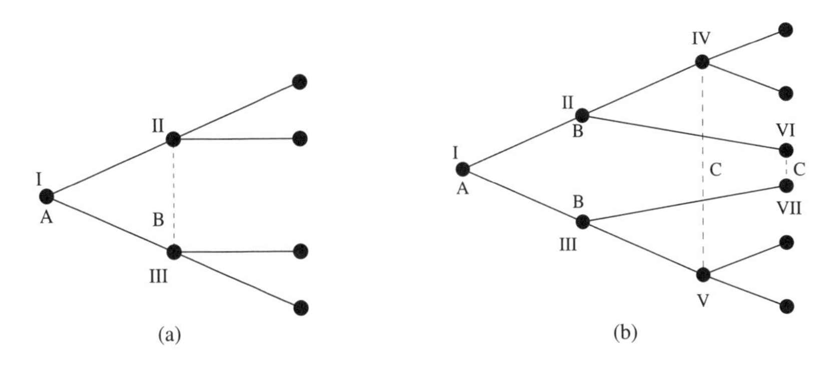

Abbildung 5.4: Spiele ohne weitere Teilspiele

Besteht ein Spiel nur aus einem Teilspiel, so ist laut der Definition teilspielperfekter Gleichgewichte (vgl. S. 51) jedes Nash–Gleichgewicht dieses Spiels automatisch teilspielperfekt.

5.4.2 Auffinden teilspielperfekter Gleichgewichte

Um zu demonstrieren, dass auch bei komplizierter strukturierten Spielen teilspielperfekte Gleichgewichte relativ leicht aufzufinden sind, soll folgendes Spiel betrachtet werden: Gegeben sei das Spiel in extensiver Form, das in Abb. 5.5 dargestellt ist. Es handelt sich um ein Drei–Personen Spiel. Zunächst zieht Spieler A. Er kann entscheiden, ob das Spiel sofort beendet wird (Aktion a_1, seine „Outside–Option") oder ob es weitergeht. Entscheidet sich A für a_2 (die „Inside–Option"), spielen B und C miteinander ein Spiel in simultanen Zügen, bei dem B zwei und C vier Strategien zur Verfügung stehen. Die Abbildung gibt die Auszahlung an alle drei Spieler an, als erste Zahl die Auszahlung an A, dann die an B und schließlich die an C.

Obwohl es auf den ersten Blick nicht so scheint, lassen sich auch in Spielen diesen Typs, d.h. in Spielen, die zum Teil in simultanen Zügen ablaufen, teilspielperfekte Gleichgewichte finden. Dabei ist es wichtig, sich vor Augen zu halten, dass das Spiel rückwärts zu untersuchen ist und dass Teilspiel–Perfektheit erfordert, dass jedes Teilspiel im Gleichgewicht ist.

Insbesondere das Spiel, das beim Entscheidungsknoten von Spieler B beginnt, ist ein Teilspiel. Es gilt also, im Zuge der Rückwärtsinduktion das Gleichgewicht oder die Gleichgewichte dieses Teilspiels zu finden. Ist dies geschehen, lässt sich wie üblich Zermellos Algorithmus anwenden.

Um die Gleichgewichte des Teilspiels zwischen Spieler B und C zu finden, lässt sich dieses Spiel in seine strategische Form (Tab. 5.1) überführen.

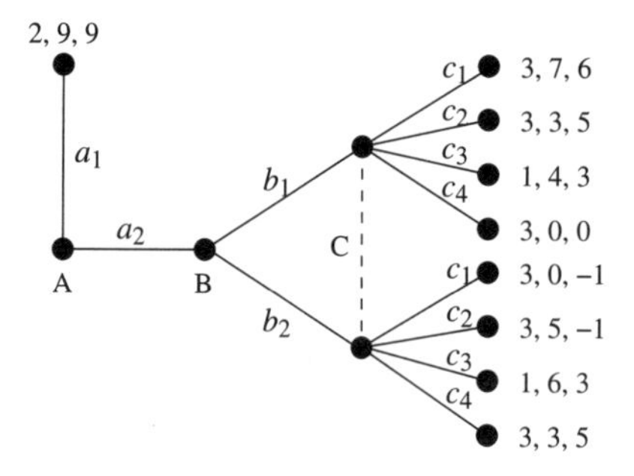

Abbildung 5.5: Inside–Outside–Spiel. Auszahlungen an (A, B, C)

		C			
		c_1	c_2	c_3	c_4
B	b_1	7, 6	3, 5	4, 3	0, 0
	b_2	0, -1	5, -1	6, 3	3, 5

Tabelle 5.1: Inside–Outside–Teilspiel. Normalform

Die Nash–Gleichgewichte des Teilspiels liegen bei (b_1, c_1) und (b_2, c_4). Diese lassen sich wie üblich in die extensive Form einzeichnen (Abb. 5.6). Danach lassen sich die Gleichgewichte leicht bestimmen. Die gleichgewichtigen Aktionsprofile sind (a_2, b_1, c_1) und (a_2, b_2, c_4).

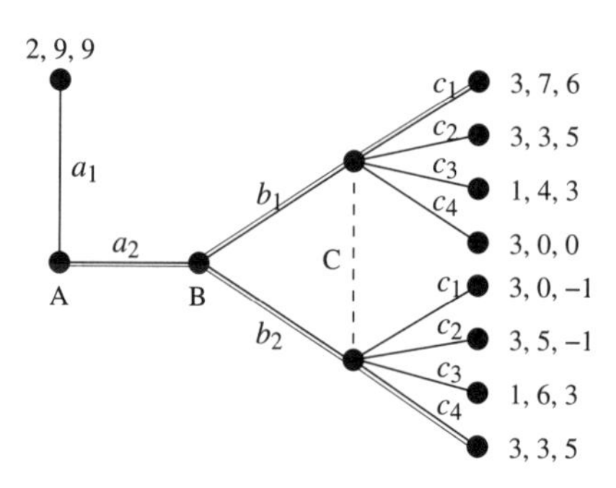

Abbildung 5.6: Inside–Outside–Spiel. Teilspielperfekte Gleichgewichte. Auszahlungen an (A, B, C)

5.5 Spiele bei imperfekter Information und Erwartungsbildung

Bei Spielen mit imperfekter Information spielen die Wahrscheinlichkeitsvorstellungen der Spieler eine große Rolle. Die Vorstellungen, häufig auch Erwartungen genannt, können im Laufe des Spiels oder sogar im Laufe der Analyse des Spiels von den Spielern verändert werden.

Gegeben sei ein sequentielles Spiel, dessen Struktur in der extensiven Form 5.7 gegeben ist.

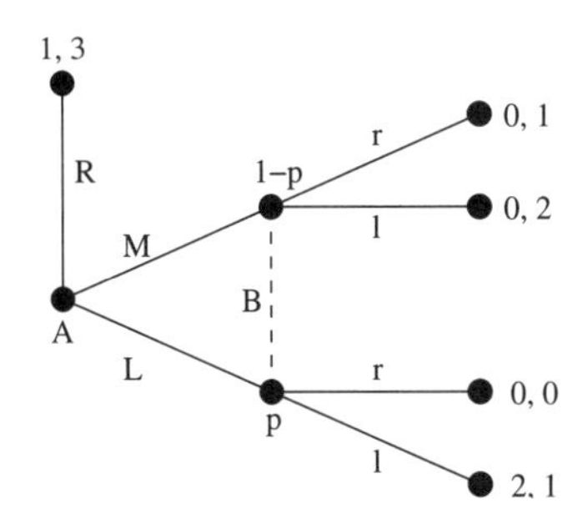

Abbildung 5.7: Erwartungsbildungs–Spiel. Auszahlungen an (A, B)

Spieler A zieht zuerst. Ihm stehen die Aktionen (identisch mit den Strategien) *R*, *M* und *L* zur Verfügung. Zieht A *R*, ist das Spiel beendet. Zieht A dagegen *M* oder *L*, so ist Spieler B am Zug. Spieler B weiß allerdings nur, ob das Spiel beendet ist oder nicht. Über den Zug von A ist er nicht informiert. Formal bedeutet dies, dass die Knoten im Anschluss an einen *M*– oder einen *L*–Zug von A zur selben Informationsmenge von B gehören. Dies ist in der extensiven Form dadurch angedeutet, dass diese beiden Knoten durch eine gestrichelte Linie verbunden sind.

Überträgt man alle relevanten Züge in eine Normalform, ergibt sich eine Tabelle wie in Tab. 5.2 dargestellt.

		B	
		l	r
	L	2, 1	0, 0
A	M	0, 2	0, 1
	R	1, 3	1, 3

Tabelle 5.2: Erwartungsbildungs–Spiel. Normalform

Diese Normalform (Tabelle 5.2) ist dem Spieler B zwar bekannt, nützt ihm aber wenig, da er zum Zeitpunkt seines Zuges nicht weiß, ob A Strategie

M oder L gespielt hat. Um seinen besten Zug zu ermitteln, muss Spieler B *Erwartungen* darüber besitzen, mit welcher Wahrscheinlichkeit A Aktion L oder Aktion M gespielt hat. Diese Erwartungen werden häufig auch *Prior Beliefs* oder einfach *Priors* genannt. Annahmegemäß erwarte B, Spieler A spiele mit einer Wahrscheinlichkeit p Aktion L und daher mit $1-p$ Aktion M. Folglich lassen sich die erwarteten Auszahlungen an B ermitteln:

$$\begin{aligned} E[\pi_B(l)] &= p+2(1-p)=2-p, \\ E[\pi_B(r)] &= 0+1(1-p)=1-p. \end{aligned}$$

Da die erwartete Auszahlung aus l höher ist als aus r, wird B l spielen.

Annahmegemäß seien die Wahrscheinlichkeitsvorstellungen von B *common knowledge*, d.h. auch A kennt diese Werte. (Diese Annahme wird auch die Annahme von *common priors* genannt.) Hierdurch kann auch A errechnen, dass B Aktion l spielen wird. Im Rahmen der üblichen Rückwärtsinduktion wird A feststellen, dass es in diesem Fall für ihn optimal ist, L zu spielen. Diese Kalkulation kann wiederum von B nachvollzogen werden, der nun weiß, dass A sicher L spielt. Dieses neue Wissen ist für B eine verbesserte Wahrscheinlichkeitserwartung: Es gilt nun, dass $p=1$. Diese neue Wahrscheinlichkeitseinschätzung von B ist sein *posterior belief* oder schlicht sein *posterior*. Das erreichte Gleichgewicht muss nun durch zwei Dinge beschrieben werden, durch das entsprechende Strategieprofil (L, l) und durch die zugehörige Wahrscheinlichkeitserwartung $p=1$.[1]

5.6 Harsanyi–Transformation

Ein wichtiges Konzept, mit dessen Hilfe sich Spiele mit unvollständiger Information in Spiele mit imperfekter Information überführen lassen, ist die Harsanyi–Transformation.

Angenommen, es herrsche Unsicherheit über den Zustand der Welt. Für den Fall des Geruchsfernsehens wird *Follow the Leader* gespielt. Allerdings ist der Zustand der Hunde, die bei der einen Technologie verwendet werden, häufig unterschiedlich. Mögliche, einander ausschließende Möglichkeiten sind etwa nasses Fell, trockenes Fell und Flatulenz, trockenes Fell ohne Flatulenz.[2] Damit kann nicht mit Sicherheit gesagt werden, wie die Auszahlungen am Ende des Spiels ausfallen werden. Es handelt sich also um ein

[1] Das dargestellte Spiel ist aus pädagogischen Gründen so einfach gehalten, dass sich das erreichte Ergebnis auch anders auffinden lässt, nämlich durch die iterierte Eliminierung dominierter Strategien: Für Spieler B ist l schwach dominant gegenüber r. Nach Eliminierung von r ist deutlich, dass nur (L, l) als Gleichgewicht in Frage kommt.

[2] Damit der hiermit definierte Zustandsraum tatsächlich vollständig ist, muss angenommen werden, Hunde mit nassem Fell könnten keine Flatulenz haben. Eine alternative und einleuchtendere Annahme ist die, dass Flatulenz bei Hunden mit nassem Fell irrelevant für die Wirkung beim Geruchsfernsehen ist, weil der Geruch des nassen Hundefells alle anderen Gerüche dominiert.

Spiel mit unvollständiger Information. Drei Varianten seien denkbar. Diese Varianten sind in Abbildung 5.8 dargestellt.

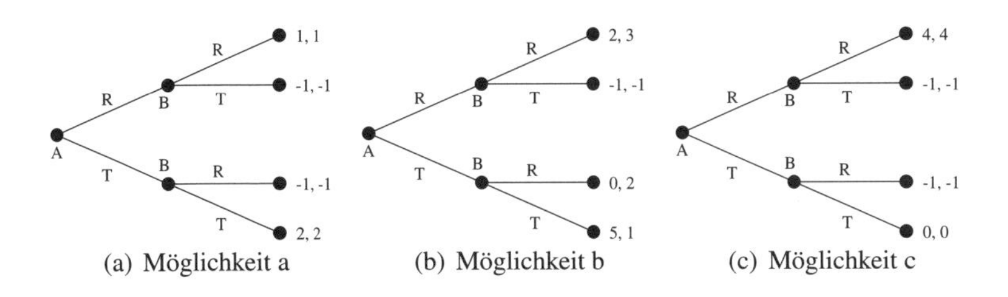

Abbildung 5.8: Follow the Leader. Mögliche Auszahlungen

Spieler A weiß vor seinem Zug, wie der Zustand der Welt (und damit der Zustand der Hunde) ausgefallen ist. B hat diese Information allerdings nicht. Damit weiß Spieler B — im Gegensatz zu Spieler A — nicht, welches der drei Spiele aus Abb. 5.8 tatsächlich gespielt wird. Stattdessen hat B persönliche Vorstellungen über die Wahrscheinlichkeit der verschiedenen möglichen Zustände und damit der entsprechenden Spiele, seine Priors: Im Beispiel hält B den Zustand a (und damit das Spiel a aus Abb. 5.8) für wahrscheinlich mit einer Wahrscheinlichkeit von $p_a = 40\%$. Die Wahrscheinlichkeit von b schätzt er mit $p_b = 20\%$, die von c mit $p_c = 40\%$ ein. Weiterhin seien common priors angenommen, was bedeutet, dass Spieler A die Wahrscheinlichkeitserwartungen von von Spieler B kennt.

Aus den drei möglichen Spielen aus Abb. 5.8 lässt sich mit Hilfe der Harsanyi–Transformation ein gemeinsames Spiel konstruieren: Am Anfang dieses gemeinsamen Spieles (Abb. 5.9) steht ein Zug des Pseudospielers Natur, der mit Wahrscheinlichkeit 0.4 im Teilspiel a, mit Wahrscheinlichkeit 0.2 im Teilspiel b und mit Wahrscheinlichkeit 0.4 im Teilspiel c endet.

Spieler A kennt den Ausgang des Zugs der Natur, B dagegen nicht. Da aber Spieler A vor Spieler B zieht, kann B den Zug von A beobachten. B weiß also nicht, ob er sich im Spiel a, b oder c befindet,[3] er weiß aber schon, ob Spieler A Aktion R oder T gewählt hat. Das Spiel ist nun also eines mit imperfekter Information. Die Annahme von common priors, also die Annahme, Spieler A kenne Bs Wahrscheinlichkeitsvorstellungen, stellt sicher, dass Spieler A die strategischen Kalkulationen, die B anstellt, selbst auch anstellen und damit vorhersagen kann.

[3] Die „Spiele“ a, b und c sind nach der Harsanyi–Transformation keine Teilspiele im Sinne der Definition, denn sie beinhalten zwei gemeinsame Informationsmengen von Spieler B.

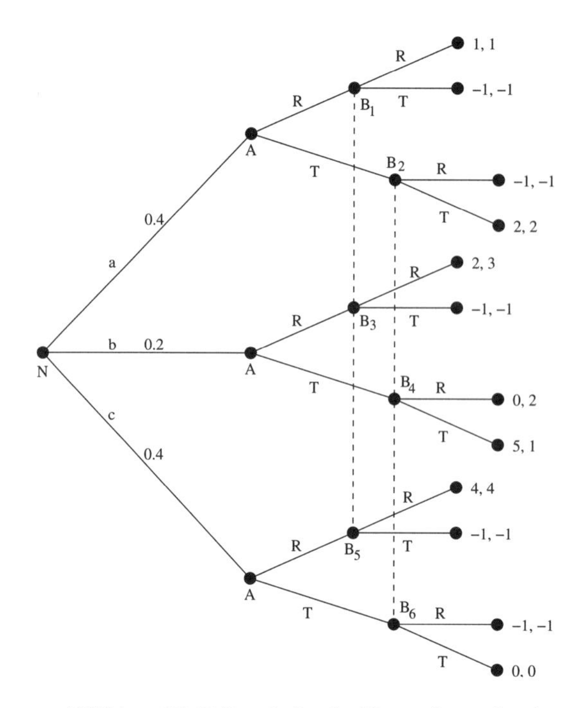

Abbildung 5.9: Follow the Leader. Harsanyi–transformiert

5.7 Bayes–Nash–Gleichgewicht

Im transformierten Spiel besitzt B nun zwei Informationsmengen, erstens alle Knoten, die auf einen *R*–Zug von A folgen, also B_1, B_3 und B_5, und zweitens alle Knoten, die auf einen *T*–Zug von A folgen, also B_2, B_4 und B_6. Diese beiden Informationsmengen sind in Abbildung 5.9 eingezeichnet. Alle Strategien für B müssen folglich jeweils eine Aktion x_B für die erste und eine für die zweite Informationsmenge angeben, also $(x_B|T, x_B|R)$.

Für die verschiedenen Strategien von B lässt sich eine Tabelle konstruieren, die die Erwartungswerte der Auszahlungen an B enthält (Tabelle 5.3).

		B			
		b_1 $(R\|R, R\|T)$	b_2 $(R\|R, T\|T)$	b_3 $(T\|R, R\|T)$	b_4 $(T\|R, T\|T)$
A	R	2.6	2.6	−1	−1
	T	−0.4	1	−0.4	1

Tabelle 5.3: Erwartete Auszahlungen an B

Die Erwartungswerte der Auszahlungen an B errechnen sich wie beispielhaft für das Strategieprofil $(R, (R|R, R|T))$ gezeigt wird: Für den Fall, dass A Aktion R spielt, B immer R antwortet, und das Spiel a eintritt, ist die Auszahlung an B gleich 1. Die Auszahlung muss mit der Wahrscheinlichkeit gewichtet werden, dass das Spiel a eintritt, in diesem Fall also mit $\frac{2}{5}$. Dasselbe gilt für die erwartete Auszahlung aus Spiel b, also $3 \cdot \frac{1}{5}$, und die erwartete Auszahlung aus Spiel c, d.h. $4 \cdot \frac{2}{5}$. Insgesamt folgt die erwartete Auszahlung

$$E\left[\pi_B\left(R, (R|R, R|T)\right)\right] = 1 \cdot \frac{2}{5} + 3 \cdot \frac{1}{5} + 4 \cdot \frac{2}{5} = 2.6\,.$$

Aus der Tabelle 5.3 ergibt sich, dass in Erwartungswerten die Strategie *„folge A"*, also $(R|R, T|T)$, für B eine schwach dominante Strategie ist. Diese Strategie ist in Abb. 5.10 durch doppelt gezeichnete Kanten angedeutet.

Bemerkenswert ist dabei folgender Umstand: Es handelt sich *nicht* um eine Analyse zum Auffinden teilspielperfekter Strategien: Zum einen ist eine solche Analyse nicht möglich, da das Spiel selbst keine weiteren Teilspiele enthält. Zum anderen wäre es im Spiel b für B besser, *„immer R"*, also $(R|R, R|T)$, zu spielen, denn für den Fall, dass A in Spiel b Aktion T wählt (Knoten B_4), ist es für B besser, R zu spielen als mit T zu folgen. Der Grund, dass diese Strategie, also $(R|R, R|T)$, dennoch nicht gewählt wird, ist die Tatsache, dass B *nicht weiß*, ob er sich tatsächlich in Spiel b befindet, und nicht etwa in a oder c. Alles, was B angesichts dieses Nicht–Wissens tun kann, ist zu ermitteln, was für ihn „im Durchschnitt" die beste Strategie ist. Dies genau geschieht mit Hilfe der Tabelle 5.3, deren Analyse zum Ergebnis führt, dass $(R|R, T|T)$ für B die beste Wahl ist.

Im Gegensatz zu B weiß A vor seinem Zug, wie der Zustand der Natur ist. Er hat damit drei distinkte Informationsmengen, von denen er seine Aktion abhängig machen kann. Spieler As Strategien bestehen also aus drei Aktionen, je einer für jedes der Spiele a, b und c.

Zudem wird angenommen, A kenne Bs Priors und könne somit selbst, genau wie B, Bs Strategie ermitteln. Weiß also A, dass B die Strategie *„folge A"* spielen wird, so wird A in den Spielen a und b T wählen, im Spiel c R, also $(T|a, T|b, R|c)$.

An dieser Stelle ist somit ein Gleichgewicht des Spiels gefunden, das sich durch die (Gleichgewichts–) Strategien der Spieler sowie durch die Priors kennzeichnen lässt:

$$\begin{aligned} \text{Spieler A:}\quad & (T|a, T|b, R|c)\,, \\ \text{Spieler B:}\quad & (R|R, T|T)\,, \\ \text{Priors:}\quad & p_a = 0.4;\ p_b = 0.2;\ p_c = 0.4 \end{aligned}$$

Wichtig bei diesem Gleichgewicht ist die Tatsache, dass die Priors explizit mit aufgeführt werden müssen. Bei anderen Priors wäre Bs Strategie

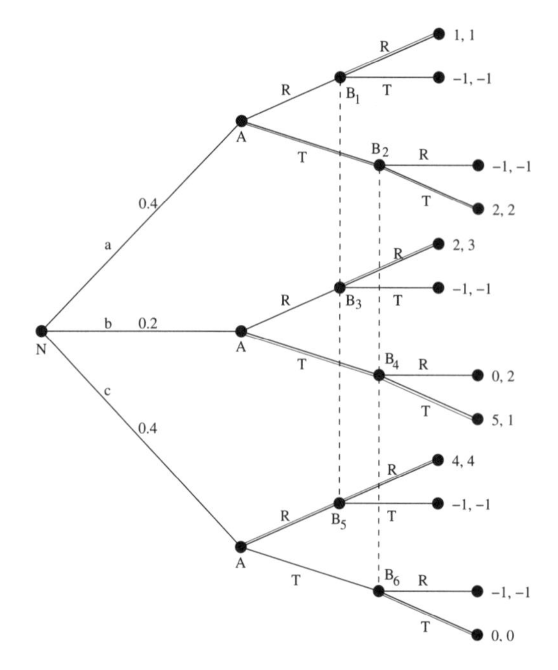

Abbildung 5.10: Follow the Leader. Harsanyi–transformiert. „Gute" Strategien

möglicherweise keine beste Antwort auf As Strategie. (So wäre beispielsweise für den — zugegebenermaßen trivialen — Fall mit $p_a = p_c = 0$ und $p_b = 1$ die beste Strategie für Spieler B, wie oben erwähnt, $(R|R, R|T)$.) Die Definition eines Gleichgewichtes bleibt also im Grunde auch bei Spielen mit imperfekter Information unverändert: Ein Strategieprofil ist dann ein Nash–Gleichgewicht, wenn die enthaltenen Strategien wechselseitig beste Antworten darstellen. Ob dies aber der Fall ist, hängt auch davon ab, mit welchen Wahrscheinlichkeitserwartungen die Spieler kalkulieren. Deshalb ist es zur Kennzeichnung eines Gleichgewichts bei imperfekter Information notwendig, die Priors explizit mit anzugeben. Ein solches Nash–Gleichgewicht bei imperfekter Information, das unter Einbeziehung der Priors angegeben wird, heißt *Bayesianisches Nash–Gleichgewicht* oder *Bayes–Nash–Gleichgewicht*.

Definition 5.7.1 (Bayesianisches Nash–Gleichgewicht). *Ein Bayesianisches Gleichgewicht ist ein Nash–Gleichgewicht bei imperfekter Information, das durch die Nash–Strategien und die zugrundeliegenden Wahrscheinlichkeitseinschätzungen gekennzeichnet ist.*

Bayesianische Gleichgewichte lassen sich oft nicht so einfach auffinden wie im obigen Beispiel. Oft beschränkt man sich deshalb darauf, nachzuprüfen, ob ein bestimmtes Strategieprofil zusammen mit bestimmten Erwartungen ein Bayesianisches Gleichgewicht sein könnte oder nicht.

5.8 Erwartungsanpassung

Im Spiel aus dem vorigen Abschnitt weiß B nichts über den eingetretenen Umweltzustand, kann aber die Aktion von A beobachten. Falls B weiß, dass A keine unsinnigen Aktionen ergreifen wird, kann er aus As Aktion Schlüsse darüber ziehen, welcher Umweltzustand wohl eingetreten ist.

Bs Wahrscheinlichkeitseinschätzungen p_a, p_b und p_c sind *common knowledge*, d.h. A kennt die Höhe dieser Werte, und B weiß, dass A sie kennt. Deshalb kann B annehmen, A habe dieselbe Kalkulation angestellt wie B selbst und erkannt, dass es für B am vernünftigsten (d.h. dominant) ist, *„folge A"* zu spielen. Hieraus kann B ableiten, welche Strategie A wählen wird, nämlich T zu spielen, falls Umweltzustand a oder b eingetreten ist, aber R zu spielen, falls der Umweltzustand c eingetreten ist, kurz: $(T|a, T|b, R|c)$. Jeder der Spieler weiß, welcher Strategie der andere folgen wird.

Im Laufe des Spiels enthüllen sich aber nun durch den Zug von Spieler A neue Informationen für Spieler B, die durchaus nützlich sein können: Beobachtet B beispielsweise, dass Spieler A Aktion R spielt, weiß B genau: Der Umweltzustand ist c. (Oder: A ist ein Idiot!) Denn laut seiner Strategie wird A nur dann R spielen, falls das gespielte Spiel das Spiel c ist. Beobachtet B, dass A Aktion T spielt, weiß er, dass a oder b eingetreten ist. Dies bedeutet, dass B nach Beobachten des Zugs von A seine Wahrscheinlichkeitsvorstellungen, seine Erwartungen, anpassen kann: Sieht B, dass A Aktion R spielt, weiß er, dass die Wahrscheinlichkeit, dass das gespielte Spiel c ist, Eins beträgt. Mathematisch handelt es sich hier um eine *bedingte Wahrscheinlichkeit*: Die Wahrscheinlichkeit, dass der Umweltzustand c ist, gegeben, dass A Aktion R spielt, beträgt Eins:

$$P(c|R) = 1\,.$$

Entsprechend gilt dann natürlich

$$P(a|R) = P(b|R) = 0\,.$$

Beobachtet B dagegen, dass A Aktion T zieht, ist zwar sicher, dass

$$P(c|T) = 0\,,$$

die beiden verbleibenden Wahrscheinlichkeiten $P(a|T)$ und $P(b|T)$ sind aber weiter unbekannt.[4]

[4] Eine pragmatische — und korrekte — Herangehensweise an dieses Problem ist aber die folgende: Da nach einem T–Zug das Spiel c auszuschließen ist, verbleiben nur noch die Möglichkeiten a und b. „Verteilt" man nun die frühere gesamte Wahrscheinlichkeit für „Spiel a oder Spiel b", 0.6, entsprechend der Priors auf diese beiden Spiele, lauten $P(a|T) = 0.6/0.4 = 2/3$ und $P(b|T) = 0.6/0.2 = 1/3$.

Eine besonders clevere Art, die beschriebene Art von Rückschlüssen zu ziehen, ist das Bayesianische Anpassen von Erwartungen, mit Hilfe dessen auch die Ermittlung der fehlenden Wahrscheinlichkeiten möglich ist.

5.8.1 Satz von Bayes

Der Satz von Bayes trifft eine Aussage über bedingte Wahrscheinlichkeiten, also über Wahrscheinlichkeiten des Eintritts stochastisch abhängiger Ereignisse.

Sind zwei Ereignisse stochastisch *unabhängig*, so ergibt sich die Wahrscheinlichkeit, dass beide Ereignisse zugleich eintreten, einfach als Produkt der beiden einzelnen Eintrittswahrscheinlichkeiten.

Werden etwa zwei Würfel geworfen, so ist die Wahrscheinlichkeit, dass der erste Würfel eine Eins zeigt, $P(1_1)$ gleich $\frac{1}{6}$, und die Wahrscheinlichkeit, dass der zweite Würfel eine gerade Zahl zeigt, $P(G_2)$ gleich $\frac{1}{2}$. Entsprechend ist die Wahrscheinlichkeit, dass der erste Würfel eine Eins zeigt *und* das Ergebnis beim zweiten Würfel gerade ist,

$$P(1_1 \wedge G_2) = P(1_1) \cdot P(G_2) = \frac{1}{6} \cdot \frac{1}{2} = \frac{1}{12}.$$

Bei stochastisch *abhängigen* Ereignissen gilt dies nicht mehr. Die Wahrscheinlichkeit, dass das Ergebnis desselben Wurfes desselben Würfels gleich Eins *und* gerade ist, ist offensichtlich gleich Null:

$$P(1_1 \wedge G_1) = 0.$$

Die Wahrscheinlichkeit, dass das Ergebnis eines Würfel–Wurfes gleich Zwei ist, ist gleich $\frac{1}{6}$. Weiß man allerdings bereits, dass das Ergebnis desselben Wurfes desselben Würfels eine gerade Zahl ist, verändert sich die Wahrscheinlichkeit, dass das Ergebnis gleich Zwei ist. Dies ist eine *bedingte Wahrscheinlichkeit*: Die Wahrscheinlichkeit, das Ergebnis eines Würfel–Wurfes sei gleich Zwei, gegeben dass das Würfel–Ergebnis eine gerade Zahl ist, heißt $P(2_1|G_1)$. Die Wahrscheinlichkeit $P(2_1|G_1)$ ist gleich $\frac{1}{3}$, denn es sind drei gerade Zahlen als Würfel–Ergebnis möglich, und die Zwei ist eine davon.

Diese bedingte Wahrscheinlichkeit läßt sich quasi aus ihren Bestandteilen errechnen: Die Wahrscheinlichkeit $P(G_1)$ eines „geraden" Würfel–Wurfes ist gleich $\frac{1}{2}$. Die Wahrscheinlichkeit, eine Zwei zu würfeln, $P(2_1)$, ist gleich $\frac{1}{6}$. Die Wahrscheinlichkeit, dass das Ergebnis *gleichzeitig* gerade und gleich Zwei ist, beträgt $P(G_1 \wedge 2_1) = P(2_1 \wedge G_1)$ ist gleich $\frac{1}{6}$.

Nach dem Satz von Bayes lässt sich die Wahrscheinlichkeit des gleichzeitigen Eintreffens zweier stochastisch abhängiger Ereignisse aus den Einzelwahrscheinlichkeiten und den bedingten Wahrscheinlichkeiten errechnen. Im Beispiel ist dies:

$$\begin{aligned} P(2_1 \wedge G_1) &= P(2_1|G_1) \cdot P(G_1) = \frac{1}{3} \cdot \frac{1}{2} = \frac{1}{6} \\ &= P(G_1 \wedge 2_1) = P(G_1|2_1) \cdot P(2_1) = 1 \cdot \frac{1}{6} = \frac{1}{6}. \end{aligned}$$

Grundsätzlich gilt der Satz von Bayes:

Definition 5.8.1 (Satz von Bayes). *Die Wahrscheinlichkeit des gleichzeitigen Eintreffens zweier stochastisch abhängiger Ereignisse E und F errechnet sich aus den Einzel– und den bedingten Wahrscheinlichkeiten zu*

$$\begin{aligned} P(E \wedge F) &= P(E|F)P(F) \\ &= P(F|E)P(E). \end{aligned}$$

Besonders nützlich im spieltheoretischen Zusammenhang ist vor allem die Möglichkeit, eine bedingte Wahrscheinlichkeit durch eine andere zu bestimmen. Aus Definition 5.8.1 folgt direkt, dass

$$P(E|F) = \frac{P(F|E)P(E)}{P(F)}.$$

5.8.2 Bayesianische Erwartungsanpassung

Zurück zum Geruchsfernsehen bzw. zum Spiel aus Abb. 5.9. B hält, wie gesagt, a priori Wahrscheinlichkeitsvorstellungen, Priors Beliefs, über das Eintreffen der drei denkbaren Umweltzustände a, b und c.

Für den Fall, dass A Aktion R spielt, liegt für B der Umweltzustand offen zutage: Da B weiß, dass A (laut dessen Strategie) nur im Umweltzustand c Aktion R spielen würde, muss folglich dieser Umweltzustand eingetreten sein. Ausgedrückt in Wahrscheinlichkeiten bedeutet dies, dass $P(c|R) = 1$ und $P(a|R) = P(b|R) = 0$. Anhand der Beobachtung des Zuges von A, die B neue, zusätzliche Informationen bringt, kann dieser seine Priors aktualisieren.[5] Hat A Aktion R gespielt, werden die bedingten Wahrscheinlichkeiten $P(a|R)$, $P(b|R)$ und $P(c|R)$ zu Bs neuen Priors.

Nun beobachte B, dass A Aktion T spielt. Da Spieler B Spieler As Strategie kennt (siehe vorletzter Abschnitt), kann er sicher sein, dass der wahre Umweltzustand a oder b ist. Anders formuliert: Die Wahrscheinlichkeit, dass c eingetreten ist, ergibt sich, nachdem A Aktion T gespielt hat, zu Null: $P(c|T) = 0$.

Wie hoch sind aber nach Bekanntwerden des Zuges T von A die Wahrscheinlichkeiten $P(a|T)$ und $P(b|T)$?

Nach der Regel von Bayes gilt

[5] Man spricht häufig von einem „Update" der Priors, obwohl es sich bei „Update" kaum um ein zulässiges deutsches Substantiv handeln dürfte.

$$P(a|T) = P(T|a)\frac{P(a)}{P(T)}. \tag{5.1}$$

$P(a)$ ist Bs Prior, d.h. $P(a) = \frac{2}{5}$. Entsprechend gelten $P(b) = \frac{1}{5}$ und $P(c) = \frac{2}{5}$.

$P(T)$, die Wahrscheinlichkeit, dass A (im kompletten Spiel) T spielt, (die „totale Wahrscheinlichkeit, dass Spieler A Aktion T spielt“), ergibt sich aus der Summe der bedingten Wahrscheinlichkeiten für T gewichtet mit den (vermeintlichen) Eintrittswahrscheinlichkeiten der jeweiligen Umweltzustände, d.h.

$$P(T) = P(T|a)P(a) + P(T|b)P(b) + P(T|c)P(c). \tag{5.2}$$

Die Wahrscheinlichkeit, dass A Aktion T spielt, wenn er weiß, dass a eingetreten ist, also $P(T|a)$, ergibt sich aus As Strategie $(T|a, T|b, R|c)$: In a spielt A grundsätzlich T, d.h. $P(T|a) = 1$. Entsprechend sind $P(T|b) = 1$ und $P(T|c) = 1 - P(R|c) = 0$.

Nun lassen sich alle Zwischenergebnisse in (5.1) einsetzen und das System nach $P(a|T)$ lösen:

$$P(a|T) = 1 \cdot \frac{\frac{2}{5}}{1 \cdot \frac{2}{5} + 1 \cdot \frac{1}{5} + 0 \cdot \frac{2}{5}} = \frac{2}{3}. \tag{5.3}$$

Die neue Eintrittswahrscheinlichkeit für b ergibt sich entweder durch nochmalige Durchführung der Prozedur oder einfach aus

$$P(b|T) = 1 - P(a|T) - P(c|T) = 1 - \frac{2}{3} - 0 = \frac{1}{3}. \tag{5.4}$$

5.8.3 Perfekt Bayesianisches Gleichgewicht

Nachdem A nun gezogen hat, kann B neue Wahrscheinlichkeitserwartungen über das Eintreffen der möglichen Zustände a, b oder c bilden. Diese neuen Erwartungen, die durch Auswertung der Aktion von A gebildet werden, heißen wieder *Posterior Beliefs* oder schlicht *Posteriors*. Im nächsten Schritt des Spiels kann B überlegen, ob angesichts der neuen Wahrscheinlichkeiten seine Strategie $(R|R, T|T)$ immer noch optimal ist. Dabei werden für den Fall, dass A Aktion T gespielt hat, die bedingten Erwartungen $P(a|T)$, $P(b|T)$ und $P(c|T)$ zu den neuen Priors. Für den Fall, dass A R gespielt hat, sind die neuen Priors die bedingten Erwartungen $P(a|R)$, $P(b|R)$ und $P(c|R)$. Entsprechend dem Vorgehen, das zu Tabelle 5.3 führt, lässt sich eine neue Tabelle konstruieren, die die erwarteten Auszahlungen für B zeigt (Tab. 5.4). In dieser Tabelle sind die Erwartungswerte der R–Zeile mit den Priors für As Aktion R (also $P(a|R)$, $P(b|R)$ und $P(c|R)$) gewichtet, die Erwartungswerte in der T–Zeile mit den Priors für As Aktion T.

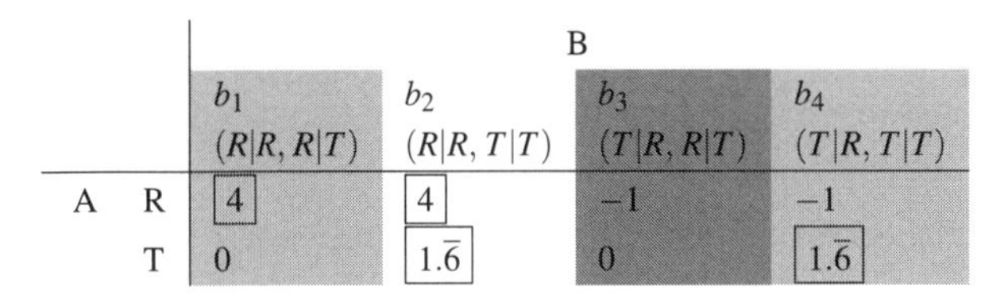

		B			
		b_1 $(R\|R, R\|T)$	b_2 $(R\|R, T\|T)$	b_3 $(T\|R, R\|T)$	b_4 $(T\|R, T\|T)$
A	R	$\boxed{4}$	$\boxed{4}$	-1	-1
	T	0	$\boxed{1.\bar{6}}$	0	$\boxed{1.\bar{6}}$

Tabelle 5.4: Erwartete Auszahlungen an B

Im Beispiel ergibt sich auch nach der Anpassung der Wahrscheinlichkeitserwartungen eine Struktur der Auszahlungen, für die die ursprüngliche Strategie von B, $(R|R, T|T)$, schwach dominant ist. B muss also seine ursprüngliche Strategie nicht revidieren. Das entstehende Gleichgewicht, in dem B $(R|R, T|T)$ und A $(T|a, T|b, R|c)$ spielt, ist ein *perfekt Bayesianisches Gleichgewicht.*

Definition 5.8.2 (perfekt Bayesianisches Gleichgewicht). *Ein perfekt Bayesianisches Gleichgewicht ist ein Bayesianisches Nash–Gleichgewicht, das von Bayesianischen Erwartungsanpassungen unberührt bleibt.*

5.8.4 Zusammenfassung

Um ein perfekt Bayesianisches Gleichgewicht im Spiel aus Abschnitt 5.6 zu ermitteln, waren folgende Schritte nötig:

1. Was spielt B?
   Beste Strategie in erwarteten Auszahlungen, Gewichtung mit Priors.
2. Was spielt A?
   Über *common knowledge* und *common priors* kann Spieler A Spieler Bs Strategie vorhersagen und darauf seine beste Antwort finden.
3. Zwischenergebnis: Bayesianisches Nash–Gleichgewicht
4. Was lernt B durch As (hypothetischen) Zug über die Wahrscheinlichkeiten der Umweltzustände?
   Anwendung von Bayes' Regel, Bildung der Posteriors.
5. Ändert B angesichts der Posteriors seine Strategie?
   Falls ja, starte nochmals bei Schritt 1, die Posteriors werden dort zu den neuen Priors.
   Falls nein, ist das perfekt Bayesianische Gleichgewicht gefunden.

6. Sicherheitsniveaus und Gemischte Strategien

6.1 Maximin und Minimax

> In variable–sum games, minimax is for sadists and maximin for paranoids. (Rasmusen, 2001, S. 115)

Gegeben sei das Spiel 6.1. In der Matrix sind nur die Auszahlungen an Spieler A notiert.

		B		
		b_1	b_2	b_3
	a_1	1	6	0
A	a_2	2	0	3
	a_3	3	2	4

Tabelle 6.1: Minimax–Maximin–Spiel, Auszahlungen für A

Die Aktionen für A gehören zur Aktionsmenge $S_A = \{a_1, a_2, a_3\}$. Die Aktionsmenge von B ist $S_B = \{b_1, b_2, b_3\}$.

A ist der möglicherweise paranoiden Meinung, B hasste ihn, würde also unabhängig von Bs eigenen Auszahlungen vor allem versuchen, die Auszahlung für A möglichst klein zu halten. Was sollte A tun?

6.1.1 Maximin

Angenommen, A zieht zuerst. Es ergibt sich eine extensive Form des Spiels wie in 6.1.

A wird vernünftigerweise die Strategie wählen, bei der B ihm am wenigsten schaden kann. A ist zwar paranoid, aber nicht blöd: Er wird sich der Rückwärtsinduktion bedienen. Wählt A a_1, antwortet B mit b_3, um As Auszahlung zu minimieren. Die Auszahlung in diesem Fall ist dann $\pi_A(a_1, b_3) = 0$. Um die Übersichtlichkeit zu erhöhen, sollen dieser und die beiden anderen analogen Zusammenhänge wie folgt notiert werden:

$$\begin{array}{lcccl} A: a_1 & \rightarrow & B: b_3 & \Rightarrow & \pi_A = 0 \\ A: a_2 & \rightarrow & B: b_2 & \Rightarrow & \pi_A = 0 \\ A: a_3 & \rightarrow & B: b_2 & \Rightarrow & \pi_A = 2 \end{array}$$

B wählt also für jede Aktion von A die eigene Aktion aus, die As Auszahlung minimiert. (Zumindest glaubt A, B würde so handeln.) B wählt

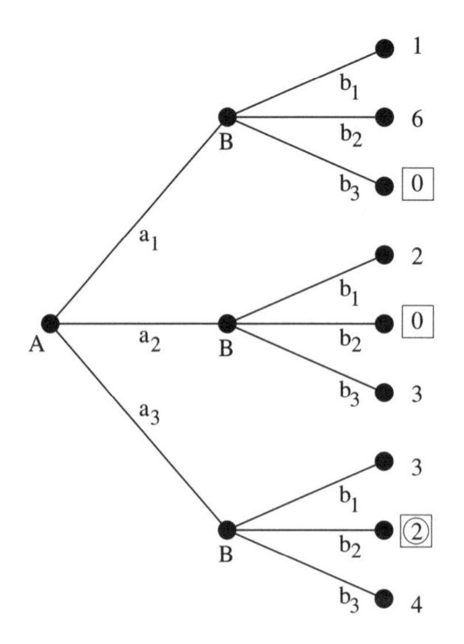

Abbildung 6.1: Maximin. Auszahlungen an A

$$\min_{b \in S_B} \pi_A(a, b) \; \forall a \in S_A \, .$$

Die resultierende Strategie für B ist deshalb $(b_3|a_1, b_2|a_2, b_2|a_3)$. Die entstehenden Auszahlungen an A sind die Zeilenminima in der Auszahlungsmatrix 6.1. Die entsprechenden Auszahlungen sind im Spielbaum der Abbildung 6.1 mit einem Kästchen markiert.

Ausgestattet mit diesem vermeintlichen Vorwissen über das Verhalten von B muss nun A die Strategie auswählen, die dafür sorgt, dass ihm B am wenigsten schaden kann. Er tut dies, indem er die Strategie b wählt, für die das Ergebnis der Überlegungen von B maximal wird. Da das Ergebnis der vermeintlichen Überlegungen von B mit $\min_{b \in S_B} \pi_A(a, b) \; \forall a \in S_A$ bezeichnet werden kann, wählt A

$$\max_{a \in S_A} \min_{b \in S_B} \pi_A(a, b) \, , \tag{6.1}$$

also das Maximum der Zeilenminima.

Im Beispiel würde sich A für $a = a_3$ entscheiden, B würde mit $b = b_2$ antworten, woraus sich eine Auszahlung an A von $\pi_A = 2$ ergäbe.

Das beschriebene Verhalten für A ist Verhalten nach der *Maximin–Regel*. Diese Regel ist eine extrem pessimistische Entscheidungsregel. Sie fordert, sich vorzustellen, es würde grundsätzlich der denkbar schlechteste Fall eintreten, um dann den besten dieser schlechtesten Fälle auszuwählen.

Die Auszahlung, die aus der Anwendung der Maximin–Regel resultiert, ist das *Sicherheitsniveau* (security level) $\underline{m}$ von A in reinen Strategien. Das

Sicherheitsniveau ist die Auszahlung, die A allein durch das eigene Verhalten in jedem Fall erzielen kann. Die zugehörige Strategie von A ist seine reine *Sicherheitsstrategie* (pure security strategy).

6.1.2 Minimax

Angenommen, B hasst A tatsächlich. Außerdem ist B der Spieler, der zuerst zieht. In diesem Fall (Spielbaum Abb. 6.2) wird B die Aktion „vorlegen", die A so wenig Auszahlung wie nur möglich erlaubt. Zunächst muss B also ermitteln, welche maximale Auszahlung A bleibt, wenn B seine Aktion $b \in S_B = \{b_1, b_2, b_3\}$ spielt. Im Fall von b_1 ist die beste Antwort von A a_3, was zu einer Auszahlung von $\pi_A(b_1, a_3) = 3$ führt. In der Notation von oben:

$$\begin{aligned} B: b_1 &\rightarrow A: a_3 \Rightarrow \pi_A = 3 \\ B: b_2 &\rightarrow A: a_1 \Rightarrow \pi_A = 6 \\ B: b_3 &\rightarrow A: a_3 \Rightarrow \pi_A = 4 \end{aligned}$$

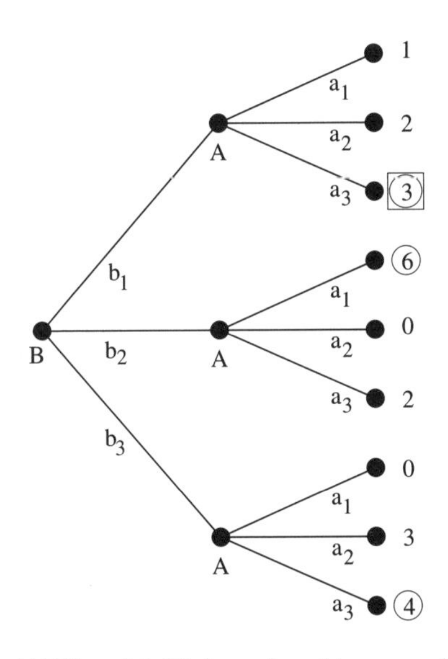

Abbildung 6.2: Minimax. Auszahlungen an A

B ermittelt also zunächst für jede seiner Aktionen die daraus folgende maximale Auszahlung für A: $\max_{a \in S_A} \pi_A(a, b)\ \forall b \in S_B$. Dieses Vorgehen ist äquivalent zur Suche nach dem Spaltenmaximum in der Auszahlungsmatrix 6.1.

Im zweiten Schritt wählt B nun die Aktion, mit der er dafür sorgt, dass die Auszahlung an A möglichst gering wird, d.h. die Aktion $b \in S_B$, für die $\max_{a \in S_A} \pi_A(a, b)$ minimal wird (das Minimum der Spaltenmaxima):

$$\min_{b \in S_B} \max_{a \in S_A} \pi_A(a, b) . \tag{6.2}$$

Die beschriebene Entscheidungsregel heißt *Minimax–Regel*. Die resultierende Auszahlung ist $\overline{m} = \min_{b \in S_B} \max_{a \in S_A} \pi_A(a, b)$.

Der Minimax–Wert ist die Auszahlung, die als Folge der schlimmstmögliche Bestrafung von A durch B entsteht, wenn sich A nicht an der Bestrafung beteiligt (und so blöd ist er dann auch nicht...).

6.1.3 Sattelpunkte

Pragmatisch gesehen ist ein Sattelpunkt eines Spiels ein Auszahlungswert, der der höchste Wert seiner Spalte und gleichzeitig der niedrigste Wert seiner Zeile ist.

Für Minimax– und Maximin–Werte lässt sich allgemein feststellen, dass der Maximin–Wert $\underline{m}$ (Sicherheitsniveau) maximal so groß ist wie der Minimax–Wert $\overline{m}$:

$$\underline{m} \leq \overline{m} . \tag{6.3}$$

Der Beweis dieser Aussage findet sich in Anhang 6.6.

Sind Maximin– und Minimax–Wert identisch, so ist das entsprechende Aktionsprofil ein *Sattelpunkt* des Spiels. Ein Sattelpunkt ist also dann gegeben, wenn die schlimmstmögliche Bestrafung genau so hoch ist wie das bestmögliche Ergebnis im schlimmsten Fall, d.h. wenn Gegenspieler durch Bestrafung eines Spielers dessen Auszahlung bis aufs Sicherheitsniveau herabdrücken können.

Das Spiel in Tab. 6.2 hat einen Sattelpunkt in a_2, b_2.

		B		
		b_1	b_2	b_3
	a_1	0	1	7
A	a_2	4	2	3
	a_3	9	0	0

Tabelle 6.2: Sattelpunkt–Spiel. Auszahlungen an A

6.1.4 Maximin und Minimax in Nullsummenspielen

Es gibt Spiele, in denen ein Spieler nicht paranoid zu sein braucht um zu glauben, sein Gegner sei bestrebt, ihm so wenig Auszahlung zuzugestehen wie nur möglich. Dies ist beispielsweise bei *Nullsummenspielen* der Fall. Nullsummenspiele sind Spiele, bei denen sich die Auszahlungen jedes Strategieprofils über die Spieler hinweg zu Null addieren.

So lässt sich beispielsweise das Sattelpunkt–Spiel aus Tab. 6.2 als Nullsummenspiel interpretieren, falls man Auszahlungen annimmt, wie sie in Tab. 6.3 dargestellt sind. Da bekannt ist, dass sich die Auszahlungen jeweils zu Null addieren, ist es bei Zwei–Personen–Nullsummenspielen hinreichend, die Auszahlungen eines der Spieler zu notieren, wie dies in Tab. 6.2 geschehen ist.

		B		
		b_1	b_2	b_3
	a_1	0, 0	1, -1	7, -7
A	a_2	4, -4	2, -2	3, -3
	a_3	9, -9	0, 0	0, 0

Tabelle 6.3: Nullsummenspiel. Auszahlungen

In Nullsummenspielen (und allgemein in streng kompetitiven Spielen, s.u.: Abschnitt 6.3) ist die Maximierung der Auszahlung eines Spielers automatisch gleichzeitig die Minimierung der Auszahlungen aller Gegner.

Es lässt sich leicht zeigen, dass in Zwei–Personen–Nullsummenspielen das Sicherheitsniveau oder der Maximin–Wert $\underline{m}$ des einen Spielers gleichzeitig der Minimax–Wert $\overline{m}$ des anderen Spielers ist. Da dies wechselseitig für beide Spieler gilt, ist in solchen Spielen das Sicherheitsniveau eines beliebigen Spielers ein Sattelpunkt. Der Beweis befindet sich in Anhang 6.7.

Eine weitere Analyse ergibt, dass der Sattelpunkt des Spiels ein Nash–Gleichgewicht darstellt. Diese Tatsache gilt in Zwei–Personen–Nullsummenspielen grundsätzlich. Zudem lässt sich zeigen, dass jedes endliche Nullsummenspiel mit perfekter Information mindestens einen Sattelpunkt besitzt.

6.2 Sicherheitsniveaus in gemischten Strategien

Ein Problem im Fall des Sicherheitsniveaus ist die Tatsache, dass B weiß, wie A gezogen hat, bzw. dass B schon vor dem Spiel weiß, welche Aktion A wählen wird. Eine Möglichkeit für A könnte sein, nicht immer dieselbe Aktion zu wählen, sondern ab und zu eine andere. Beispielsweise könnte A in 5 von 6 Fällen a_3 spielen und in einem Fall a_1. Diese „gemischte Strategie“ G lässt sich in die Auszahlungstabelle 6.1 aufnehmen, so dass Tab. 6.4 entsteht.

Eine Strategie wie G, bei der verschiedene Aktionen mit festen Wahrscheinlichkeiten gespielt werden, heißt *gemischte Strategie*. Im Gegensatz dazu heißen die bisher betrachteten, Strategien *reine Strategien*.

		B		
		b_1	b_2	b_3
	a_1	1	6	0
A	a_2	2	0	3
	a_3	3	2	4
	G	$2.\overline{6}$	$2.\overline{6}$	$3.\overline{3}$

Tabelle 6.4: Spiel. Auszahlungen an A für reine Strategien und gemischte Strategie G

Die Auszahlungen für die gemischte Strategie errechnen sich wie folgt: Spielt B b_1 und A G, entsteht mit der Wahrscheinlichkeit von $\frac{1}{6}$ die Auszahlung aus dem Aktionsprofil (a_1, b_1) und mit einer Wahrscheinlichkeit von $\frac{5}{6}$ die Auszahlung aus dem Aktionsprofil (a_3, b_1). Der Erwartungswert der Auszahlung beträgt also

$$E(\pi_A(G, b_1)) = \frac{1}{6} \cdot 1 + \frac{5}{6} \cdot 3 = \frac{16}{6} = 2.\overline{6}.$$

Entsprechend ergeben sich die beiden übrigen erwarteten Auszahlungen zu

$$\begin{aligned} E(\pi_A(G, b_2)) &= \frac{1}{6} \cdot 6 + \frac{5}{6} \cdot 2 = \frac{16}{6} = 2.\overline{6}, \\ E(\pi_A(G, b_2)) &= \frac{1}{6} \cdot 0 + \frac{5}{6} \cdot 4 = \frac{20}{6} = 3.\overline{3}. \end{aligned}$$

Durch die Möglichkeit, die gemischte Strategie G zu spielen, erhöht sich Spieler As Sicherheitsniveau. Das maximale Zeilenminimum, also das Sicherheitsniveau $\underline{m}$ beträgt nun $2.\overline{6}$. Der paranoide, aber nicht dumme A tut also gut daran, G zu spielen, um sein Sicherheitsniveau zu erhöhen.

Die Überlegung zur Ermittlung einer „guten" gemischten Strategie lässt sich verallgemeinern. A ist in der Lage, seine Aktionen (die im vorliegenden Spiel identisch mit seinen reinen Strategien sind) beliebig zu mischen. Jede von As gemischten Strategien P wird gekennzeichnet durch einen (Spalten–) Vektor p, der die Wahrscheinlichkeiten p_1, p_2 und p_3 angibt, mit der die entsprechenden reinen Strategien a_1, a_2 und a_3 gespielt werden.

Im vorliegenden Fall ist leicht zu erkennen, dass keine „vernünftige" gemischte Strategie mit positiver Wahrscheinlichkeit die reine Strategie a_2 enthalten wird, denn a_2 wird von a_3 streng dominiert. Alle vernünftigen gemischten Strategien enthalten also eine Null im Vektor, $p = (p_1, 0, p_3)^T$.

Damit gilt auch, dass $p_3 = 1 - p_1$. Zur Vereinfachung soll die Wahrscheinlichkeit, mit der a_3 gespielt wird, als r geschrieben werden, womit sich ergibt, dass

$$\begin{aligned} r &:= p_3 \\ \Rightarrow \quad (1-r) &= p_1 \,. \end{aligned}$$

Die Auszahlungen gemischter Strategien P ergeben sich dann allgemein wie folgt: Spielt B b_1, so gilt

$$E_1(r) = E\left(\pi_A\left(P, b_1\right)\right) = (1-r)\cdot 1 + r\cdot 3 = 1 + 2r \,.$$

Entsprechend folgen

$$\begin{aligned} E_2(r) = E\left(\pi_A\left(P, b_2\right)\right) &= 6 - 4r \,, \\ E_3(r) = E\left(\pi_A\left(P, b_3\right)\right) &= 4r \,. \end{aligned}$$

Die erwarteten Auszahlungen sind Geraden in der Wahrscheinlichkeit r. Sie sind in Abb. 6.3 eingezeichnet.

A traut B alles zu: sogar, dass B seine Mischwahrscheinlichkeit r weiß. As Meinung nach wird der üble Charakter B nun versuchen, in Abhängigkeit der Mischwahrscheinlichkeit r As Auszahlung zu minimieren, also je nach Höhe von r jeweils die Aktion $m(r)$ zu ergreifen, die A eine möglichst kleine Auszahlung bringt:

$$m(r) = \min_{b \in S_B} \left\{E_1(r), E_2(r), E_3(r)\right\} \,.$$

$m(r)$ ist in Abb. 6.3 für jedes r jeweils durch den Geradenabschnitt dargestellt, der für das entsprechende r der unterste ist. Links von r_1 wird B also b_3 wählen, zwischen r_1 und r_2 b_1, rechts von r_2 b_2. Diese Geradenabschnitte sind als $m(r)$ in der Abbildung markiert.

Wissend, dass B immer $m(r)$ wählen wird, muss A nun das Maximum von $m(r)$ ermitteln. Dies liegt, wie in der Abbildung zu erkennen ist, im Schnittpunkt von E_1 und E_2:

$$\begin{aligned} E_1\left(r^\star\right) = 1 + 2r^\star &= 6 - 4r^\star = E_2\left(r^\star\right) \\ \Leftrightarrow \quad r^\star &= \frac{5}{6} \end{aligned}$$

Die optimale Wahrscheinlichkeit von a_1 ist also $p_1^\star = \frac{1}{6}$, d.h. $\frac{5}{6}$ für a_3. (Wie durch Zufall sind dies genau die Werte aus dem einleitenden Beispiel!) Es zeigt sich also, dass es unter Umständen für einen Spieler optimal sein kann, ein wenig unberechenbar zu sein, indem er eine gemischte anstelle einer reinen Strategie spielt.

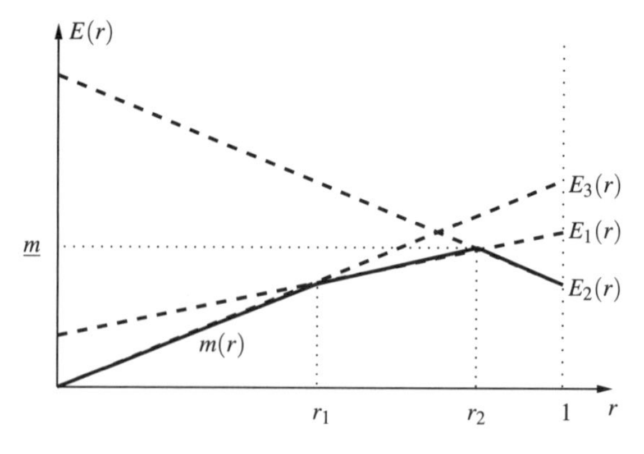

Abbildung 6.3: Sicherheitsniveaus

6.3 Gemischte Strategien in streng kompetitiven Spielen — Das Rudi–Kargus–Spiel

6.3.1 Streng kompetitive Spiele

Eine leichte Ausweitung der Idee der Nullsummenspiele bieten die *streng kompetitiven* Spiele. Streng kompetitive Spiele sind Spiele, deren Auszahlungsstruktur so beschaffen ist, dass mit einer um so niedrigeren Auszahlung für den einen Spieler die Auszahlung des anderen steigt und vice versa. In streng kompetitiven Spielen sind die Interessen der Spieler einander diametral entgegengesetzt.

Eine Art von kompetitiven Spielen, bei denen dieses Charakteristikum besonders deutlich wird, sind Konstantsummenspiele. Hier teilen sich die Spieler in jedem Strategieprofil eine feste Auszahlung, oder, anders formuliert: hier addieren sich die Auszahlungen der Spieler für jedes Strategieprofil zur selben, konstanten Summe. Bekommt der erste Spieler mehr von dieser festen Summe, erhält der andere Spieler automatisch entsprechend weniger.

In den 70er Jahren des vorigen Jahrhunderts war Rudi Kargus, der Torhüter des Hamburger Sportvereins, als „Elfmetertöter" berühmt.[1] Der wahrscheinlichste Grund für diesen Ruhm ist wohl darin zu vermuten, dass Rudi Kargus ein mit allen Wassern gewaschener Spieltheoretiker ist; Spezialgebiet: gemischte Strategien.

Im Elfmeterschießen stehen sich Rudi (R) und der als Elfmeter–Versager bekannte Uli H. (H) wiederholt gegenüber.[2] Die Optionen für H sind, in die

[1] Harte Fakten zur Untermauerung dieser Aussage finden sich im großen sportstatistischen Werk von Kropp und Trapp (1999), das die herausragende Bedeutung Kargus' für den „Bundesliga–Elfmeter" statistisch eindeutig belegt (Kropp und Trapp, 1999, S. 280).

[2] Allerdings: Für den Bereich des Bundesliga–Elfmeters bestätigt der „große" Kropp und Trapp (1999) diesen Eindruck nur sehr bedingt. Laut Auskunft dieses berühmten Stan-

rechte (r) oder die linke (l) Ecke des Tors zu schießen. Rudi kann nach rechts (R) springen oder nach links (L). Schießt H nach links, und Rudi springt nach links, hält Rudi 9 von 10 Schüssen. Die Auszahlungen sind entsprechend 9 für Rudi und 1 für H. Schießt H nach rechts, und Rudi springt nach links, sind die Auszahlungen 2 für Rudi und 8 für H u.s.w. Es handelt sich um ein simultanes[3] Konstantsummenspiel mit der Auszahlungssumme von 10 für jedes Strategieprofil. Alle Auszahlungen finden sich in Tabelle 6.5. Das Spiel ähnelt in der Struktur dem Diskoordinationsspiel aus Abschnitt 3.5: Ein Spieler möchte dasselbe tun wie der andere, während der andere bestrebt ist, genau das Gegenteil vom ersten zu tun.

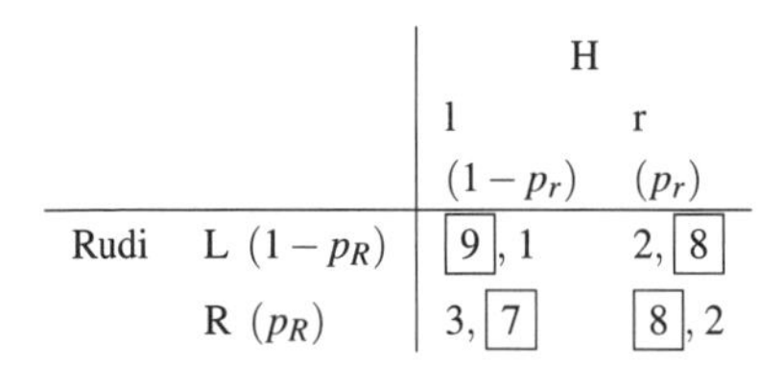

		H	
		l $(1-p_r)$	r (p_r)
Rudi	L $(1-p_R)$	9, 1	2, 8
	R (p_R)	3, 7	8, 2

Tabelle 6.5: Rudi–Kargus–Spiel. Auszahlungen

Was soll Rudi tun? Es ist leicht zu erkennen, dass keinerlei Dominanzen oder Nash–Gleichgewichte existieren. Springt Rudi immer nach links, wird es nach einiger Zeit sogar Uli H. merken und nach rechts schießen. Für konsequent andauerndes Nach–Rechts–Springen wird H irgendwann konsequent nach links schießen. Das klügste, was Rudi tun kann ist wohl, unberechenbar zu bleiben. Allerdings, wie sich zeigen wird, auf sehr berechenbare Weise. Natürlich ist es Rudis Ziel, seine Auszahlung zu maximieren. In streng kompetitiven Spielen ist dies identisch mit dem Ziel, die Auszahlung des Gegners zu minimieren: Halte möglichst viele Elfmeter von H, dann maximierst Du automatisch Deine Auszahlung!

Die schon angesprochene nützliche Unberechenbarkeit von Rudi besteht darin, dass Rudi mit einer gewissen Wahrscheinlichkeit nach rechts springen sollte, nicht aber immer und auch nicht nie. Diese Wahrscheinlichkeit des Nach–Rechts–Springens soll p_R heißen. (Das „R" steht dabei für „rechts", nicht etwa für „Rudi".) Gesucht ist genau der Wert von p_R, für den H die geringsten Chancen hat, den Elfmeter zu verwandeln. Dabei ist natürlich zu bedenken, dass H zwei Aktionen zur Verfügung hat, l und r. Abhängig von p_R lassen sich die Auszahlungen bestimmen, die H zu erwarten hat, falls er

dardwerkes schoss Uli H. in seiner aktiven Zeit als Bundesliga–Profi *einen* Elfmeter, den er tatsächlich auch zu verwandeln wusste (Kropp und Trapp, 1999, S. 221).

[3] Simultan, weil H derartig heftig gegen den Ball tritt, dass Rudi schon vor dem Schuss beschließen muss, in welche Ecke er springt.

immer nach links oder immer nach rechts zielt: $E[\pi_H(l)]$ und $E[\pi_H(r)]$:

$$E[\pi_H(l)] = (1-p_R)+7\,p_R = 1+6\,p_R$$
$$E[\pi_H(r)] = 8\,(1-p_R)+2\,p_R = 8-6\,p_R$$

Es ist zu erkennen, dass Hs erwartete Auszahlungen Funktionen von Rudis Nach–Rechts–Spring–Wahrscheinlichkeit p_R sind. Sie lassen sich zeichnen, wie dies in Abb. 6.4 geschehen ist.

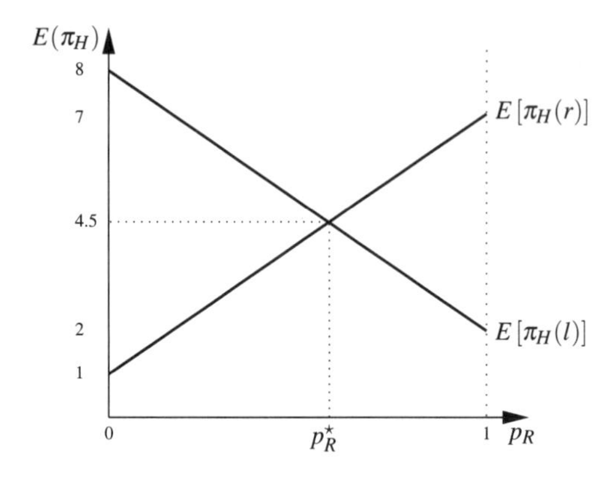

Abbildung 6.4: Erwartete Auszahlungen an H in Abhängigkeit von p_R für den Fall, dass H immer l (Gerade $E[\pi_H(l)]$) oder immer r spielt (Gerade $E[\pi_H(r)]$)

Interessant ist vor allem der Schnittpunkt der beiden Geraden und die zugehörige Wahrscheinlichkeit $p_R^\star$. Das dort erreichte Niveau der erwarteten Auszahlung von H (wie sich später zeigen wird: 4.5) ist genau das Niveau, auf das Rudi seinen Gegner H in jedem Fall „drücken" kann. Springt Rudi nämlich seltener nach rechts, also $p_R < p_R^\star$, kann H immer nach rechts zielen und eine höhere Auszahlung als 4.5 erreichen, wie sich auf der Geraden $E[\pi_H(l)]$ leicht ablesen lässt. Springt Rudi dagegen häufiger nach rechts, also $p_R > p_R^\star$, kann H immer nach links zielen und damit seine erwartete Auszahlung über 4.5 hinaus steigern, wie die Gerade $E[\pi_H(r)]$ zeigt. Die Wahrscheinlichkeit $p_R^\star$ ist also tatsächlich die, bei der Rudi die Auszahlung seines Gegners am meisten absenken und damit seine eigene Auszahlung am stärksten erhöhen kann. $p_R^\star$ kennzeichnet Rudis Sicherheitsstrategie.

Eine weitere Eigenschaft von $p_R^\star$ ist nützlich für die mathematische Bestimmung von Rudis optimaler Wahrscheinlichkeit: Wenn Rudi genau mit $p_R^\star$ nach rechts und mit der Gegenwahrscheinlichkeit $1-p_R^\star$ nach links springt, ist sein Gegner H indifferent zwischen dessen reinen Strategien: Egal, ob er nach links oder nach rechts zielt, seine Auszahlung ist immer dieselbe und zwar, wie sich nun schon sehr bald zeigen wird, 4.5.[4] Rudis optimale Wahrscheinlichkeit lässt sich also dadurch finden, dass man Hs erwartete Auszahlungen aus seinen reinen Strategien gleichsetzt:

$$E[\pi_H(l)] = 1 + 6\,p_R^\star \stackrel{!}{=} 8 - 6\,p_R^\star = E[\pi_H(r)]$$
$$\Leftrightarrow \quad p_R^\star = \frac{7}{12}$$

Rudi sollte also optimalerweise in 7 von 12 Fällen nach rechts springen.

Die Auszahlung an H ergibt sich nun einfach dadurch, dass man $p_L^\star$ in eine der beiden Auszahlungsfunktionen von H einsetzt, also

$$E[\pi_H(l)] = 1 + 6\,p_R^\star = 1 + 6\,\frac{7}{12} = 4.5\,,$$

oder

$$E[\pi_H(r)] = 8 - 6\,p_R^\star = 8 - 6\,\frac{7}{12} = 4.5\,.$$

Analog zur Ermittlung von Rudis optimaler Misch–Strategie lässt sich auch für H ermitteln, wie häufig er optimalerweise nach links bzw. nach rechts zielen sollte. Die optimale Nach–rechts–Ziel–Wahrscheinlichkeit $p_r^\star$ liegt dort, wo Rudis erwartete Auszahlung aus dauerndem Nach–rechts–Springen, $E[\pi_R(R)]$, und die aus dauerndem Nach–Links–Hechten, $E[\pi_R(L)]$, gleich sind:

$$E[\pi_R(R)] = 9\,(1 - p_r) + 2\,p_r = 9 - 7\,p_r\,,$$
$$E[\pi_R(L)] = 3\,(1 - p_r) + 8\,p_r = 3 + 5\,p_r\,,$$

und damit

$$E[\pi_R(R)] \stackrel{!}{=} E[\pi_R(L)] \quad \Leftrightarrow \quad p_r^\star = \frac{1}{2}\,.$$

Jeder der Spieler hat also eine optimale gemischte Strategie, die jeweils durch die optimalen Wahrscheinlichkeiten $p_R^\star = \frac{7}{12}$ bzw. $p_r^\star = \frac{1}{2}$ gekennzeichnet sind.

6.3.2 Nash–Gleichgewichte in gemischten Strategien

Die beiden gemischten Strategien, die jeweils durch $p_R^\star$ und $p_r^\star$ gekennzeichnet sind, bilden ein Nash–Gleichgewicht, denn sie sind wechselseitig beste

[4] Tatsächlich sind Hs erwartete Auszahlungen aus jeder beliebigen seiner Strategien gleich hoch, also auch aus allen denkbaren gemischten Strategien. Der Grund ist einfach: Jede beliebige Mischung aus einer Auszahlung von 4.5 (erste reine Strategie) und einer Auszahlung von 4.5. (zweite reine Strategie) ergibt eine Auszahlung von 4.5.

Antworten. Dies lässt sich leicht erkennen, wenn man sich nochmals vor Augen hält, dass die optimale gemischte Strategie eines Spielers dort liegt, wo der Gegner zwischen seinen reinen Strategien indifferent ist. Der Gegner ist nur dann indifferent zwischen seinen reinen Strategien, wenn dessen reine Strategien zur gleichen Auszahlung führen. Führen aber alle reinen Strategien zur gleichen Auszahlung, so führt auch jede beliebige „Mischung" dieser Strategien zu derselben Auszahlung. Damit ist gezeigt, dass tatsächlich im Fall, dass ein Spieler seine optimale gemischte Strategie spielt, der Gegner indifferent zwischen *allen* seinen Strategien (reinen und gemischten) ist. Mit anderen Worten: Auf die optimale gemischte Strategie eines Spielers ist *jede* Strategie seines Gegners eine beste Antwort. So ist beispielsweise auf $p_R = p_R^\star = \frac{7}{12}$ von Rudi jede Strategie $0 \leq p_r \leq 1$ von H eine beste Antwort. Dies gilt natürlich insbesondere auch für $p_r = p_r^\star = \frac{1}{2}$: Auch Hs optimale gemischte Strategie ist eine beste Antwort auf Rudis optimale gemischte Strategie. Nun lässt sich diese Argumentation umkehren: Auf $p_r = p_r^\star = \frac{1}{2}$ ist jede Strategie von Rudi, also $0 \leq p_R \leq 1$, eine beste Antwort, unter anderem auch $p_R = p_R^\star = \frac{7}{12}$. Die Strategien $p_R^\star$ und $p_r^\star$ sind also wechselseitig beste Antworten und bilden damit ein Nash–Gleichgewicht.

Insgesamt liegt hier der Grund dafür, dass es über gemischte Strategien nachzudenken gilt. Denn auch in anderen als kompetitiven Spielen gibt es gemischte Strategien und Nash–Gleichgewichte in gemsichten Strategien. Die Bedeutung gemischter Strategien liegt nicht darin, dass ein Spieler seine Auszahlung dadurch maximiert, dass er die Auszahlung des anderen minimiert. Vielmehr ist der Gedanke wichtig, dass ein Strategieprofil aus „optimal" gemischten Strategien ein Nash–Gleichgewicht ist. Solche Nash–Gleichgewichte gibt es auch in nicht–kompetitiven Spielen.

6.4 Gemischte Strategien in allgemein strukturierten Spielen

6.4.1 Auszahlungsfunktionen

Die Auszahlungen in gemischten Strategien zu errechnen, ist, oft recht umständlich. Mit Hilfe von etwas linearer Algebra lässt sich dies aber vereinfachen.

Die Auszahlungstabelle 6.6 (eine Wiederholung von Tabelle 6.5) gibt die Auszahlungen für zwei Spieler an.

Die Tabelle besteht im Grunde aus zwei Tabellen bzw. zwei Matrizen. Eine Matrix, A, gibt die Auszahlungen für R, die andere Matrix, B, die Auszahlungen für H an.

$$A = \begin{bmatrix} 9 & 2 \\ 3 & 8 \end{bmatrix}, \quad B = \begin{bmatrix} 1 & 8 \\ 7 & 2 \end{bmatrix}.$$

		H	
		l	r
Rudi	L	9, 1	2, 8
	R	3, 7	8, 2

Tabelle 6.6: Rudi–Kargus–Spiel. Auszahlungstabelle

Die Strategien der Spieler werden durch Vektoren gekennzeichnet, die die Wahrscheinlichkeiten angeben, mit denen die verfügbaren reinen Strategien gespielt werden. Die Vektoren seien p für R und q für H:

$$p = [(1 - p_R), p_R]^T, \quad q = [(1 - p_r), p_r]^T.$$

Die Auszahlungen an die Spieler R, $\pi_R(p, q)$, und H, $\pi_H(p, q)$, ergeben sich durch diese Definitionen zu

$$\begin{aligned} \pi_R(p, q) &= p^T A q, \\ \pi_H(p, q) &= p^T B q. \end{aligned}$$

6.4.2 Beispiel: Gemischte Strategien im Chicken–Game

Gemischte Strategien lassen sich in vielen Spielen einsetzen, nicht nur in streng kompetitiven. Dabei ist die Methode zur Ermittlung von Nash–Gleichgewichten in gemischten Strategien die gleiche wie für streng kompetitive Spiele.

Im Chicken–Game aus Abschnitt 3.6.2 existieren zwei Nash–Gleichgewichte in reinen Strategien: (C, D) und (D, C).

		Joe	
		D (p_J)	C
Tom	D (p_T)	0, 0	3, 1
	C	1, 3	2, 2

Tabelle 6.7: Chicken–Game. Normalform

Diese beiden Nash–Gleichgewichte sind allerdings nur wenig überzeugende Vorhersagen für das Verhalten der Spieler, da es sich um asymmetrische Gleichgewichte handelt: Die Spieler müssen verschiedene Strategien wählen, um eines der Gleichgewichte zu erreichen. Das Erreichen solcher Gleichgewichte kann daher beispielsweise *nicht* durch einen Imitationsprozess erklärt werden.

Bei der Errechnung der gemischten Nash–Strategien lässt sich wieder das Verfahren einsetzen, das ermittelt, bei welcher Strategie der Gegner indifferent zwischen seinen reinen Strategien ist. So errechnet sich die optimale Weiterfahr–Wahrscheinlichkeit von Tom, $p_T^\star$ als

$$\begin{aligned} 3 - 3p_T^\star &= 2 - p_T^\star \\ \Leftrightarrow \quad p_T^\star &= \frac{1}{2}. \end{aligned}$$

Bei dem Spiel handelt es sich um ein symmetrisches Spiel, d.h. die Auszahlungsmatrix für den einen Spieler, A, ist identisch mit der transponierten Auszahlungsmatrix B des anderen Spielers:

$$A = B^T.$$

Die Spielsituation ist für beide Spieler exakt gleich. Damit kann man sich das Rechnen sparen: Die optimale Weiterfahr–Wahrscheinlichkeit für John ist ebenfalls $p_J^\star = \frac{1}{2}$.

Dieses Gleichgewicht ist überzeugender: Beide Spieler spielen dieselbe Strategie. Weniger erfreulich ist folgendes Charakteristikum des Spiels: Mit einer Wahrscheinlichkeit von $\frac{1}{4}$ kommt es zum Aktionsprofil (D, D), was bei entsprechender Geschwindigkeit das Spiel ein für allemal beenden würde.

Die Wahrscheinlichkeit, dass ein bestimmtes der vier Möglichen Strategieprofile gespielt wird, errechnet sich als Produkt der Wahrscheinlichkeiten, mit der jeder Spieler die entsprechende Strategie spielt. Dies ist in diesem Fall besonders einfach zu berechenen, denn die optimale Misch–Wahrscheinlichkeit beträgt für jeden Spieler und jede Strategie $\frac{1}{2}$ und damit die Eintrittswahrscheinlichkeit jedes Strategieprofils gleich $\frac{1}{4}$.

Hieraus lässt sich auch die erwartete Auszahlung im Gleichgewicht in gemischten Strategien errechnen: Sie ergibt sich als mit den Misch–Wahrscheinlichkeiten gewichtetes Mittel der Auszahlungen aus den vier möglichen Strategieprofilen:

$$E[\pi_{Tom}] = E[\pi_{Joe}] = \frac{1}{4} \cdot 0 + \frac{1}{4} \cdot 3 + \frac{1}{4} \cdot 1 + \frac{1}{4} \cdot 2 = 1.5.$$

Am Beispiel erkennt man den Nachteil des gemischten Gleichgewichts: Es existiert für jeden Spieler ein Gleichgewicht in reinen Strategien, in dem er eine höhere Auszahlung erhält als im gemischten Gleichgewicht.

6.5 Trembling–Hand–Perfektion und Propere Gleichgewichte

6.5.1 Nochmal: Trembling–Hand–Perfektion

Das Kriterium der Trembling–Hand–Perfektion, das in Abschnitt 3.4.3 vorgestellt wurde, beruht im Grunde auf Überlegungen, die sich auf gemischte

Strategien stützen. Dies soll hier demonstriert werden, um damit das Kriterium der Trembling–Hand–Perfektion formal deutlicher zu charakterisieren. Die grundlegende Idee dieses Konzeptes ist es zu untersuchen, welche Strategie am unempfindlichsten gegenüber „Fehlern" des Gegners ist.

Als Beispiel soll das Spiel aus Tabelle 6.8 dienen. Dieses Spiel hat zwei Nash–Gleichgewichte in reinen Strategien, von denen das Gleichgewicht (a_1, b_1) als Pareto–perfekt identifiziert werden kann. Zudem ist das Gleichgewicht (a_2, b_2) schwach dominiert.

		Spieler B	
		b_1	b_2
Spieler	a_1	1, 1	0, 0
A	a_2	0, 0	0, 0

Tabelle 6.8: Tatterspiel

Strategien von A können durch Vektoren $\alpha = (\alpha_1, \alpha_2) = (\alpha_1, 1 - \alpha_1)$ gekennzeichnet werden, wobei α_1 die Wahrscheinlichkeit angibt, mit der A die reine Strategie a_1 spielt. Im *grundlegenden* Spiel sei es A erlaubt, alle Strategien $0 \leq \alpha_1 \leq 1$ zu spielen. Außerdem gebe es ein *perturbiertes* Spiel, bei dem die Menge der Strategien, die A spielen darf, eingeschränkt ist. Im perturbierten Spiel, das durch dieselben Auszahlungen gekennzeichnet ist wie das grundlegende Spiel aus Tab. 6.8, muss A jede reine Strategie mit positiver Wahrscheinlichkeit spielen. Diese Einschränkung kann durch den Vektor $\alpha^{\min} = \left(\alpha_1^{\min}, \alpha_2^{\min}\right)$ mit $\alpha_1^{\min}, \alpha_2^{\min} > 0$ gekennzeichnet werden. Dabei gibt $\alpha_1^{\min}$ die Wahrscheinlichkeit an, mit der a_1 mindestens gespielt werden muss. Es gilt also $0 < \alpha_1^{\min} \leq \alpha_1$. Analoges gilt für $\alpha_2^{\min}$. Der Vektor $\alpha^{\min}$ heißt „Perturbationsvektor". Er repräsentiert die Wahrscheinlichkeiten, mit der sich Spieler A in der Wahl seiner reinen Strategie (mindestens) irrt. Diese Wahrscheinlichkeiten entsprechen damit den jeweils kleinstmöglichen Irrtumswahrscheinlichkeiten ε in Abschnitt 3.4.3.

Analoge Definitionen gelten für Spieler B. Auch für ihn existiert ein grundlegendes Spiel mit Strategien, die durch $\beta = (\beta_1, \beta_2)$ mit $0 \leq \beta_1 \leq 1$ gekennzeichnet sind. Auch für B gibt es ein perturbiertes Spiel mit einem Strategieraum, der durch den Vektor $\beta^{\min} = \left(\beta_1^{\min}, \beta_2^{\min}\right)$ beschränkt wird.

Im grundlegenden Spiel hängen die besten Antworten eines Spielers tatsächlich davon ab, welche Strategie der Gegner wählt. Dies ist der Grund, dass zwei Nash–Gleichgewichte existieren. Im perturbierten Spiel ist dies anders: Gibt es auch nur eine winzige Chance, dass Spieler B Strategie b_1 spielt, ist für A die reine Strategie a_1, also $\alpha_1 = 1$ bzw. $\alpha_2 = 0$ die einzige beste Antwort. Durch die Definition des perturbierten Spieles ist aber β_1

immer positiv, d.h. die notwendige winzige Chance existiert grundsätzlich. Es wäre also für A grundsätzlich am besten, $\alpha_1 = 1$ bzw. $\alpha_2 = 0$ zu spielen. Dies ist ihm aber im perturbierten Spiel nicht erlaubt: α_2 muss positiv sein. Die beste Strategie in diesem Spiel ist es (wegen der Kompaktheit und Kontinuität der Menge der gemischten Strategien) daher, Strategie a_2 *so selten wie möglich* zu spielen, also $\alpha_2 = \alpha_2^{\min}$.

Entsprechend lässt sich die beste Strategie für B ermitteln. Da das Spiel symmetrisch ist, ergibt sich diese als

$$\beta_2 = \beta_2^{\min} \tag{6.4}$$

im perturbierten Spiel.

Im perturbierten Spiel ergibt sich also ein Gleichgewicht in gemischten Strategien, das durch den Vektor

$$\left[\left(1-\alpha_2^{\min}, \alpha_2^{\min}\right), \left(1-\beta_2^{\min}, \beta_2^{\min}\right)\right] \tag{6.5}$$

beschrieben wird.

Lässt man nun die Wahrscheinlichkeiten in den Perturbationsvektoren gegen Null gehen, erlaubt man also nur noch extrem kleine Irrtumswahrscheinlichkeiten, so geht damit das perturbierte Spiel (beinahe) in das grundlegende Spiel über. Entsprechend bewegt sich auch das Gleichgewicht (6.5) in Richtung eines Strategieprofils des grundlegenden Spieles. Im Beispiel gilt

$$\lim_{\alpha^{\min}, \beta^{\min} \to 0} \left[\left(1-\alpha_2^{\min}, \alpha_2^{\min}\right), \left(1-\beta_2^{\min}, \beta_2^{\min}\right)\right] = [(1,0), (1,0)] = (a_1, b_1) . \tag{6.6}$$

Gehen also alle Fehlerwahrscheinlichkeiten gegen Null, so bewegt sich das Gleichgewicht des perturbierten Spiels hin zum Gleichgewicht (a_1, b_1) des grundlegenden Spiels.

Ist das Strategieprofil des grundlegenden Spieles, gegen das sich das Gleichgewicht (6.6) des perturbierten Spieles bewegt, selbst ein Gleichgewicht des grundlegenden Spiels, so nennt man dieses Gleichgewicht ein Trembling–Hand–perfektes Gleichgewicht des grundlegenden Spiels.

6.5.2 Propere Gleichgewichte

Manchmal reicht das Konzept der Trembling–Hand–Perfektion nicht aus, um ein Gleichgewicht zu charakterisieren. In einem solchen Fall wird dann ein Konzept benötigt, das über das der Trembling–Hand–Perfektion hinausgeht, aber im Kern dessen Idee beibehält. Ein solches weitergehendes Konzept ist das der Properness. Ein Beispiel hierfür ist das symmetrische Spiel aus Tab. 6.9 (Holler und Illing, 2003, S. 104).

Im Grunde handelt es sich bei diesem Spiel um das Spiel aus Tab. 6.8, das um jeweils eine weitere Strategie für jeden Spieler erweitert wurde. Das

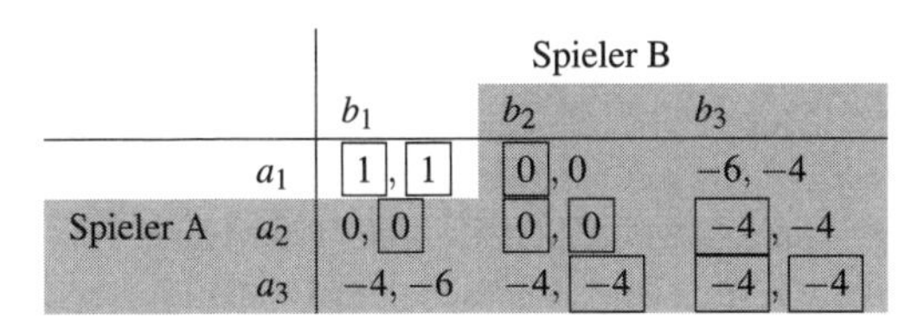

		Spieler B		
		b_1	b_2	b_3
	a_1	1, 1	0, 0	−6, −4
Spieler A	a_2	0, 0	0, 0	−4, −4
	a_3	−4, −6	−4, −4	−4, −4

Tabelle 6.9: Zappelspiel

grundlegende (also: nicht–perturbierte) Spiel besitzt drei Nash–Gleichgewichte in reinen Strategien: (a_1, b_1), (a_2, b_2) und (a_3, b_3). Im Rahmen der iterierten Eliminierung dominierter Strategien lassen sich zunächst a_3 und b_3, danach a_2 und b_2 beseitigen, wobei hier kein Reihenfolgeproblem auftritt. Es verbleibt lediglich das Nash–Gleichgewicht (a_1, b_1).

Aus pädagogischen Gründen soll nun geprüft werden, ob die Strategie a_2 Trembling–Hand–perfekt ist. Hierzu soll wieder ein perturbiertes Spiel betrachtet werden, in dem Spieler A die durch $\alpha^{\min} = \left(\alpha_1^{\min}, \alpha_2^{\min}, \alpha_3^{\min}\right) > 0$ beschränkten vollständig gemischten Strategien zu Verfügung stehen. Analog seien die Strategien für B im perturbierten Spiel durch den Vektor $\beta^{\min} = \left(\beta_1^{\min}, \beta_2^{\min}, \beta_3^{\min}\right) > 0$ gegeben.

Zur Überprüfung der Strategie a_2 muss nun angenommen werden, Spieler B spiele fast sicher b_2, seine Gleichgewichtsstrategie zu a_2, aber mit den gegebenen Mindest–Fehlerwahrscheinlichkeiten die Strategien b_1 bzw. b_3. Die Strategie von B lautet $\beta = \left(\beta_1^{\min}, 1 - \beta_1^{\min} - \beta_3^{\min}, \beta_3^{\min}\right)$.

Wie üblich gilt es nun, die erwarteten Auszahlungen an Spieler A aus dessen reinen Strategien zu ermitteln und diese miteinander zu vergleichen. Die Auszahlungen lauten

$$\begin{aligned} E\left[\pi_A(a_1)\right] &= \beta_1^{\min} - 6\beta_3^{\min}, \\ E\left[\pi_A(a_2)\right] &= -4\beta_3^{\min}, \\ E\left[\pi_A(a_3)\right] &= -4. \end{aligned}$$

Ein Vergleich zwischen a_2 und a_3 ergibt unmittelbar, dass die Auszahlung an A aus a_2 höher ist als die aus a_3. A wird also Strategie a_3 so selten spielen wie möglich, d.h. nur mit dem Gewicht $\alpha_3^{\min}$.

Der Vergleich zwischen a_2 und a_1 fällt dagegen schwerer. Damit a_2 eine Trembling–Hand–perfekte Strategie wäre, müsste gelten, dass

$$\begin{aligned} \pi_A(a_1) = \beta_1^{\min} - 6\beta_3^{\min} &< -4\beta_3^{\min} = \pi_A(a_2) \\ \Leftrightarrow \quad \beta_1^{\min} &< 2\beta_3^{\min}. \end{aligned} \tag{6.7}$$

Die Auszahlung an Spieler A aus Strategie a_2 ist also nicht in jedem Fall höher als die aus a_1, d.h. nicht für alle denkbaren Werte von $\beta_1^{\min}$ und $\beta_3^{\min}$.

Nur wenn (wie in Gleichung (6.7) gefordert) gilt, dass Spieler B die Strategie b_1 weniger als doppelt so oft spielt wie Strategie b_3, ist a_2 Trembling–Hand–perfekt. *Grundsätzlich* lässt sich aber keine Aussage darüber treffen, ob a_2 Trembling–Hand–perfekt ist oder nicht. Dies hängt vom Verhältnis der Wahrscheinlichkeiten $\beta_1^{\min}$ und $\beta_3^{\min}$ ab. Zum Verhältnis verschiedener Fehlerwahrscheinlichkeiten zueinander macht aber das Konzept der Trembling–Hand–Perfektion keine Aussage. Mit anderen Worten: Um mehr über die Eigenschaften von a_2 aussagen zu können, benötigt man weitere Informationen, die aber das Konzept der Trembling–Hand–Perfektheit nicht zur Verfügung stellt. An dieser Stelle des Beispiels hat dieses Konzept seine Grenzen erreicht.

Für die notwendigen Informationen über das Verhältnis zwischen verschiedenen Fehlerwahrscheinlichkeiten lassen sich unterschiedliche Annahmen treffen, von denen hier zwei betrachtet werden sollen, die Annahme der uniformen Perturbation und die Annahme der kostenabhängigen Fehlerwahrscheinlichkeiten.

Die einfachste Annahme über das Verhältnis der Wahrscheinlichkeiten ist die Annahme der *uniformen Perturbation*: Es wird angenommen, alle minimalen Fehlerwahrscheinlichkeiten seien identisch, also $\beta_1^{\min} = \beta_2^{\min} = \beta_3^{\min}$. Bei Gültigkeit dieser (zusätzlichen) Annahme wäre die Bedingung in (6.7) erfüllt, und Strategie a_2 wäre „Trembling–Hand–perfekt“.[5]

Eine andere Annahme bezüglich des Verhältnisses zwischen verschiedenen Fehlerwahrscheinlichkeiten ist die Annahme der Kostenabhängigkeit. Es stellt sich schließlich die Frage, ob die Annahme uniformer Fehlerwahrscheinlichkeiten gerechtfertigt sein kann. Häufig wird eher davon ausgegangen, die Wahrscheinlichkeiten seien unterschiedlich. Dies wird begründet mit möglichen unterschiedlichen *Kosten*, die durch Fehler entstehen können. Häufig wird argumentiert, höhere potentielle Fehlerkosten würden dazu führen, dass Spieler sich stärker bemühen, entsprechende Fehler zu vermeiden: „Teure“ Fehler werden seltener gemacht als „billige“. Die Kosten von Fehlern lassen sich beispielhaft wie folgt ermitteln: Der Fehler, der mit der Wahrscheinlichkeit $\beta_1^{\min}$ begangen wird, ist der, dass Spieler B als Antwort auf Strategie a_2 nicht etwa b_2, sondern (versehentlich) b_1 spielt.[6] Die er-

---

[5] Tatsächlich lässt sich a_2 nicht vollständig korrekt als „Trembling–Hand–perfekt“ bezeichnen, weil die entsprechende Eigenschaft unter Verwendung einer Annahme hergeleitet wurde, die nicht Bestandteil des eigentlichen Konzepts der Trembling–Hand–Perfektion ist.
Zudem ist das Resultat der angestellten Untersuchung ein wenig unbefriedigend: Für das Spiel aus Tab. 6.8 wurde nachgewiesen, dass das Gleichgewicht (a_1, b_1) das einzige Trembling–Hand–perfekte ist. Im hier betrachteten, sehr ähnlichen Spiel ist dies nun nicht mehr der Fall!

[6] Tatsächlich handelt es sich hierbei nicht wirklich um einen Fehler von Spieler B, denn B spielt ja seine alternative beste Antwort. Von einem Fehler kann in diesem Fall nur in dem Sinne gesprochen werden, dass a_1 im Gegensatz zu a_2 nicht Teil des schwachen Nash–Gleichgewichtes (a_2, b_2) ist. Die Tatsache, dass es sich nicht um einen Fehler im Sinne

wartete Auszahlung, die dem Spieler B aus der besten Antwort b_2 entsteht, beträgt

$$E\left[\pi_B\left(a_2, b_2\right)\right] = 0.$$

Die Auszahlung aus der „Fehlentscheidung“ für b_1 ist

$$E\left[\pi_B\left(a_2, b_1\right)\right] = 0.$$

Die Kosten des Fehlers zu $\beta_1^{\min}$ betragen folglich

$$K_B\left(a_2, b_1\right) = E\left[\pi_B\left(a_2, b_2\right)\right] - E\left[\pi_B\left(a_2, b_1\right)\right] = 0.$$

(Der Fehler zu $\beta_1^{\min}$ ist also quasi kostenlos.) Die Kosten des Fehlers zu $\beta_3^{\min}$, d.h. versehentlich b_3 anstelle von b_2 zu spielen, betragen dagegen

$$K_B\left(a_2, b_3\right) = \pi_B\left(a_2, b_2\right) - \pi_B\left(a_2, b_3\right) = 0 - (-6) = 6.$$

Die übliche Argumentation lautet nun, dass Fehler um so seltener begangen werden, je kostspieliger sie sind. Da der Fehler zu $\beta_3^{\min}$ sehr viel kostspieliger ist als der zu $\beta_1^{\min}$, folgt, dass

$$\beta_3^{\min} < \beta_1^{\min}.$$

Auch diese Information genügt noch nicht, um zu klären, ob a_2 „Trembling–Hand–perfekt“ ist. Zwar existiert nun eine Aussage über das Verhältnis der Fehlerwahrscheinlichkeiten. Die Aussage ist aber immer noch nicht präzise genug.

Hier hilft das Konzept der ε–Properness: Hierbei wird angenommen, dass nicht die absolute Höhe der Fehlerkosten eine Rolle spielt, sondern nur die Reihenfolge: Die Strategie zum am wenigsten teuren Fehler lässt sich als eine Art „zweitbeste Antwort“ auf die Strategie des Gegners ansehen. Im Beispiel: Gegeben die Strategie a_2 von A ist b_2 die beste Antwort. Der kostengünstigste Fehler ist das Spielen von b_1. Entsprechend ist b_1 die zweitbeste Antwort auf a_2. Strategie b_3 führt zu einem teureren Fehler und ist deshalb nur die drittbeste Antwort auf a_2. Die Annahme im Konzept der ε–Properness ist nun die, dass die drittbeste Antwort ε mal so oft[7] gespielt wird wie die zweitbeste Antwort. Für Fälle, in denen noch weitere Strategien existieren, gilt diese Annahme entsprechend: Eine nicht–beste Antwort wird ε mal so wahrscheinlich gespielt wie die nächst–bessere. Dabei ist ε, wie in der Mathematik üblich, eine sehr kleine Zahl. Setzt man zum Beispiel $\varepsilon := 1/1000$, bedeutet dies für den hier betrachteten Fall, dass b_3 nur ein Tausendstel so oft gespielt wird wie die nächst–bessere Antwort b_1. Auch

einer nicht–besten Antwort handelt, ist auch daran zu erkennen, dass die Kosten dieses vermeintlichen Fehlers Null betragen.

[7] Gemeint ist „oft“ im Sinne von „wahrscheinlich“.

äquivalent umformuliert ergibt diese Annahme einen Sinn: Die bessere Antwort wird $1/\varepsilon$ so häufig gespielt wie die nächst–schlechtere, also b_1 tausend mal so oft wie b_3.

Entsprechend der Annahme aus dem Konzept der ε–Properness gilt also für die Fehlerwahrscheinlichkeiten aus dem Beispiel, dass

$$\beta_1^{\min} = \frac{1}{\varepsilon}\beta_3^{\min} \quad \Leftrightarrow \quad \beta_3^{\min} = \varepsilon\,\beta_1^{\min}. \tag{6.8}$$

Nach (6.7) muss gelten, dass $\beta_1^{\min} < 2\beta_3^{\min}$, damit die Strategie a_2 „Trembling–Hand–perfekt" ist. Einsetzen der Annahme (6.8) über die Perturbationswahrscheinlichkeiten präzisiert die Trembling–Hand–Bedingung (6.7) zu

$$\left(\beta_1^{\min} = \frac{1}{\varepsilon}\beta_3^{\min}\right) \overset{!}{<} 2\beta_3^{\min} \tag{6.9}$$

$$\Leftrightarrow \quad \varepsilon > \frac{1}{2}. \tag{6.10}$$

Strategie a_2 wäre also nur dann Trembling–Hand–perfekt, falls die Fehlerwahrscheinlichkeit für b_1, $\beta_1^{\min}$, doppelt so hoch ist wie die für b_3, $\beta_3^{\min}$. Mit anderen Worten: Damit Strategie a_2 Trembling–Hand–perfekt sein kann, muss der teurere Fehler im Vergleich zu billigeren Fehler ziemlich oft gemacht werden: Die Wahrscheinlichkeit, den teuren Fehler zu machen, muss wenigstens halb so hoch sein wie die Wahrscheinlichkeit, den weniger teuren Fehler zu machen.

Die beschriebene Erweiterung des Konzeptes der Trembling–Hand–Perfektion auf unterschiedlich große Perturbationswahrscheinlichkeiten ergibt das Konzept der ε–Properness:

Definition 6.5.1 (ε–propere Strategie). *Von den zwei Strategien $s_i^\star$ und s_i' sei $s_i^\star$ die bessere Antwort auf eine gegebene Strategie $s_{-i}^\star$ des Gegners und s_i' die nächst–schlechtere. Nun sei angenommen, dass die Strategie $s_i^\star$ $\frac{1}{\varepsilon}$ so wahrscheinlich gespielt wird wie s_i'. Ist $s_i^\star$ unter diesen Umständen Trembling–Hand–perfekt, so nennt man diese Strategie ε–proper.*

Definition 6.5.2 (ε–properes Nash–Gleichgewicht). *Eine Strategiekombination ist dann ein ε–properes Nash–Gleichgewicht, wenn sie ein Nash–Gleichgewicht aus ε–properen Strategien ist.*

Im Beispiel ist a_2 nur eine ε–propere Strategie, falls $\varepsilon > \frac{1}{2}$. Da es sich um ein symmetrisches Spiel handelt, ist das Nash–Gleichgewicht (a_2, b_2) nur für $\varepsilon > \frac{1}{2}$ ein ε–properes Nash–Gleichgewicht. Das Gleichgewicht (a_2, b_2) ist also nur dann „Trembling–Hand–perfekt", wenn die teureren Fehler vergleichsweise häufig auftreten. Falls aber teure Fehler selten werden, ε also sehr klein wird, ist das Gleichgewicht nicht mehr „Trembling–Hand–perfekt".

Der Idee des ursprünglichen Konzepts der Trembling–Hand–Perfektion entspricht es aber zu fragen, ob ein Gleichgewicht dann robust ist, wenn alle Fehlerwahrscheinlichkeiten sehr klein werden. Im Fall der ε–Properness bedeutet dies zu prüfen, ob ein Gleichgewicht auch dann noch ε–proper ist, wenn ε sehr klein wird, wenn also die teuren Fehler im Vergleich zu den weniger teuren beinahe überhaupt nicht gemacht werden. Entsprechend lautet die Definition eines properen Gleichgewichts.

Definition 6.5.3 (Properes Nash–Gleichgewicht). *Ein ε–properes Nash–Gleichgewicht mit $\varepsilon \to 0$ heißt properes Nash–Gleichgewicht.*

Ginge im Beispiel ε gegen Null, so würde die Wahrscheinlichkeit $\beta_1^{\min}$, dass die zweitbeste Antwort b_1 gespielt wird, unendlich mal so groß wie die Wahrscheinlichkeit $\beta_3^{\min}$, dass die drittbeste Antwort b_3 gespielt wird. Dies widerspricht aber der Bedingung aus (6.7), dass $\beta_1^{\min} < 2\beta_3^{\min}$. Für den Fall, dass teure Fehler beinahe nie gemacht werden, ist die Strategie a_2 also nicht robust: Strategie a_2 ist nicht proper. Dasselbe gilt für das entsprechende Nash–Gleichgewicht (a_2, b_2), es ist kein properes Nash–Gleichgewicht.

Insgesamt ist jedes propere Nash–Gleichgewicht ein Trembling–Hand–perfektes Nash–Gleichgewicht; aber nicht jedes Trembling–Hand–perfekte Nash–Gleichgewicht ist proper.

Durch diese Erkenntnis lässt sich also Abbildung 3.1 (S. 41), die die Beziehungen zwischen verschiedenen Konzepten der Verfeinerungen des Nash–Gleichgewichts zeigt, um das Konzept properer Nash–Gleichgewichte ergänzen (nach Holler und Illing 2003, S. 100), wie dies in Abb. 6.5 geschehen ist.

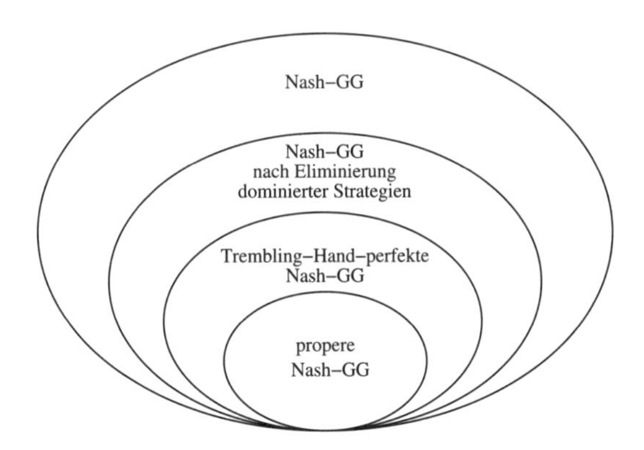

Abbildung 6.5: Beziehungen zwischen verschiedenen Gleichgewichtskonzepten

6.6 Anhang: Beweis zu Abschnitt 6.1.3

In jeder Auszahlungstabelle, so auch in Tab. 6.1, ist in jeder Zeile das Zeilenminimum $\min_{b\in S_B} \pi_A(a,b)$ maximal so groß wie jedes andere Element der Zeile:

$$\min_{b\in S_B} \pi_A(a,b) \leq \pi_A(a,b)\ \forall\, a \in S_A\,.$$

Diese triviale Erkenntnis, die oft durch umständliche mathematische Notation verschleiert wird, lässt sich am Beispiel leicht verdeutlichen. Die Menge der Zeilenminima ist gegeben durch

$$\begin{aligned}
\min_{b\in S_B} \pi_A(a,b) &= \left\{\min_{b\in S_B} \pi_A(a_1,b), \min_{b\in S_B} \pi_A(a_2,b), \min_{b\in S_B} \pi_A(a_3,b)\right\} \\
&= \{\pi_A(a_1,b_3), \pi_A(a_2,b_2), \pi_A(a_3,b_2),\} \\
&= \{0,0,2\}\,.
\end{aligned}$$

Nun muss lediglich ermittelt werden, ob jedes der Elemente der Menge tatsächlich das (schwach) kleinste seiner Zeile ist. Diese intellektuelle Großtat soll dem Leser überlassen bleiben. (Stärkt ja das Selbstbewusstsein, sowas!)

Der zweite Schritt des Beweises besteht nun darin, festzustellen, dass alle Spaltenmaxima mindestens so groß sind, wie das größte Zeilenminimum:

$$\max_{a\in S_A} \min_{b\in S_B} \pi_A(a,b) \leq \max_{a\in S_A} \pi_A(a,b)\,.$$

Gilt in jeder Zeile, dass das Minimum nie größer ist als die anderen Elemente, kann in seiner *Spalte* das größte Zeilenminimum nicht größer sein als irgend ein anderes Spaltenelement.

Im Beispiel gilt

$$\begin{aligned}
\max_{a\in S_A} \pi_A(a,b) &= \left\{\max_{a\in S_A} \pi_A(a,b_1), \max_{a\in S_A} \pi_A(a,b_2), \max_{a\in S_A} \pi_A(a,b_3)\right\} \\
&= \{\pi_A(a_3,b_1), \pi_A(a_1,b_2), \pi_A(a_3,b_3)\} \\
&= \{3,6,4\}\,.
\end{aligned}$$

Das größte Zeilenminimum, $\pi_A(a_2,b_2) = 2$ ist nicht größer als irgend ein Element aus $\{3,6,4\}$.

Im dritten Schritt des Beweises geht es schließlich darum festzustellen, dass auch das Minimum der Spaltenmaxima nicht größer ist als das Maximum der Zeilenminima:

$$\max_{a\in S_A} \min_{b\in S_B} \pi_A(a,b) \leq \min_{b\in S_B} \max_{a\in S_A} \pi_A(a,b)\,.$$

Dies ist unmittelbar einsichtig: Ist keines der Spaltenmaxima kleiner als das Maximum der Zeilenminima, so ist es auch das kleinste Spaltenmaximum nicht.

Schreibt man schließlich $\underline{m}$ für $\max_{a\in S_A}\min_{b\in S_B}\pi_A(a,b)$ und $\overline{m}$ für $\min_{b\in S_B}\max_{a\in S_A}\pi_A(a,b)$, ist der Beweis abgeschlossen.

□

6.7 Anhang: Beweis zu Abschnitt 6.1.4

Im folgenden soll gezeigt werden, dass die Maximin– und Minimax–Werte der Gegner tatsächlich identisch sind. Nullsummenspiele sind gekennzeichnet dadurch, dass die Auszahlung eines Spieler identisch ist mit der negativen Auszahlung des anderen Spielers:

$$\pi_A(a,b) = -\pi_B(a,b)\,.$$

Damit ist jedes Zeilenminimum für A gleich dem negierten Zeilenmaximum für B:

$$\min_{b\in S_B}\pi_A(a,b) = -\max_{b\in S_B}\pi_B(a,b)\,.$$

Sei $\mathbf{Z}$ eine beliebige Menge reeller Zahlen $\mathbf{Z} = \{z_1, z_2, \ldots\}$, so soll **-Z** die Menge der negierten Elements aus $\mathbf{Z}$ bezeichnen: $-\mathbf{Z} = \{-z_1, -z_2, \ldots\}$. Für solche Mengen gilt allgemein, dass

$$\begin{aligned} \min(\mathbf{Z}) &= -\max(-\mathbf{Z}) \\ \Leftrightarrow\quad -\min(\mathbf{Z}) &= \max(-\mathbf{Z}) \end{aligned}$$

Lässt man nun entsprechend dem Maximin–Kriterium, Spieler A das maximale Zeilenminimum ermitteln, so folgt

$$\begin{aligned} \max_{a\in S_A}\min_{b\in S_B}\pi_A(a,b) &= \max_{a\in S_A}\left(-\max_{b\in S_B}\pi_B(a,b)\right) \\ &= -\min_{a\in S_A}\left(-\max_{b\in S_B}\pi_B(a,b)\right) \\ &= \min_{a\in S_A}\max_{b\in S_B}\pi_B(a,b) \end{aligned}$$

Dieser letzte Ausdruck ist aber genau der Minimax–Wert für B.

□

7. Reaktionskurven und Kontinuierliche Strategien

7.1 Reaktionskurven

7.1.1 Reaktionskurven in reinen Strategien

Zur Einführung in die Idee der Reaktionskurven soll das einfache Zwei–Personen–Spiel mit simultanen Zügen betrachtet werden, dessen strategische Form in Tabelle. 7.1 dargestellt ist.[1]

		Spieler B		
		b_1	b_2	b_3
	a_1	0, 0	1, -1	7, -7
Spieler A	a_2	4, -4	2, -2	3, -3
	a_3	9, -9	0, 0	0, 0

Tabelle 7.1: Reaktionsspiel

Spieler A steht die Strategiemenge $S_A = \{a_1, a_2, a_3\}$ zur Verfügung. Spieler Bs Strategiemenge ist $S_B = \{b_1, b_2, b_3\}$.

Für jeden Spieler kann nun eine *Korrespondenz* ermittelt werden, die jeder möglichen Strategie des Gegners die entsprechenden eigenen besten Antworten zuordnet.

Die Korrespondenz für Spieler A heißt R_A. Eine Korrespondenz ist eine Abbildungsvorschrift. R_A bildet jede (reine) Strategie von Spieler II auf die Menge der besten Antworten von Spieler A auf diese Spieler–B–Strategie ab.[2] Die beste Antwort von Spieler A auf b_1 ist a_3. Als Korrespondenz geschrieben:

$$R_A(b_1) = \{a_3\} .$$

Entsprechend gelten

$$\begin{aligned} R_A(b_2) &= \{a_2\} , \\ R_a(b_3) &= \{a_1\} . \end{aligned}$$

[1] Die Analyse des Spiels ist relativ einfach, wenn man beachtet, dass es sich um ein Zwei–Personen–Nullsummenspiel handelt. Dieses Spiel hat laut Abschnitt 6.1.3 einen Sattelpunkt im Strategieprofil (a_2, b_2), der nach Abschnitt 6.1.4 ein Nash–Gleichgewicht ist. Diese Überlegung ist allerdings nicht Gegenstand dieses Abschnitts.

[2] Spieler B kann möglicherweise mehr als eine einzige beste Antwort besitzen. Aus diesem Grund ist die Abbildungsvorschrift keine *Funktion*, die ja nur eine Antwortstrategie zuordnen würde, sondern eine *Korrespondenz*, denn Korrespondenzen erlauben es, einzelne Werte auf ganze Mengen abzubilden.

Die Korrespondenz, die jede reine Strategie von Spieler A auf eine Menge bester Antworten von Spieler B abbildet, heißt R_B. Die Werte sind

$$\begin{aligned} R_B(a_1) &= \{b_1\}\,, \\ R_B(a_2) &= \{b_2\}\,, \\ R_B(a_3) &= \{b_2, b_3\}\,. \end{aligned}$$

Diese Werte lassen sich in der Normalform abtragen. Diese quasi–grafischen Darstellungen der Korrespondenzen heißen *Reaktionskurven* (Tab. 7.2).

		Spieler B		
		b_1	b_2	b_3
	a_1	□		○
Spieler A	a_2		□○	
	a_3	○	□	□

Tabelle 7.2: Reaktionsspiel. Reaktionskurven R_A (Spieler A, Rechtecke) und R_B (Spieler B, Kreise)

Es lässt sich leicht feststellen, dass für das Spiel das einzige Nash–Gleichgewicht in reinen Strategien dort liegt, wo sich die beiden Reaktionskurven „schneiden“: a_2, b_2. Dies folgt natürlich unmittelbar aus der Definition der Korrespondenzen als Darstellung der jeweils besten Antworten und des Nash–Gleichgewichts als Strategieprofil, das aus wechselseitig besten Antworten besteht.

Eine exakte Definition des Nash–Gleichgewichts als Schnittpunkt der Reaktionskurven lautet

Definition 7.1.1 (Nash–Gleichgewicht als Schnittpunkt von Reaktionskurven). *Sei R_A eine Korrespondenz, die die Strategien von Spieler B, $b \in S_B$ auf eine Menge von besten Antworten von Spieler A, $\{a\} \subset S_A$ abbildet, und R_B eine Korrespondenz, die die Strategien von Spieler A, $a \in S_A$ auf eine Menge von besten Antworten von Spieler B, $\{b\} \subset S_B$ abbildet. Das Strategieprofil (a, b) ist dann und genau dann ein Nash–Gleichgewicht, wenn gilt, dass*

$$a \in R_A(b) \quad \textit{und} \quad b \in R_B(a)\,.$$

7.1.2 Reaktionskurven in gemischten Strategien

Das Rudi–Kargus–Spiel. Auch für gemischte Strategien lassen sich Reaktionskurven ermitteln. Zur Erläuterung soll nochmals das Rudi–Kargus–Spiel (Abschnitt 6.3) dienen. Die Auszahlungstabelle ist in Tab. 7.3 nochmals aufgeführt.

		H	
		l	r (p_r)
Rudi	L (p_L)	9, 1	2, 8
	R	3, 7	8, 2

Tabelle 7.3: Rudi–Kargus–Spiel. Auszahlungstabelle

In diesem Spiel ist jede gemischte Strategie von Rudi vollständig charakterisiert durch die Wahrscheinlichkeit p_L. Entsprechend ist jede Strategie von H durch die Wahrscheinlichkeit p_r komplett beschrieben. Wie schon in Abschnitt 6.3 deutlich wurde, ist H's beste Antwort leicht festzustellen: H spielt optimalerweise l, also $p_r = 0$, wenn Rudi seltener als $p_L^\star$ Strategie L spielt. H spielt am besten r, also $p_r = 1$, wenn Rudi häufiger als $p_L^\star$ Strategie L spielt. Spielt Rudi L genau mit $p_L^\star$, so ist H indifferent zwischen r und l sowie allen gemischten Strategien, also $p_r = [0, 1]$. (Dies war genau die Definition von $p_L^\star$.) Die Korrespondenz $R_H(p_L)$, die Rudis beste Antworten auf alle möglichen Strategien von H angibt, d.h. die jeweils optimalen Werte von p_r darstellt, lautet

$$p_r^\star = R_H(p_L) = \begin{cases} \{0\} & \text{für } p_L < p_L^\star = \frac{5}{12}, \\ [0, 1] & \text{für } p_L = p_L^\star = \frac{5}{12}, \\ \{1\} & \text{für } p_L > p_L^\star = \frac{5}{12}. \end{cases}$$

Entsprechend ergibt sich die Reaktionskurve von Rudi, $R_R(p_r)$ als Sammlung der besten Antworten auf jede beliebige gemischte Strategie von H:

$$p_L^\star = R_R(p_r) = \begin{cases} \{1\} & \text{für } p_r < p_r^\star = \frac{1}{2}, \\ [0, 1] & \text{für } p_r = p_r^\star = \frac{1}{2}, \\ \{0\} & \text{für } p_r > p_r^\star = \frac{1}{2}. \end{cases}$$

Beide Reaktionskurven sind in Abb. 7.1 abgebildet.

Die Überlagerung beider Reaktionskurven in Abb. 7.2 zeigt, dass das Nash–Gleichgewicht wieder dort liegt, wo sich die Reaktionskurven schneiden.

Chicken. Reaktionskurven für gemischte Spiele lassen sich natürlich nicht nur für Konstantsummenspiele herleiten. Dies soll am Beispiel des Chicken–Games (Abschnitte 3.6.2 und 6.4.2) gezeigt werden. Die Auszahlungstabelle ist in Tabelle 7.4 nochmals aufgeführt.

Um beispielsweise die Reaktionskurve für Tom herzuleiten, ist es notwendig, die erwarteten Auszahlungen von Toms reinen Strategien in Abhängigkeit von Joes Geradeausfahr–Wahrscheinlichkeit p_J zu ermitteln. Die erwarteten Auszahlungen sind $E[\pi_T(D)]$ für die reine Strategie D, also $p_T = 1$, und $E[\pi_T(C)]$ für die reine Strategie C, d.h. $p_T = 0$:

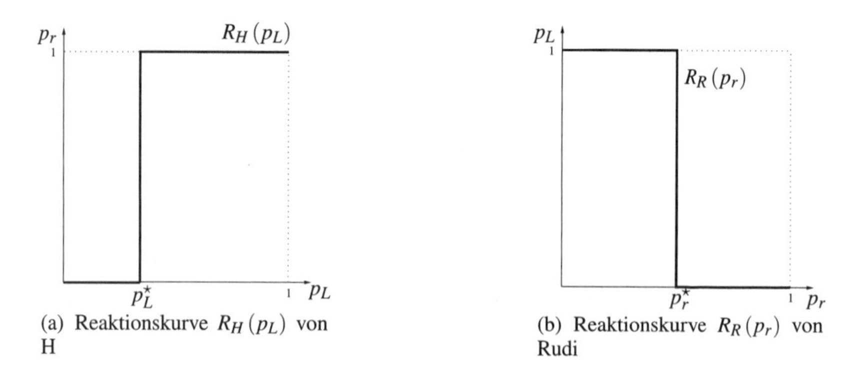

(a) Reaktionskurve $R_H(p_L)$ von H

(b) Reaktionskurve $R_R(p_r)$ von Rudi

Abbildung 7.1: Reaktionskurven im Rudi–Kargus–Spiel

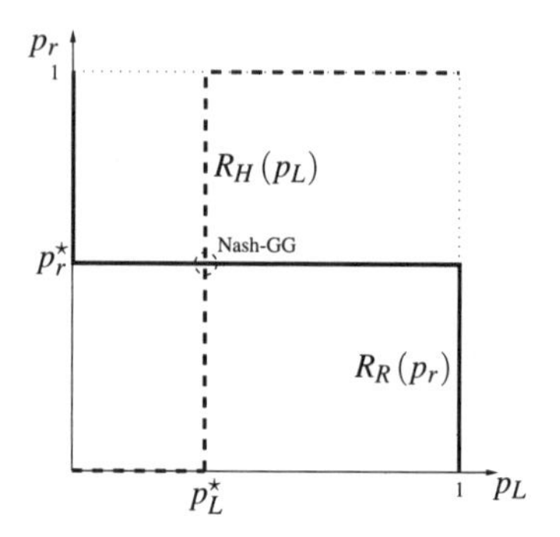

Abbildung 7.2: Reaktionskurven im Rudi–Kargus–Spiel im gemeinsamen Diagramm. Nash–Gleichgewicht

$$E[\pi_T(D)] = 3 - 3p_J,$$
$$E[\pi_T(C)] = 2 - p_J.$$

Das Verhältnis zwischen den beiden erwarteten Auszahlungen bestimmt die beste Antwort von Tom auf jede Strategie Joes:

$$\begin{aligned} & E[\pi_T(D)] \gtreqless E[\pi_T(C)] \\ \Leftrightarrow \quad & 3 - 3p_J \gtreqless 2 - p_J \\ \Leftrightarrow \quad & p_J \lesseqgtr \frac{1}{2}. \end{aligned}$$

Daraus ergibt sich die folgende Korrespondenz $R_T(p_J)$:

		Joe	
		D (p_J)	C
Tom	D (p_T)	0, 0	3, 1
	C	1, 3	2, 2

Tabelle 7.4: Chicken–Game. Auszahlungen

$$p_T^\star = R_T\left(p_J\right) = \begin{cases} 1 & \text{für } p_J < \frac{1}{2}, \\ [0,\,1] & \text{für } p_J = \frac{1}{2}, \\ 0 & \text{für } p_J > \frac{1}{2}. \end{cases}$$

Da es sich um ein symmetrisches Spiel handelt, ergibt sich für Joe die analoge Korrespondenz

$$p_J^\star = R_J\left(p_R\right) = \begin{cases} 1 & \text{für } p_R < \frac{1}{2}, \\ [0,\,1] & \text{für } p_R = \frac{1}{2}, \\ 0 & \text{für } p_R > \frac{1}{2}. \end{cases}$$

Beide Korrespondenzen sind in Abb. 7.3 dargestellt.

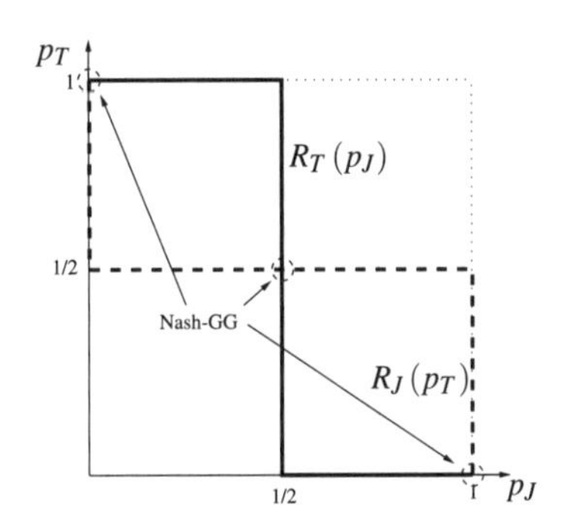

Abbildung 7.3: Reaktionskurven im Chicken–Game. Nash–Gleichgewichte

Auch hier ist zu erkennen, dass die Nash–Gleichgewichte in den Schnittpunkten der Kurven liegen. Im Chicken–Game gibt es drei Nash–Gleichgewichte, die alle in der Abbildung 7.3 zu erkennen sind.

7.2 Kontinuierliche Strategien

Zwei Spieler, A und B, treffen einen magischen Eimer, mit dem sich ein ertragreiches Spiel spielen lässt: Jeder Spieler wirft, unbeobachtet vom jeweils anderen, eine bestimmte Menge Geld (b_A für A, b_B für B) in den Eimer. Überschreitet die in den Eimer versenkte Gesamtsumme beider Spieler einen bestimmten Mindestbetrag T, gilt also $b_A + b_B \geq T$, wird dem Eimer übel, und er muss sich entleeren. Hierbei zeigt sich das magische Charakteristikum des Eimers: Er gibt nicht etwa einfach die hineingeworfene Geldsumme von sich, sondern er entleert sich mehrmals, jeweils einmal vor jedem einzelnen Spieler. Hierbei „legt“ der Eimer jedem Spieler genau die Summe T zu Füßen.[3] Reicht allerdings die in den Eimer geworfene Gesamtsumme nicht aus, um den Eimer überlaufen zu lassen (also bei $b_A + b_B < T$), ist das Geld verloren („im Eimer“). Zusätzlich soll angenommen werden, dass keiner der beiden Spieler reich genug ist, um allein den Eimer zum Überlaufen zu bringen. Die entsprechende Annahme lautet $b_A, b_B \leq b^{max} < T$. Die (Netto–) Auszahlung eines Spielers ist also gleich dem Betrag, der aus dem Eimer kommt (oder eben nicht), also T oder 0, abzüglich der Summe, die der Spieler in den Eimer geworfen hat, also b_A bzw. b_B.

Zunächst soll ein konkretes Beispiel betrachtet werden, bei dem der kritische Eimer–Überlauf–Betrag $T = 6$ beträgt und die Spieler jeweils $b^{\max} = 5$ zur Verfügung haben. Es sei nur erlaubt, „ganze“ Beträge zu werfen. Diese Beträge stellen natürlich die Strategien der Spieler dar. Im Beispiel lauten damit die Strategiemengen beider Spieler $\{0, 1, \ldots, 5\}$. Für diesen Fall stellt Tab. 7.5 die Auszahlungmatrix und gleichzeitig die Normalform dar.

		Spieler B					
		0	1	2	3	4	5
	0	0, 0	0, -1	0, -2	0, -3	0, -4	0, -5
	1	-1, 0	-1, -1	-1, -2	-1, -3	-1, -4	5, 1
Spieler A	2	-2, 0	-2, -1	-2, -2	-2, -3	4, 2	4, 1
	3	-3, 0	-3, -1	-3, -2	3, 3	3, 2	3, 1
	4	-4, 0	-4, -1	2, 4	2, 3	2, 2	2, 1
	5	-5, 0	1, 5	1, 4	1, 3	1, 2	1, 1

Tabelle 7.5: Eimer–Spiel. Normalform

Es lässt sich leicht feststellen, dass die Nash–Gleichgewichte des Spiels genau dort liegen, wo sich die geworfenen Beträge der Spieler genau zu T addieren: $b_A + b_B = T$. Außerdem besitzt das Spiel ein Nash–Gleichgewicht, in dem keiner der Spieler einen positiven Betrag wirft. Alle Gleichgewichte mit positiven Beträgen sind gegenüber dem Null–Gleichgewicht Pareto–dominant, können aber untereinander nicht nach dem Pareto–Kriterium geordnet werden.

[3] Es handelt sich bei dem Spiel um ein (verkleidetes) Modell eines diskreten öffentlichen Gutes. Das öffentliche Gut ist im Beispiel das Ereignis der Umkehrung der Eimer–Peristaltik.

Das dargestellte Spiel ist dadurch unnötig stark eingeschränkt, dass den Spielern nur das Werfen ganzer Beträge gestattet ist. Deshalb soll im nächsten Schritt der Abstand zwischen den zulässigen Beträgen (und damit zwischen den individuellen Strategien) verringert werden. Lässt man diesen Abstand beispielsweise auf 0.5 schrumpfen, vergrößern sich die Strategiemengen zu $\{0, 0.5, 1, \ldots, 5\}$. Hierdurch wiederum wird die Normalform des Spiels wesentlich größer, wie Tab. 7.6 zeigt.

Die Vergrößerung der Strategiemengen verändert allerdings nichts an der grundsätzlichen Struktur des Spiels. Insbesondere die Tatsache, dass zwei Arten von Nash–Gleichgewichten existieren und das Null–Gleichgewicht allen anderen Gleichgewichten Pareto–unterlegen ist, bleibt unverändert.

Der Prozess der Verkleinerung des Abstands zwischen zwei benachbarten Strategien kann nun beliebig weitergeführt werden bis schließlich der Abstand zwischen Strategien beinahe gleich Null ist (also: gegen Null geht). In diesem Fall, dem Fall dass die Abstände zwischen benachbarten Strategien verschwinden, spricht man von *kontinuierlichen Strategien*. Bei kontinuierlichen Strategien sind die Strategieräume unendlich groß. Das Eimer–Beispiel zeigt jedoch, dass dies nicht bedeuten muss, dass die Strategieräume unbeschränkt sind. Es kann durchaus eine kleinste und/oder eine größte Strategie geben.

Im Fall kontinuierlicher Strategien (also: unendlich großer Strategieräume) lässt sich in endlicher Zeit keine Normalform des Spiels mehr erstellen. Die Analyse solcher Spiele muss deshalb zwangsläufig ein anderes Mittel nutzen: das der Reaktionsfunktionen.

Um Reaktionsfunktionen für das Eimer–Spiel zu ermitteln, ist es nützlich, zunächst die Auszahlungen an die Spieler in Form einer *Auszahlungsfunktion* zu notieren. Die Auszahlungsfunktion soll dabei in allgemeiner Form notiert werden, d.h. in einer Form, die gleichermaßen für Spieler A wie für Spieler B gilt. In dieser Form steht der Index i jeweils für einen der Spieler A oder B, der Index $-i$ jeweils für den anderen, also für B, falls i Spieler A bezeichnet, vice versa. Die Auszahlungen lassen sich wie folgt beschreiben: Reicht die Summe der einzelnen Beträge nicht aus, um den Eimer zum Überlaufen zu bringen, verliert jeder Spieler seinen Betrag b_i. Wird der Überlauf–Betrag T allerdings gemeinsam erreicht oder überschritten, erhält jeder Spieler i den Überlauf–Betrag T abzüglich seines Einwurf–Betrags b_i. Die Auszahlungsfunktion lautet also

$$\pi_i = \begin{cases} -b_i & \text{falls} \quad b_i + b_{-i} < T \\ T - b_i & \text{falls} \quad b_i + b_{-i} \geq T \end{cases} .$$

Aus der Auszahlungsfunktion lässt sich leicht die Reaktionsfunktion herleiten. Allerdings reicht auch ein Blick auf die Normalformen 7.5 oder 7.6, um die beste Antwort von Spieler i auf die Strategie seines Gegners herzuleiten. Ist es, gegeben den Betrag des Gegners b_{-i}, möglich, durch den eigenen

		B										
		0	0.5	1	1.5	2	2.5	3	3.5	4	4.5	5
A	0	0, 0	0, -0.5	0, -1	0, -1.5	0, -2	0, -2.5	0, -3	0, -3.5	0, -4	0, -4.5	0, -5
	0.5	-0.5, 0	-0.5, -0.5	-0.5, -1	-0.5, -1.5	-0.5, -2	-0.5, -2.5	-0.5, -3	-0.5, -3.5	-0.5, -4	-0.5, -4.5	-0.5, -5
	1	-1, 0	-1, -0.5	-1, -1	-1, -1.5	-1, -2	-1, -2.5	-1, -3	-1, -3.5	-1, -4	-1, -4.5	5, 1
	1.5	-1.5, 0	-1.5, -0.5	-1.5, -1	-1.5, -1.5	-1.5, -2	-1.5, -2.5	-1.5, -3	-1.5, -3.5	-1.5, -4	4.5, 1.5	4.5, 1
	2	-2, 0	-2, -0.5	-2, -1	-2, -1.5	-2, -2	-2, -2.5	-2, -3	-2, -3.5	4, 2	4, 1.5	4, 1
	2.5	-2.5, 0	-2.5, -0.5	-2.5, -1	-2.5, -1.5	-2.5, -2	-2.5, -2.5	-2.5, -3	3.5, 2.5	3.5, 2	3.5, 1.5	3.5, 1
	3	-3, 0	-3, -0.5	-3, -1	-3, -1.5	-3, -2	-3, -2.5	3, 3	3, 2.5	3, 2	3, 1.5	3, 1
	3.5	-3.5, 0	-3.5, -0.5	-3.5, -1	-3.5, -1.5	-3.5, -2	2.5, 3.5	2.5, 3	2.5, 2.5	2.5, 2	2.5, 1.5	2.5, 1
	4	-4, 0	-4, -0.5	-4, -1	-4, -1.5	2, 4	2, 3.5	2, 3	2, 2.5	2, 2	2, 1.5	2, 1
	4.5	-4.5, 0	-4.5, -0.5	-4.5, -1	1.5, 4.5	1.4, 4	1.5, 3.5	1.5, 3	1.5, 2.5	1.5, 2	1.5, 1.5	1.5, 1
	5	-5, 0	-5, -0.5	1, 5	1, 4.5	1, 4	1, 3.5	1, 3	1, 2.5	1, 2	1, 1.5	1, 1

Tabelle 7.6: Eimer–Spiel, größere Strategiemengen. Normalform

Einwurfbetrag insgesamt T zu erreichen, so sollte Spieler i genau den noch notwendigen Betrag $T - b_{-i}$ einwerfen. Ist dagegen der Betrag des Gegners so klein, dass Spieler i durch seinen Betrag die Grenze T nicht mehr erreichen kann, sollte er nicht beitragen. Die beste Antwort $b_i^\star$ des Spielers i und damit seine Reaktionsfunktion lautet also

$$b_i^\star = R_i(b_{-i}) = \begin{cases} 0 & \text{falls} \quad T - b_{-i} > b^{max} \\ T - b_{-i} & \text{falls} \quad T - b_{-i} \leq b^{max} \end{cases}$$

Diese Reaktionsfunktion ist in Abb. 7.4 dargestellt.

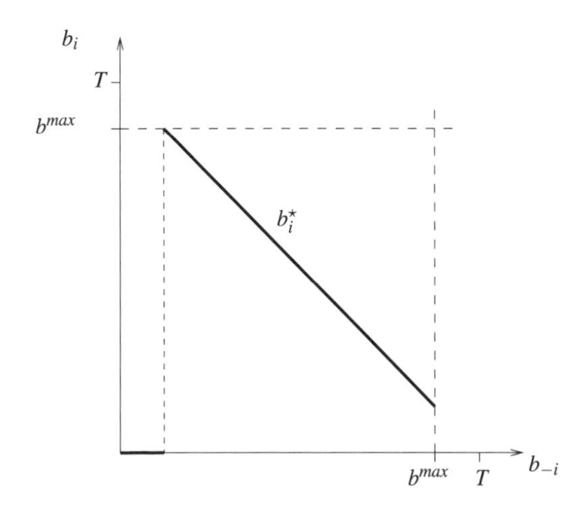

Abbildung 7.4: Reaktionsfunktion im Eimer–Spiel

Zeichnet man die Reaktionsfunktionen beider Spieler in ein gemeinsames Diagramm (Abb. 7.5), lässt sich erkennen, dass es sehr viele (genau: unendlich viele) „Schnittpunkte“ dieser Funktionen gibt, denn die Funktionen laufen über einen großen Abschnitt übereinander. Alle Punkte auf diesem Abschnitt der beiden Funktionen sind Nash–Gleichgewichte. Außerdem existiert ein Nash–Gleichgewicht im Ursprung. Alle diese Gleichgewichte entsprechen natürlich den Gleichgewichten, die schon im Eimer–Spiel in nicht–kontinuierlichen (also: diskreten) Strategien gefunden wurden.

7.3 Das Oligopol–Modell nach Cournot

Der klassische Anwendungsfall kontinuierlicher Strategien ist die Oligopoltheorie. Insbesondere das Oligopol–Modell nach Cournot ist „klassischer“ als die Spieltheorie selbst, wurde es doch lange vor der „offiziellen“ Begründung der Spieltheorie entwickelt.

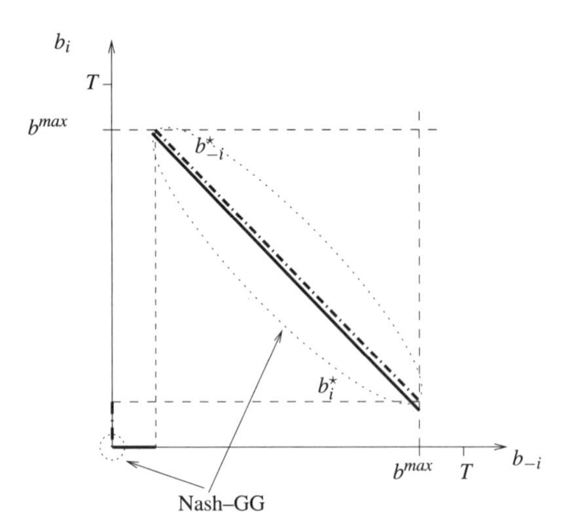

Abbildung 7.5: Reaktionsfunktionen im Eimer–Spiel. Gemeinsame Darstellung. Nash–Gleichgewichte

In Oligopol–Modell geht es allgemein darum, dass verschiedene Firmen eine beste Angebotsmenge oder einen besten Angebotspreis auswählen, um hierdurch Ihren Profit zu maximieren. Hier stellen also die Mengen oder Preise die Strategien der Spieler, d.h. der Firmen. Beide Arten von Strategien, sowohl Mengen als auch Preise, sind in kontinuierlicher Ausprägung denkbar, aber dennoch nach unten (durch die „Null“) beschränkt. Zumeist wird auch eine Beschränkung der Strategiemenge nach oben angenommen, etwa durch eine Kapazitätsbeschränkung hinsichtlich der produzierbaren Mengen oder durch den Reservationspreis der Nachfrager.

Das hier vorgestellte Cournot–Modell ist ein Oligopol–Modell des Angebots: Einer nicht näher erläuterten Nachfrageseite stehen auf einem Markt eine endliche Anzahl von Firmen gegenüber, die über ihre optimale Angebotsmenge entscheiden müssen.

7.3.1 Ein Duopol–Modell

Darstellung. Betrachtet werden soll zunächst das Cournot–Modell mit $n = 2$ Anbietern, also ein Duopol–Modell. Beide Firmen sind bestrebt, ihren Profit zu maximieren. Dabei berücksichtigt jede Firma, dass auch die andere ihre gewinnmaximale Menge ermitteln wird. So stellt sich beispielsweise für Firma 1 das Problem, *gegeben die Menge von Firma 2* die eigene beste Menge zu bestimmen. Dieses Problem ist das übliche Nash–Problem, eine beste Antwort auf die gegebene Strategie des Gegners zu finden. Die Strategie jeder Firma i $(i \in \{1,2\})$ ist identisch mit ihrer Produktionsmenge y_i, die annahmegemäß im Intervall $0 \leq y_i \leq M$ liegen soll.

Die aggregierte Nachfrage x nach dem Gut, das die Duopolisten produzieren, sei gegeben durch

$$x = M - p\,. \tag{7.1}$$

M sei ein positiver Parameter, p der Preis des Gutes.[4]

Die Produktionskosten fallen ohne Fixkosten an. Die Stückkosten sind c_i für Firma i, d.h. die Firmen produzieren mit unterschiedlichen Stückkosten. Die Kostenfunktion lautet damit

$$C_i(y_i) = c_i y_i\,. \tag{7.2}$$

Auf dem betrachteten Markt gibt es zwei Anbieter. Im Marktgleichgewicht gilt somit

$$\sum_{i=1}^{2} y_i \overset{GG}{=} x = M - p\,. \tag{7.3}$$

Entsprechend lautet der Gleichgewichtspreis

$$p = M - y_i - y_{-i}\,, \tag{7.4}$$

wobei das Subskript $-i$ die Firma bezeichnet, die *nicht* Firma i ist, im Duopolfall also die einzige andere Firma auf dem Markt.

Der Profit der Firma i ergibt sich zu

$$\pi_i = p y_i - c_i y_i\,. \tag{7.5}$$

Zu beachten ist die Tatsache, dass der Preis, der in (7.5) den Profit der Firma i mitbestimmt, selbst über die Gleichgewichtsbedingung (7.4) durch die Menge y_{-i} der anderen Firma mitbestimmt wird.[5] Damit hängt der Gewinn jeder Firma indirekt auch von der Menge der anderen Firma ab:

$$\pi_i = (M - y_i - y_{-i})\, y_i - c_i y_i\,. \tag{7.6}$$

Hieran ist besonders gut zu erkennen, dass es sich beim Cournot–Modell tatsächlich um ein „Spiel" im Sinne der Spieltheorie handelt: Das Ergebnis der Produktionsmengenentscheidung einer Firma wird durch die Entscheidung der anderen Firma beeinflusst.

Es ist deshalb für jeden Spieler i nötig, eine Korrespondenz zu finden, die auf jede Strategie des Gegners $-i$ die eigenen besten Antworten abbildet.

[4] Das M in der Nachfragefunktion ist dasselbe, das auch die maximale Kapazität jeder Firma angibt (s.o). Hierdurch ist gesichert, dass jede Firma allein den Markt selbst dann komplett versorgen kann, wenn der Preis gleich Null und damit die Nachfrage maximal ist.

[5] Allgemein bezeichnet nun das Subskript $-i$ den Gegner der Firma i.

Um die Reaktionskorrespondenz zu ermitteln, wählt Firma i ihre Menge y_i so, dass der Profit (7.6) maximal wird:

$$\max_{y_i}(M - c_i - y_{-i})\,y_i - y_i^2\,. \tag{7.7}$$

Aus (7.7) ergibt sich

$$\begin{aligned} \frac{\partial \pi_i}{\partial y_i} &= M - c_i - y_{-i} - 2y_i \stackrel{!}{=} 0 && (7.8)\\ \Leftrightarrow \quad y_i^\star &= \frac{1}{2}(M - c_i - y_{-i})\,. && (7.9) \end{aligned}$$

Gleichung (7.9) gibt die Reaktionskorrespondenz (Hier handelt es sich sogar um eine echte Reaktions*funktion*!) jedes der beiden Spieler. Ausformuliert für Firma i im Duopol–Fall lautet (7.9)

$$R_i(y_{-i}) = y_i^\star = \frac{1}{2}(M - y_{-i} - c_i)\,. \tag{7.10}$$

Für Firma $-i$ gilt entsprechend

$$R_{-i}(y_i) = y_{-i}^\star = \frac{1}{2}(M - y_i - c_{-i})\,. \tag{7.11}$$

Das Nash–Gleichgewicht als Punkt wechselseitig bester Antworten liegt dort, wo gleichzeitig sowohl (7.10) als auch (7.11) gelten, also bei

$$y_i^\star = R_i\left(y_{-i}^\star\right) \quad \text{und} \quad y_{-i}^\star = R_{-i}(y_i^\star)\,. \tag{7.12}$$

Um das Gleichgewicht analytisch zu ermitteln, lässt sich beispielsweise (7.11) in (7.10) einsetzen und nach $y_i^\star$ auflösen:

$$\begin{aligned} y_i^\star &= \frac{1}{2}(M - c_i) - \frac{1}{4}(M - c_{-i}) + \frac{1}{4}y_i^\star && (7.13)\\ &= \frac{1}{3}M - \frac{2}{3}c_i + \frac{1}{3}c_{-i}\,. && (7.14) \end{aligned}$$

Das Resultat aus (7.14) kann zurück in (7.11) eingesetzt werden, um für $y_{-i}^\star$ zu lösen:

$$\begin{aligned} y_{-i}^\star &= \frac{1}{2}(M - c_{-i} - y_i^\star) && (7.15)\\ &= \frac{1}{3}M + \frac{1}{3}c_i - \frac{2}{3}c_{-i}\,. && (7.16) \end{aligned}$$

Häufig wird das Cournot–Duopol–Spiel als ein symmetrisches Spiel vorgestellt. Hierzu wird dann angenommen, die Produktionstechnologieen und damit die Kostenfunktionen beider Firmen seien identisch. Im hier betrachteten Fall bedeutet dies, dass

$$c_i = c_{-i} = c\,. \tag{7.17}$$

Diese Annahme macht die Analyse des Spiels deutlich einfacher, schränkt allerdings die Aussagekraft des Modells etwas ein. Im weiteren soll nur noch das symmetrische Spiel weiter untersucht werden.

Unter der Symmetrieannahme (7.17) muss im Nash–Gleichgewicht gelten, dass die besten Antworten beider (aller) Beteiligten identisch sind, d.h. $y_i^\star = y_{-i}^\star = y^\star$. Hierdurch lässt sich die gleichgewichtige Nash–Strategie jedes Spielers bestimmen zu

$$y^\star = \frac{1}{2}(M - y^\star - c) \tag{7.18}$$

$$= \frac{1}{3}(M - c)\,. \tag{7.19}$$

Der individuelle Profit jeder Firma (7.5) ergibt sich im Beispiel zu

$$\pi_i = \pi_{-i} = \frac{1}{9}(M - c)^2\,, \tag{7.20}$$

wodurch sich der gesamtwirtschaftliche Profit zu

$$\Pi = \pi_i + \pi_{-i} = \frac{2}{9}(M - c)^2 \tag{7.21}$$

ergibt.

Die Reaktionskurven sind in Abb. 7.6 dargestellt. Das Nash–Gleichgewicht liegt wie üblich im Schnittpunkt der Kurven.

Stabilität des Gleichgewichts.

Graphische Herleitung. Es lässt sich leicht zeigen, dass im Fall des Cournotschen Duopols sich das symmetrische Nash–Gleichgewicht auch dann — quasi „von selbst"— einstellt, wenn die beiden beteiligten Firmen kein *common knowledge* besitzen. Stattdessen sei angenommen, die Firmen würden ihrer jeweiligen Mengenplanung eine extrem kurzsichtige und naive Erwartungsbildungsregel zugrundelegen. Betrachtet wird ein dynamisiertes Modell, wobei die Entwicklung der Angebotsmengen der beiden Firmen über die Zeit verfolgt werden soll. Jede Firma nimmt an, der Gegner werde in der aktuellen Periode dieselbe Menge anbieten wie in der Periode zuvor. Dies bedeutet, dass die aktuelle Angebotsmenge jeder Firma, y_i^t, die beste Antwort auf die Angebotsmenge des Gegners aus der vergangenen Periode, y_{-i}^{t-1}, ist:

$$y_i^t = R_i\left(y_{-i}^{t-1}\right) = \frac{1}{2}\left(M - c - y_{-i}^{t-1}\right) \tag{7.22}$$

$$y_{-i}^t = R_{-i}\left(y_i^{t-1}\right) = \frac{1}{2}\left(M - c - y_i^{t-1}\right) \tag{7.23}$$

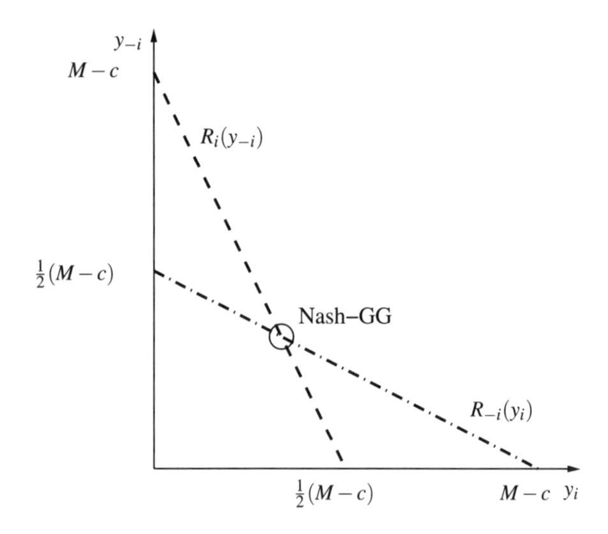

Abbildung 7.6: Reaktionskurven im Cournot–Duopol im gemeinsamen Diagramm

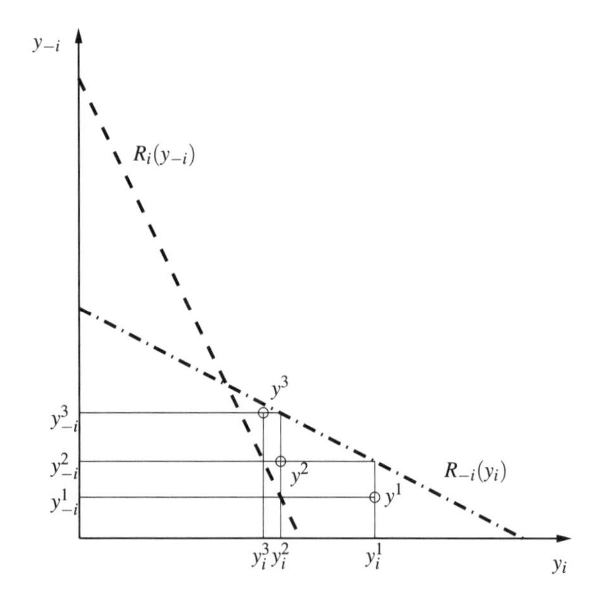

Abbildung 7.7: Cournot–Modell. Anpassungsdynamik zum Cournot–Nash–Gleichgewicht

Die entstehende Dynamik wird häufig als Dynamik bei kurzsichtiger bester Antwort (myopic best response dynamic) bezeichnet. Ausführliche Erläuterungen zu dieser Art der Dynamik finden sich in Abschnitt 9.1 dieses Buches.

Abbildung 7.7 illustriert die entstehende Dynamik: Ausgehend von den Angebotsmengen in Periode 1, y_i^1 und y_{-i}^1, also Punkt y^1, passen die Firmen ihre Mengen an, wodurch sie in Punkt y^2 übergehen: Firma i hat in Periode 1 beobachtet, dass der Gegner y_{-i}^1 spielt. Deshalb spielt Firma $-i$ in Periode 2 seine beste Antwort auf diese Menge: y_i^2. Diese beste Antwort lässt sich in Abbildung 7.7 dadurch finden, dass man ausgehend von der Menge y_{-i}^1 parallel zur Abszisse nach rechts geht, bis man auf die Reaktionskurve von Firma i, $R_i(y_{-i})$ trifft. Von hier aus lotet man abwärts zur Abszisse. Hier ist die beste Antwort von Firma i gefunden. Entsprechend lässt sich die Menge finden, die Firma $-i$ in Periode 2 produziert: Ausgehend von y_i^1 geht man parallel zur Ordinate aufwärts, bis man auf die Reaktionsfunktion $R_{-i}(y_i)$ trifft. Von hier aus geht es waagerecht zur Ordinate, wo sich die Menge y_{-i}^2 findet. Die Kombination aus y_i^2 und y_{-i}^2 kennzeichnet den Punkt y^2, der die Mengenkombination angibt, die in Periode 2 gespielt wird. Von Punkt y^2 führt dieselbe Dynamik zu y^3 u.s.w. Insgesamt lässt sich feststellen, dass unabhängig vom Startpunkt durch diese sehr einfache Dynamik das symmetrische Cournot–Nash Gleichgewicht immer erreicht und dann beibehalten wird.

Ein analytischer Stabilitätsnachweis. Das oben gesagte lässt sich für die betrachtete Dynamik auch analytisch bestätigen. Ausgehend von den dynamischen Reaktionsfunktionen (7.22) und (7.23) lässt sich feststellen, dass die Wahl der Firma i in Periode t letztendlich von ihrer Mengenwahl in der Vor–Vorperiode $t-2$ abhängt:

$$\begin{aligned} y_i^t &= \frac{1}{2}\left(M - c - y_{-i}^{t-1}\right); \\ y_{-i}^{t-1} &= \frac{1}{2}\left(M - c - y_i^{t-2}\right), \end{aligned}$$

also

$$\begin{aligned} y_i^t &= \frac{1}{2}\left(M - c - \left[\frac{1}{2}\left(M - c - y_i^{t-2}\right)\right]\right), \\ &= \frac{1}{4}(M - c) + \frac{1}{4} y_i^{t-2}. \end{aligned}$$

Um zwei Perioden verlagert lässt sich also schreiben

$$y_i^{t+2} - \frac{1}{4} y_i^t = \frac{1}{4}(M - c). \tag{7.24}$$

Gleichung (7.24) zeigt, dass sich die Anpassungsdynamik als inhomogene lineare Differenzengleichung zweiter Ordnung schreiben lässt. Diese Art von Gleichungen lässt sich relativ leicht, quasi nach Kochrezept[6], auf ihre Stabilitätseigenschaften untersuchen:

Die partikuläre Lösung der Gleichung (7.24) ist stationär:[7]

$$y^p = \frac{1}{3}(M-c)\,. \tag{7.25}$$

Das charakteristische Polynom lautet

$$\lambda^2 - \frac{1}{4} = 0\,. \tag{7.26}$$

Die Nullstellen des Polynoms sind also $\lambda_{1/2} = \pm\frac{1}{2}$, womit sich die komplementäre Lösung zu

$$y^c = y^t = A_i\left(\frac{1}{2}\right)^t + A_{-i}\left(-\frac{1}{2}\right)^t \tag{7.27}$$

ergibt. A_i und A_{-i} sind unbestimmte Konstante, die für die weitere Untersuchung ohne Bedeutung sind.

Damit lautet die allgemeine Lösung von (7.24)

$$y^t = A_i\left(\frac{1}{2}\right)^t + A_{-i}\left(-\frac{1}{2}\right)^t + \frac{1}{3}(M-c)\,. \tag{7.28}$$

Da die Nullstellen des charakteristischen Polynoms betragsmäßig kleiner als Eins sind, konvergiert (7.28) für $t \longrightarrow \infty$ zur stationären Lösung. Diese ist aber gerade so groß wie die Angebotmenge im Nash–Gleichgewicht:

$$\lim_{t\longrightarrow\infty} y^t = \frac{1}{3}(M-c) = y^p = y^\star\,. \tag{7.29}$$

Hiermit ist also gezeigt, dass unter dem Regime der kurzsichtigen Bestantwort–Dynamik das Cournot–Nash Gleichgewicht erreicht wird.

Skaleneffekte. Cournot–Nash–Gleichgewichte sind nicht grundsätzlich stabil. In einem Cournot–Modell mit sinkenden Grenzkosten, also zunehmenden Skalenerträgen, herrscht eine andere Dynamik als im eingangs untersuchten Fall.

Um dies zu illustrieren, sei angenommen, die Firmen besäßen die Kostenfunktion

$$C(y_i) = \frac{1}{2}c\,y_i - \frac{3}{4}y_i^2\,.$$

[6] Ein in dieser Hinsicht sehr empfehlenswertes „Kochbuch“ ist Chiang (1984).

[7] Zur Vereinfachung wird ab dieser Stelle das Subskript i weggelassen.

Zudem soll die gleichgewichtige Nachfrage nicht die Form aus (7.4) besitzen, sondern gegeben sein als

$$P = \frac{1}{2}M - y_i - y_{-i}\,.$$

Ansonsten bleiben alle übrigen Annahmen des Modells erhalten.

In diesem Fall ändern sich die Reaktionsfunktionen zu

$$R_i\,(y_{-i}) = M - c - 2y_{-i}\,.$$

$R_i(y_{-i})$ und $R_{-i}(y_i)$ reichen in dieser Form aber noch nicht aus, um die kompletten Reaktionskurven zu charakterisieren. Zusätzlich muss bedacht werden, dass es die beste Antwort jeder Firma ist, auf eine gegnerische Menge von mehr als $\frac{1}{2}\,(M-c)$ selbst mit einer Menge von Null zu reagieren, d.h.

$$R_i\,(y_{-i}) = \begin{cases} M - c - 2y_{-i} & \text{für} \quad y_{-i} < \frac{1}{2}(M-c)\,, \\ 0 & \text{für} \quad y_{-i} \geq \frac{1}{2}(M-c)\,. \end{cases}$$

Die entsprechenden Reaktionskurven sind in Abb. 7.8(a) dargestellt. Es ist nun zu erkennen, dass das Modell insgesamt drei Nash–Gleichgewichte besitzt. Neben dem bekannten symmetrischen Cournot–Nash–Gleichgewicht existieren zwei asymmetrische Nash–Gleichgewichte, in denen eine Firma den kompletten Markt bedient, während die andere Firma nichts produziert.[8]

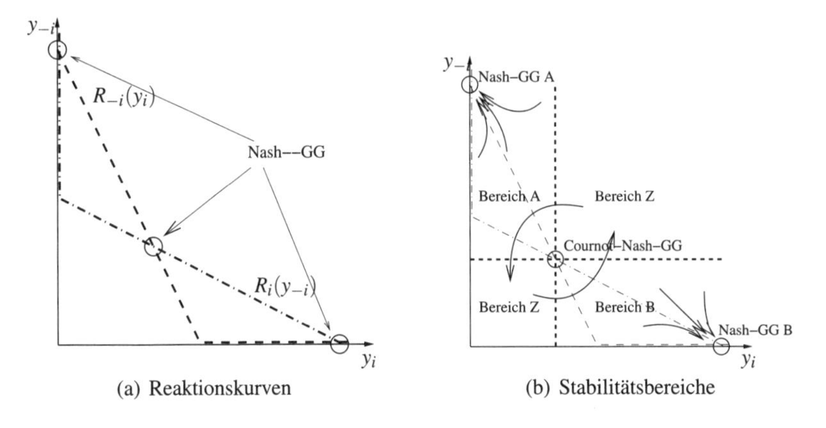

(a) Reaktionskurven (b) Stabilitätsbereiche

Abbildung 7.8: Cournot–Modell mit Skaleneffekten

[8] Die beiden asymmetrischen Nash–Gleichgewichte existieren auch im „normalen" Cournot–Modell. Dort sind sie jedoch instabil.

Wie oben lässt sich nun auch für den Fall der sinkenden Grenzkosten die Stabilität der Gleichgewichte untersuchen. Hierbei ergibt sich, dass die Stabilitätseigenschaften von den Startbedingungen abhängen, wie in Abb. 7.8(b) dargestellt. Liegt die Kombination der ersten Produktionsmengen im Bereich A, konvergiert das System zum asymmetrischen Nash–Gleichgewicht A. Es ist zu erkennen, dass im Bereich A Firma $-i$ mehr produziert als Firma i. Beim Start aus Bereich B erfolgt eine Konvergenz ins asymmetrische Gleichgewicht B. Beim Start aus Bereich Z kommt es zu andauerndem zyklischen Verhalten, bei dem die Firmen in einer Periode jeweils eine Menge von Null und in der nächsten Periode jeweils eine Menge von $M-c$ produzieren. Das symmetrische Cournot–Nash–Gleichgewicht ist nur dann stabil, wenn das System direkt aus ihm startet. Dieses Gleichgewicht ist damit nicht asymptotisch stabil.

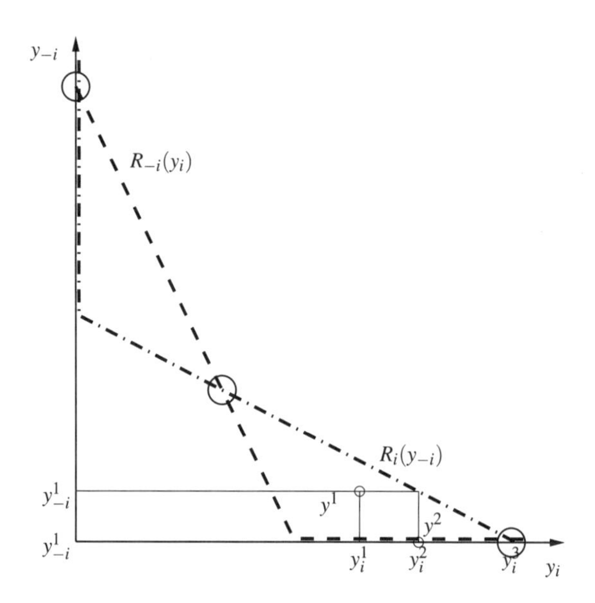

Abbildung 7.9: Cournot–Modell mit Skaleneffekten. Anpassungsdynamik zum asymmetrischen Nash–Gleichgewicht

Das Resultat besagt, dass im Fall steigender Skalenerträge nur die asymmetrischen Gleichgewichte stabil sind. Dies entspricht der üblichen Theorie natürlicher Monopole, derzufolge im Fall steigender Skalenerträge ein einziger Anbieter, der natürliche Monopolist, den gesamten Markt bedient. Im hier dargestellten Modell lässt sich aber noch mehr sagen: Startet das System aus dem Bereich A, produziert also in der historisch ersten Periode der Modellwirtschaft Firma $-i$ die größere Menge, so wird diese Firma auch

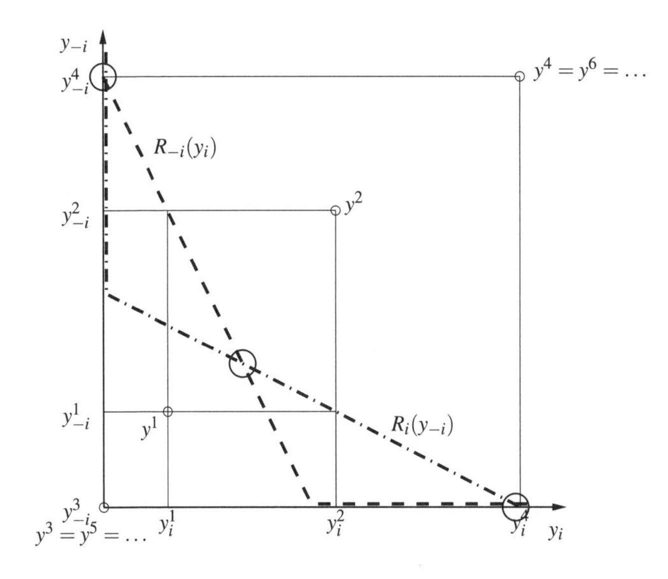

Abbildung 7.10: Cournot–Modell mit Skaleneffekten. Zyklische Dynamik um das Cournot–Nash–Gleichgewicht

zum Monopolisten, denn das System bewegt sich ins Nash–Gleichgewicht A. Produziert dagegen in der historisch ersten Periode Firma i mehr als Firma $-i$, so ist es Firma i, die zum natürlichen Monopolisten wird.

Kollusion. Anstatt gegeneinander anzukämpfen, könnten die beiden Firmen im Oligopolmarkt miteinander kooperieren. Sie könnten beispielsweise durch Absprachen miteinander so agieren, als seien sie gemeinsam eine einzige Firma, und sich somit wie ein Monopolist verhalten: Sie könnten ein Kartell bilden.

Zur weiteren Analyse sollen nun wieder die eingangs benutzte Kostenfunktion (7.2) und die gleichgewichtige Nachfrage (7.4) unterstellt werden. Annahmegemäß sollen sich die Firmen auf eine gemeinsame Produktionsmenge $Y = y_i + y_{-i}$ einigen und versuchen, den gemeinsamen Profit $\Pi = \pi_i + \pi_{-i}$ zu maximieren. Es folgt also

$$\Pi = pY - cY\,. \tag{7.30}$$

Das maximaler Profit ergibt sich als

$$\frac{\partial \Pi}{\partial Y} = (M-c) - 2Y \stackrel{!}{=} 0 \tag{7.31}$$

$$\Rightarrow \quad Y^\star = \frac{1}{2}(M-c)\,. \tag{7.32}$$

Der (gesamtwirtschaftliche) Profit beträgt

$$\Pi = Y^{\star}\left(p^{GG} - c\right) = \frac{1}{4}(M-c)^2\,, \tag{7.33}$$

und ist damit höher als der gesamtwirtschaftliche Profit (7.21) des „normalen“ Cournot–Duopols.

Die zu produzierende Menge und den entstehenden Profit können die beiden Firmen nun untereinander aufteilen. Dabei ist jede Aufteilung denkbar, bei der jede der beiden Firmen mindestens einen Betrag von $\pi_{min} = \frac{1}{9}(M-c)^2$ erhält, also mindestens einen Betrag in Höhe seines „normalen“ Duopol–Gewinns.[9] An dieser Stelle soll als Beispiel angenommen werden, die Firmen teilten die Produktion und den Gewinn halbe–halbe. Dies bedeutet, dass jede Firma die Menge

$$y_K^{\star} = \frac{1}{2}Y^{\star} = \frac{1}{4}(M-c)$$

produziert und jeweils einen Profit von

$$\pi_K = \frac{\Pi}{2} = \frac{1}{8}(M-c)^2$$

erhält.

Dieser individuelle Kollusions–Profit ist höher als der übliche individuelle Profit im Cournot–Duopol, $\pi = \frac{1}{9}(M-c)^2$. Zusammenarbeit (Kartellbildung) lohnt sich also.

Der beschriebene Kollusions–Zustand ist allerdings nicht stabil. Für den Fall, dass sich die beiden Firmen Produktionsmenge und Profite hälftig aufteilen, würde, wie gezeigt, eine Kooperation im Kartell zu einem individuellen Gewinn von $\pi_K = \frac{1}{8}(M-c)^2$ führen. Produziert jedoch beispielsweise Firma i der Kartellvereinbarung mit Firma $-i$ gemäß die Kollusionsmenge $y_K^{\star}$, lohnt es sich für Firma 2, die gemeinsame Vereinbarung zu brechen: Die beste Antwort von Firma 2 auf die Menge $y_K^{\star}$ ergibt sich schließlich aus der Reaktionsfunktion (7.11)! Setzt man in diese Gleichung für y_i den Wert $y_K^{\star} = \frac{1}{4}(M-c)$, ergibt sich als beste Antwort die Menge

$$y_D^{\star} = R_{-i}(y_K^{\star}) = \frac{3}{8}(M-c)\,. \tag{7.34}$$

Firma $-i$ würde also mehr als die Hälfte der vorher vereinbarten Gesamtmenge produzieren. Damit würde Firma $-i$ einen höheren Gewinn erzielen, nämlich $\pi_{DC} = \frac{9}{64}(M-c)^2$, während der Gewinn von Firma i, $\pi_{CD} = \frac{3}{32}(M-c)^2$ durch das Verhalten von Firma $-i$ noch unter das Kollusions–Niveau gesenkt wird.

[9] Wie genau die Aufteilung aussehen wird, hängt u.a. von der *Verhandlungsmacht* der Firmen ab. Es wird eine *Verhandlung* stattfinden. Mehr hierzu in Abschnitt 10.

Einseitiges Brechen der Kartellvereinbarung lohnt sich also. Kollusion ist instabil.

Das oben gesagte lässt sich als eigenes Spiel in simultanen Zügen zusammenfassen. Es sei angenommen, beide Firmen hätten jeweils die Strategien „Kooperation“ (C) und „Defektion“ (D) zur Verfügung. Dabei steht Kooperation für die Produktion der Kollusionsmenge $y_K^\star$, Defektion für das Brechen einer Kartellabsprache und damit für die Produktion der besten Antwort auf $y_K^\star$, also $y_D^\star$. Für das Spiel lässt sich leicht die Normalform erstellen, in der die entsprechenden Profite als Auszahlungen notiert sind. Die Normalform ist in Tab. 7.7 dargestellt.

		Firma $-i$	
		C	D
Firma i	C	$\frac{1}{8}(M-c)^2,\ \frac{1}{8}(M-c)^2$	$\frac{3}{32}(M-c)^2,\ \frac{9}{64}(M-c)^2$
	D	$\frac{9}{64}(M-c)^2,\ \frac{3}{32}(M-c)^2$	$\frac{1}{9}(M-c)^2,\ \frac{1}{9}(M-c)^2$

Tabelle 7.7: Kollusion im Cournot–Duopol als Gefangenendilemma

Die Analyse des Spiels fällt wegen der Unübersichtlichkeit der Auszahlungen etwas schwer. Da beim gegebenen Spiel nur die *Rangfolge* der verschiedenen Auszahlungen eine Rolle spielt, kann das Spiel aus Tab. 7.7 in der vereinfachten Tabelle 7.8 dargestellt werden. Diese Tabelle enthält bei den Auszahlungen den gemeinsamen Term $(M-c)^2$ nicht mehr. Zudem sind die Faktoren (etwa $\frac{9}{64}$) in reeller Schreibweise dargestellt.

		Firma $-i$	
		C	D
Firma i	C	0.125, 0.125	0.09375, 0.14065
	D	0.14065, 0.09375	$0.\overline{1}, 0.\overline{1}$

Tabelle 7.8: Kollusion im Cournot–Duopol als Gefangenendilemma, einfachere Darstellung

Aus der Normalform in Tab. 7.8 ist zu erkennen, dass es sich bei dem Spiel strukturell um ein Gefangenendilemma handelt: Für jeden Spieler existiert eine streng dominante Strategie, die darin besteht, eine etwaige Kartellabsprache zu brechen, also zu defektieren. Zwar ist der Zustand der beidseitigen Kooperation, also Kollusion dem Dominanzgleichgewicht Pareto–überlegen, dieser Zustand kann aber nicht entstehen.

Kollusion kann allerdings dennoch stabil sein, falls das beschriebene Spiel unbestimmt oft wiederholt wird, wie sich in Abschnitt 8.3 zeigen wird.

Komplementäre und substitutive Güter. Mindestens ebenso realistisch wie der Fall zweier Firmen, die dasselbe Gut herstellen, ist der Fall zweier Firmen, die verschiedene Güter produzieren, die allerdings (zumindest in den Augen der Nachfrager) miteinander zu tun haben.

Es soll der Fall betrachtet werden, in dem jede der beiden Firmen $i \in \{1, 2\}$ mit einer Güternachfrage, und damit mit einem Gleichgewichtspreis p_i konfrontiert wird, dessen Höhe sowohl vom eigenen Angebot, y_i, als auch vom Angebot der anderen Firma, y_{-i} abhängt. Die inverse Nachfrage sei gegeben durch

$$p_i = M_i - a_i y_i - b y_2 \,, \tag{7.35}$$

$$p_i = M_{-i} - a_{-i} y_{-i} - b y_1 \,. \tag{7.36}$$

Für das Gut jeder Firma existiert also eine eigene Nachfragefunktion. Die Märkte für beide Güter sind aber über die Nachfragekurven verbunden. Die Kreuzpreiseffekte, die in den inversen Nachfragefunktionen durch den Faktor b zum Ausdruck kommen, sind symmetrisch. Aus den inversen Nachfragefunktionen (7.35) und (7.36) lassen sich direkte Nachfragefunktionen gewinnen. Sie lauten

$$y_i = \frac{a_{-i} M_i - b M_{-i}}{a_i a_{-i} - b^2} - \frac{a_{-i}}{a_i a_{-i} - b^2} p_i + \frac{b}{a_i a_{-i} - b^2} p_{-i} \tag{7.37}$$

$$y_{-i} = \frac{a_i M_{-i} - b M_i}{a_i a_{-i} - b^2} - \frac{a_i}{a_i a_{-i} - b^2} p_{-i} + \frac{b}{a_i a_{-i} - b^2} p_i \tag{7.38}$$

Komplemente oder Substitute. Für den Fall, dass $M_i = M_{-i} (= M)$ und $a_i = a_{-i} = b$, sind die Güter perfekte Substitute. Die inverse Nachfragefunktion für das Gut der ersten Firma wird zu

$$\begin{aligned} p_i &= M - b y_i - b y_{-i} \\ &= M - b(y_i + y_{-i}) \end{aligned}$$

und ist identisch zur inversen Nachfrage für das Gut der zweiten Firma in diesem Fall.

Das Verhältnis der Güter zueinander lässt sich allgemein durch die Ableitungen der direkten Nachfragefunktionen nach den Kreuzpreisen bestimmen. Da die Kreuzpreiseffekte (per Konstruktion) symmetrisch sind, genügt es, eine der Nachfragefunktionen abzuleiten, beispielsweise die für das erste Gut:

$$\frac{d y_i}{d p_{-i}} = \frac{b}{a_i a_{-i} - b^2} \,. \tag{7.39}$$

Für die Frage, ob es sich um Substitute oder komplementäre Güter handelt, ist das Vorzeichen des Ausdrucks (7.39) wichtig. Die Analyse der Vorzeichen des Ausdrucks ist jedoch komplex, so dass sich kaum allgemeine

Aussagen treffen lassen. Sicher ist folgender Zusammenhang: Ist der Kreuzpreiseffekt (7.39) positiv, sind die Güter zueinander substitutiv, ist der Effekt negativ, handelt es sich um komplementäre Güter.

Nash–Gleichgewicht. Die Kostenfunktion $C(y_i)$ sei wieder für beide Firmen gleich und so gestaltet, dass die Grenzkosten jeder Firma gleich c sind.

Damit ergibt sich der Profit von Firma i zu

$$\pi_i = p_i y_i - C(y_i) = (M - a_i y_i - b y_{-i})\, y_i - C(y_i)\,.$$

Maximieren des Profits über die eigene Produktionsmenge führt zur optimalen Menge y_i in Abhängigkeit von der Menge y_{-i}, also zur Reaktionsfunktion

$$R_i(y_{-i}) = y_i^\star = \frac{1}{2a_i}\,(M_i - c) - \frac{b}{2a_i} y_{-i}\,. \tag{7.40}$$

Das Nash–Gleichgewicht ergibt sich im Schnittpunkt der Reaktionsfunktionen, d.h. bei

$$y_i^\star = \frac{2a_{-i}\,(M_i - c) - b\,(M_{-i} - c)}{4a_i a_{-i} - b^2}\,. \tag{7.41}$$

Bei diesem Modell ist allerdings Vorsicht geboten: Es sind Fälle denkbar, in denen kein Gleichgewicht existiert!

Für bestimmte Parameterbereiche, etwa für $b < 0$, haben die Reaktionskurven (7.40) positive Steigung (vgl. Abb. 7.11). Ein zulässiges Gleichgewicht, also ein Schnittpunkt der Reaktionskurven im positiven Bereich („im ersten Quadranten“) existiert nur dann, wenn die Steigungen der Reaktionsfunktionen kleiner als Eins sind, wie dies in Abb. 7.11(a) dargestellt ist.

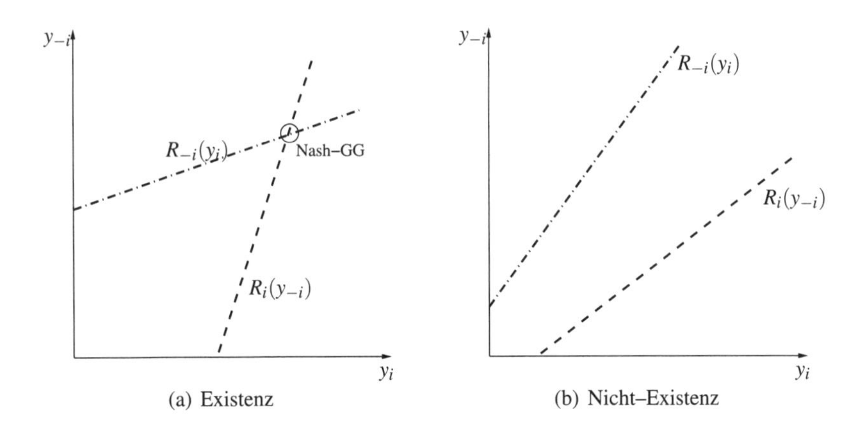

Abbildung 7.11: Cournot–Modell für komplementäre Güter. Existenz eines Gleichgewichts

Die Steigung der Reaktionskurve beträgt

$$\frac{dR_i(y_{-i})}{dy_{-i}} = -\frac{b}{2a_i}\,.$$

Der Parameter a_i ist in jedem Fall positiv, b ist negativ. Die Existenzbedingung für ein Gleichgewicht lautet daher

$$\begin{aligned} \frac{dR_i(y_{-i})}{dy_{-i}} &\overset{!}{<} 1 \\ \Leftrightarrow \quad b &> -2a_i\,. \end{aligned}$$

Die Stabilitätseigenschaften eines solchen Gleichgewichts lassen sich beispielsweise mit Hilfe der graphischen Technik analysieren, die schon für das „normale" Cournot–Duopol verwendet wurde (vgl. S. 117 ff.). Es ergibt sich, dass ein Gleichgewicht, falls es existiert, auch stabil ist.

7.3.2 Das allgemeine Cournot–Modell

Darstellung. Das Cournot–Modell lässt sich natürlich auch wesentlich allgemeiner formulieren. Dies soll an dieser Stelle geschehen. Ab nun ist daher nicht mehr von nur zwei, sondern von n vielen Firmen die Rede, die auf der Suche nach der optimalen Produktionsmenge sind.

Das gesamtwirtschaftliche Angebot Y ergibt sich als Summe der n individuellen Angebotsmengen

$$Y = \sum_{i=1}^{n} y_i = Y_{-i} + y_i\,, \tag{7.42}$$

wobei Y_{-i} das Gesamtangebot aller Firmen außer Firma i angibt.

Vom Gleichgewichtspreis sei lediglich bekannt, dass er von der Gleichgewichtsmenge Y abhängig ist, wobei jede Firma durch die Höhe ihres individuellen Angebots i einen Einfluss auf den Preis hat:

$$p = p(Y) \quad \text{mit} \quad \frac{\partial p(Y)}{\partial y_i} \neq 0 \forall i\,. \tag{7.43}$$

Auch die Kosten sollen nur allgemein gegeben sein, wobei allerdings Symmetrie der Firmen angenommen wird:

$$C = C(y_i) \quad \text{mit} \quad \frac{\partial C}{\partial y_i} > 0\,. \tag{7.44}$$

Jede Firma maximiert ihren Profit π_i

$$\max_{y_i} \pi_i = \max_{y_i} p(Y)\, y_i - C(y_i)\,. \tag{7.45}$$

Als Bedingung erster Ordnung ergibt sich der etwas unübersichtliche Ausdruck

$$\frac{\partial \pi_i}{\partial y_i} = \frac{\partial p(Y)}{\partial y_i} y_i + p(Y) - \frac{\partial C(y_i)}{\partial y_i} \stackrel{!}{=} 0\,. \tag{7.46}$$

Gleichung (7.46) lässt sich umstellen zu

$$p(Y) = \frac{\partial C(y_i^\star)}{\partial y_i^\star} - \frac{\partial p(Y)}{\partial y_i^\star} y_i^\star\,. \tag{7.47}$$

Diese Gleichung gibt *implizit* die Reaktionsfunktion für Firma i.[10]

Der bisher beschriebene sehr allgemeine Fall soll nun dadurch konkretisiert werden, dass eine explizite Funktion für die aggregierte Nachfrage sowie eine explizite Kostenfunktion für alle Firmen angenommen wird.

Die aggregierte Nachfrage sei die aus (7.1):

$$x = M - p\,.$$

Damit resultiert der Gleichgewichtspreis als

$$p = M - Y = M - Y_{-i} - y_i\,. \tag{7.48}$$

Es folgt

$$\frac{\partial p(Y)}{\partial y_i} = -1\,, \tag{7.49}$$

wodurch sich zeigt, dass die Bedingung aus (7.43) erfüllt ist.

Die Kosten seien die aus (7.2) unter Annahme von Symmetrie:

$$C(y_i) = c\,y_i\,.$$

Es gilt

$$\frac{\partial C(y_i)}{\partial y_i} = c\,. \tag{7.50}$$

Also ist die Bedingung positiver Grenzkosten aus (7.44) eingehalten.

Damit lässt sich die implizite Reaktionsfunktion (7.47) konkretisieren und schließlich explizit schreiben:

$$p(Y) = \frac{\partial C(y_i^\star)}{\partial y_i^\star} - \frac{\partial p(Y)}{\partial y_i^\star} y_i^\star \tag{7.51}$$

$$\Leftrightarrow \quad M - Y_{-i} - y_i^\star = c + y_i^\star \tag{7.52}$$

$$\Leftrightarrow \quad y_i^\star = \frac{1}{2}(M - c - Y_{-i})\,. \tag{7.53}$$

[10] Es ist interessant zu bemerken, dass die Gewinnmaximierungregel für Anbieter auf Konkurrenzmärkten ein Spezialfall von (7.47) ist. Auf diesen Märkten hat jeder Anbieter annahmegemäß nur *atomistischen Einfluss* auf den Gleichgewichtspreis, d.h. es gilt $\frac{\partial p(Y)}{\partial y_i} = 0$. Hieraus folgt für Konkurrenzanbieter die bekannte „Preis = Grenzkosten"–Regel: $p(Y) = \frac{\partial C(y_i^\star)}{\partial y_i^\star}$.

Gleichung (7.53) gibt die Reaktionsfunktion von Firma i auf die Mengenentscheidungen *aller anderen* Firmen.

Um nun die optimale Menge zu ermitteln, wird wieder die Symmetrieannahme getroffen: Es wird angenommen, alle Firmen seien hinsichtlich ihrer Produktionstechnik gleich, so dass alle Firmen die gleiche optimale Mengenentscheidung treffen würden: $y_i^\star = y_j^\star = y^\star \; \forall \; i, j$. Im Symmetriefall gilt also $Y^\star = ny^\star$, womit sich (7.52) schreiben lässt als

$$M - ny^\star = c + y^\star \,. \tag{7.54}$$

Dies lässt sich schließlich umformen zur optimalen Menge

$$y^\star = \frac{1}{n+1}(M-c)\,. \tag{7.55}$$

Hieraus lassen sich weitere wichtige Größen ermitteln: Das gesamtwirtschaftliche Angebot beträgt

$$Y^\star = ny^\star = \frac{n}{n+1}(M-c)\,. \tag{7.56}$$

Der Gleichgewichtspreis ist:

$$p = M - Y^\star = \frac{1}{n+1}M + \frac{n}{n+1}c\,. \tag{7.57}$$

Der individuelle Profit beträgt

$$\pi^\star = py^\star - C(y^\star) \tag{7.58}$$

$$= \left(\frac{M-c}{n+1}\right)^2 . \tag{7.59}$$

Der gesamtwirtschaftliche Profit folgt als

$$\Pi^\star = n\pi^\star = n\left(\frac{M-c}{n+1}\right)^2 . \tag{7.60}$$

Das Cournot–Modell als umfassendes Marktformenmodell. Genau genommen ist das Cournot–Modell nicht nur ein Oligopolmodell, sondern ein allgemeines Modell, das alle Marktformen umfasst. Definitionsgemäß unterscheiden sich die verschiedenen Marktformen nur durch die Anzahl der Marktteilnehmer. Diese Anzahl, n, ist im Cournot–Modell eine freie Variable. Es zeigt sich, dass durch Einsetzen der entsprechenden Werte für n in die Gleichungen der allgemeinen Form des Cournot–Modells die Ergebnisse resultieren, die aus der Theorie des Monopols ($n = 1$), des Duopols ($n = 2$), des allgemeinen Oligopols ($1 < n < \infty$) und der Konkurrenz ($n \to \infty$) bekannt sind. Tabelle 7.9 stellt diese Ergebnisse zusammen.

Marktform	Anz. Teiln.	ind. opt. Angebot	aggr. Angebot	GG–Preis	ind. Profit	gesamtw. Profit
allgemein	n	$y^{\star} = \frac{1}{n+1}\,(M-c)$ (7.55)	$Y = \frac{n}{n+1}\,(M-c)$ (7.56)	$p^{GG} = \frac{1}{n+1}\,M + \frac{n}{n+1}\,c$ (7.57)	$\pi^{\star} = \left(\frac{M-c}{n+1}\right)^2$ (7.59)	$\Pi = \frac{n}{(n+1)^2}\,(M-c)^2$ (7.60)
Monopol	1	$\frac{1}{2}(M-c)$	$\frac{1}{2}(M-c)$	$\frac{1}{2}M + \frac{1}{2}c$	$\frac{1}{4}(M-c)^2$	$\frac{1}{4}(M-c)^2$
Duopol	2	$\frac{1}{3}(M-c)$	$\frac{2}{3}(M-c)$	$\frac{1}{3}M + \frac{2}{3}c$	$\frac{1}{9}(M-c)^2$	$\frac{2}{9}(M-c)^2$
Oligopol	$1 < n < \infty$	$\frac{1}{n+1}\,(M-c)$	$\frac{n}{n+1}\,(M-c)$	$\frac{1}{n+1}\,M + \frac{n}{n+1}\,c$	$\left(\frac{M-c}{n+1}\right)^2$	$\frac{n}{(n+1)^2}\,(M-c)^2$
Polypol	$n \to \infty$	0	$M-c$	c	0	0

Tabelle 7.9: Marktfcrmen im Cournot–Modell

7.4 Das Oligopol-Modell nach Stackelberg

Das Oligopol–Modell nach Stackelberg ist im Gegensatz zum Cournot–Modell ein sequentielles Spiel. Die beiden Firmen bestimmen nicht gleichzeitig ihre Produktionsmenge, sondern nacheinander. Firma 1 ist der „Führer“, Firma $-i$ muss sich anpassen.

Prinzipiell lässt sich das Spiel, das dem Spiel *Follow the Leader* aus Abschnitt 4 ähnelt, in extensiver Form darstellen. Die Tatsache, dass es sich um ein Spiel mit kontinuierlichen Strategien handelt, lässt aber nur die Darstellung eines Teils der Strategien zu. Eine solche Darstellung findet sich in Abb. 7.12.

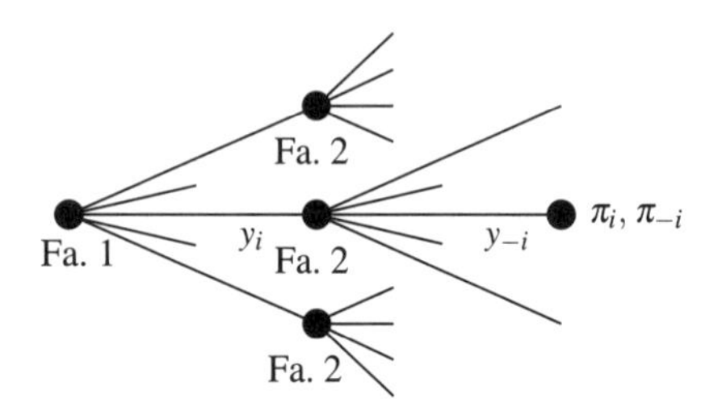

Abbildung 7.12: Stackelberg–Spiel. Extensive Darstellung

Das Ergebnis des Spiels lässt sich wie üblich durch Rückwärtsinduktion ermitteln: Für jede Angebotsmenge y_i von Firma i hat Firma $-i$ eine beste Antwort $y_{-i} = R_{-i}(y_i)$. Diese beste Antwort ist eindeutig und lässt sich leicht ermitteln.

Es sollen weiterhin die Voraussetzungen, insbesondere die Nachfrage– und Kostenfunktionen aus Abschnitt 7.3 gelten. Damit lässt sich die Reaktionsfunktion von Firma $-i$ auf jede denkbare Strategie y_i feststellen, indem man die Profitfunktion durch Wahl der Menge y_{-i} maximiert:

$$y^\star_{-i} = R_{-i}(y_i) = \underset{y_{-i}}{\operatorname{argmax}}\, \pi_{-i} = \underset{y_{-i}}{\operatorname{argmax}}(p-c)y_{-i}\,,$$

wobei $p = M - y_i - y_{-i}$ den Gleichgewichtspreis angibt. Es folgt also

$$R_{-i}(y_i) = \underset{y_{-i}}{\operatorname{argmax}}(M - y_i - y_{-i} - c)\,y_{-i}\,.$$

Ableiten von $(M - y_i - y_{-i} - c)\,y_{-i}$ nach y_{-i} und Nullsetzen ergibt schließlich

$$R_{-i}(y_i) = y^\star_{-i} = \frac{1}{2}(M - y_i - c)\,.$$

Dieses Resultat, die Reaktionsfunktion der zweitziehenden Firma, ist identisch mit der Reaktionsfunktion (7.9) aus dem Cournot–Modell.

Im Sinne der Rückwärtsinduktion bei common knowledge kennt auch Firma 1 diese Reaktionsfunktion von Firma $-i$ und kann nun, diese Reaktion berücksichtigend, seine optimale Menge finden:

$$\begin{aligned}\max_{y_i} \pi_i &= \max_{y_i} \left[M - y_i - R_{-i}(y_i) - c\right] y_i \\ &= \max_{y_i} \left[M - y_i - \frac{1}{2}(M - y_i - c) - c\right] y_i \\ &= \max_{y_i} \frac{1}{2} y_i (M - y_i - c)\,.\end{aligned}$$

Ableiten und Nullsetzen führt zur optimalen Menge von Firma i

$$y_i^\star = \frac{1}{2}(M - c)\,.$$

Entsprechend ergibt sich die beste Menge von Firma $-i$ als

$$y_{-i}^\star = R_{-i}\left(y_i^\star\right) = \frac{1}{4}(M - c)\,.$$

Die insgesamt angebotene Menge ist damit

$$Y = \frac{3}{4}(M - c)\,.$$

Der Gleichgewichtspreis beträgt

$$p^{GG} = \frac{1}{4}M + \frac{3}{4}c\,.$$

Aus den Informationen über die jeweils optimalen Produktionsmengen $y_i^\star$ und $y_{-i}^\star$ und dem Gleichgewichtspreis lassen sich die Profite der Firmen errechnen:

$$\pi_i = \frac{1}{8}\,(M - c)^2\,; \quad \pi_{-i} = \frac{1}{16}\,(M - c)^2\,;$$

Der Profit von Firma i ist doppelt so hoch wie der von Firma $-i$. Es handelt sich also um ein Spiel mit *First Mover's Advantage*.

Interessant ist auch ein Vergleich mit den Resultaten des Cournot–Modells für den Duopol–Fall: Das aggregierte Angebot im Cournot–Duopol, $Y_{\mathrm{CD}} = \frac{2}{3}(M - c)$ ist geringer als im Stackelberg–Duopol. Entsprechend fällt der Gleichgewichtspreis im Cournot–Duopol mit $p_{\mathrm{CD}}^{GG} = \frac{1}{3}M + \frac{2}{3}C$ höher aus als im Stackelberg–Duopol. Der gesamtwirtschaftliche Profit im Cournot–Duopol, $\Pi_{\mathrm{CD}} = \frac{2}{9}(M - c)^2$ ist höher als der im Stackelberg–Duopol, $\Pi_{\mathrm{St}} = \frac{3}{16}(M - c)^2$.

Allein durch den Übergang von einem Spiel mit simultanen Zügen im Fall von Cournot zu einem Spiel mit sequentiellen Zügen im Fall von Stackelberg ändert sich also das Resultat erheblich.

7.5 Das Oligopol–Modell nach Bertrand

7.5.1 Das Grundmodell

Ein weiteres Oligopol–Spiel ist das Bertrand–Modell. Es handelt sich um ein simultanes Spiel. Im Unterschied zum Cournot– und zum Stackelberg–Modell sind hier nicht die Mengen, sondern die Preise die Strategien. Beide Spieler legen simultan fest, zu welchem Preis sie ihr Gut verkaufen wollen.

Die Güter der beiden Firmen seien perfekte Substitute. Daher hängt die Höhe der Nachfrage, die einer Firma entsteht, nur davon ab, welchen Preis sie setzt. Die Firma, die den niedrigeren Preis setzt, zieht die komplette Nachfrage auf ihre Seite, der anderen Firma bleibt keine Nachfrage.

Die gesamte Nachfrage sei wieder durch (7.1) beschrieben:

$$x = M - p\,.$$

Der Erkenntnis folgend, dass immer die Firma von der gesamten Nachfrage betroffen ist, die den niedrigeren Preis setzt, und annehmend, dass sich die Firmen bei gleichen Preisen die Nachfrage gleichmäßig aufteilen, ergibt sich das Angebot y_i von Firma i in Abhängigkeit des eigenen Preises p_i und des Preises p_{-i} von Firma $-i$ zu

$$y_i = \begin{cases} M - p_i & \text{für } p_i < p_{-i} \\ \frac{1}{2}(M - p_i) & \text{für } p_i = p_{-i} \\ 0 & \text{für } p_i > p_{-i} \end{cases}\,. \tag{7.61}$$

Es sei angenommen, es handele sich um ein symmetrisches Spiel unter Gültigkeit der Kostenfunktion $C(y_i) = c\,y_i$. Somit gilt für Firma 2 eine entsprechende Beziehung.

Aus (7.61) lässt sich unter Einbeziehung der Kosten der Profit von Firma i, π_i, ableiten:

$$\pi_i = \begin{cases} (M - p_i)(p_i - c) & \text{für } p_i < p_{-i} \\ \frac{1}{2}(M - p_i)(p_i - c) & \text{für } p_i = p_{-i} \\ 0 & \text{für } p_i > p_{-i} \end{cases}\,. \tag{7.62}$$

Wieder ergibt sich eine analoge Beziehung für Firma $-i$.

Es ist leicht einzusehen, dass in diesem Fall jede Firma bestrebt sein wird, mit ihrem Preis den Preis der anderen Firma zu unterbieten. Es gibt also einen (virtuellen, d.h. nur in den Köpfen der Firmenleitungen ablaufenden) Unterbietungswettbewerb zwischen den Firmen. Erst an dem Punkt, an dem eine weitere Unterbietung zu Verlusten führen würde, endet dieser *Bertrand–Wettbewerb*. Dieser Punkt ist dort erreicht, wo der erzielbare Preis gleich den Grenzkosten wird, also bei

$$p_i = p_{-i} = c\,, \tag{7.63}$$

denn c bezeichnet die für beide Firmen identischen Grenzkosten. Das Resultat (7.63) heißt *Bertrand–Gleichgewicht.* Es ist ein Nash–Gleichgewicht in Preisen. Obwohl es sich beim Bertrand–Modell um ein Oligopol–Modell handelt, ist das Ergebnis identisch mit der Preissetzungsregel „Preis gleich Grenzkosten" des Standard–Mikro–Modells der vollständigen Konkurrenz. Im Bertrand–Spiel sind, wie im Modell der vollständigen Konkurrenz, die Gewinne gleich Null

7.5.2 Variante: Ungleiche Grenzkosten

Wird das Bertrand–Spiel von zwei Firmen gespielt, die mit unterschiedlichen Grenzkosten produzieren, ist das Ergebnis gleichfalls leicht herzuleiten: Die Firma mit den geringeren Grenzkosten wird ihren Preis so lange senken, bis die zweite Firma aus dem Markt ausscheiden muss. Dies ist natürlich genau bei einem Preis erreicht, der nur infinitesimal geringer ist als die Grenzkosten der anderen Firma. Im Grenzübergang lässt sich deshalb sagen, dass im Fall unterschiedlicher Grenzkosten die Firma mit den geringeren Grenzkosten zum Monopolisten wird. Diese Firma wird das entsprechende Gut zu einem Preis verkaufen, der den Grenzkosten der anderen Firma entspricht. In diesem Fall erzielt die aktive Firma positive Gewinne.

7.5.3 Variante: Kapazitätsgrenzen

Eine weitere Variante des Bertrand–Spieles entsteht durch Einführung von Kapazitätsgrenzen. Es sei angenommen, jede der beiden Firmen könne nicht ohne weiteres jede beliebige Menge produzieren. Firma i kann nur bis zu einer Kapazitätsgrenze von K_i, Firma $-i$ nur bis zu K_{-i} viele Güter herstellen. Zusätzlich sei angenommen, dass die gesamte Kapazität $K_i + K_{-i}$ aber in jedem Fall ausreicht, um die Nachfrage komplett zu befriedigen, also dass

$$K_i + K_{-i} \geq M\,.$$

Für Firma i sind nun folgende Situationen denkbar:

1) $p_i < p_{-i}$
   Firma i setzt den niedrigeren Preis und zieht damit (zunächst) die gesamte Nachfrage auf sich. In diesem Fall sind weitere zwei Fälle zu unterscheiden:
   a) $M - p_i \leq K_i$
      Firma i kann die komplette Nachfrage $M - p_i$ befriedigen, die zu ihrem Preis p_i entsteht. In diesem Fall beträgt das Angebot $y_i = M - p_i$.

b) $M - p_i > K_i$
Die Nachfrage zum Preis von Firma i übersteigt deren Kapazitäten. In diesem Fall ist das Angebot so hoch wie die Maximalkapazität, also $y_i = K_i$.

Zusammenfassend lässt sich also feststellen, dass $y_i = \min[K_i, M - p_i]$.

2) $p_i = p_{-i}$
Bei identischen Preisen teilen die Firmen die Nachfrage gleichmäßig auf: $y_i = \frac{1}{2}(M - p_i)$

3) $p_i > p_{-i}$
In diesem Fall zieht zunächst Firma $-i$ die Nachfrage auf sich, Firma i befriedigt etwaige Rest–Nachfrage. Dieser Fall ist natürlich analog zum ersten Fall. Lediglich die Rollen der Firmen sind vertauscht.

a) $M - p_{-i} \leq K_{-i}$
In diesem Fall hat Firma $-i$ bereits alle Nachfrage befriedigt, die zum (im Vergleich zu p_i niedrigeren) Preis p_{-i} vorlag. Es verbleibt keine Nachfrage für Firma i, also folgt $y_i = 0$.

b) $M - p_{-i} > K_{-i}$
In diesem Fall ist nicht die komplette Nachfrage zum Preis p_{-i} befriedigt worden. Falls auch zum höheren Preis p_i noch Nachfrage besteht, kann sie durch Firma i gedeckt werden. Es verbleibt eine Nachfrage in Höhe von $M - K_{-i} - p_i$. Allerdings muss rechentechnisch gewährleistet sein, dass kein Negativangebot entsteht, denn durch die Nachfragefunktion (7.1) ist eine negative Nachfrage nicht ausgeschlossen. Es folgt also $y_i = \max[M - K_{-i} - p_i, 0]$.

Zusammenfassend resultiert also eine abschnittsweise definierte Funktion der besten Strategien von Firma i als Antwort auf den Preis von Firma 2:

$$y_i = \begin{cases} \min[K_i, M - p_i] & \text{für } p_i < p_{-i} & \text{(Fall 1)} \\ \frac{1}{2}(M - p_i) & \text{für } p_i = p_{-i} & \text{(Fall 2)} \\ 0 & \text{für } p_i > p_{-i} \text{ und } M - p_{-i} \leq K_{-i} & \text{(Fall 3a)} \\ \max[M - K_{-i} - p_i, 0] & \text{für } p_i > p_{-i} \text{ und } M - p_{-i} > K_{-i} & \text{(Fall 3b)} \end{cases} . \quad (7.64)$$

Entsprechend (7.64) ergeben sich (für identische Grenzkosten c) die Profite als $\pi_i = y_i(p_i - c)$

$$= \begin{cases} \min[K_i, M - p_i](p_i - c) & \text{für } p_i < p_{-i} & \text{(Fall 1)} \\ \frac{1}{2}(M - p_i)(p_i - c) & \text{für } p_i = p_{-i} & \text{(Fall 2)} \\ 0 & \text{für } p_i > p_{-i}; M - p_{-i} \leq K_{-i} & \text{(Fall 3a)} \\ \max[M - K_{-i} - p_i, 0](p_i - c) & \text{für } p_i > p_{-i}; M - p_{-i} > K_{-i} & \text{(Fall 3b)} \end{cases} . \quad (7.65)$$

Für Firma $-i$ existieren natürlich analoge Funktionen zu (7.64) und (7.65).

Im Fall der Kapazitätsbeschränkung ist das bisherige Bertrand–Gleichgewicht, bei dem beide Firmen einen Preis in Höhe der gemeinsamen Grenzkosten fordern, kein Nash– und damit natürlich auch kein Bertrand–Gleichgewicht mehr. Schlimmer noch: Es lässt sich zeigen, dass im Bertrand–Spiel mit Kapazitätsbeschränkungen kein Nash–Gleichgewicht in reinen Strategien existiert. Dies lässt sich in etwa wie folgt begründen.

Zunächst kann man feststellen, dass eine Situation, in der beide Firmen ihre Preise in Höhe der gemeinsamen Grenzkosten festlegen, kein Gleichgewicht mehr ist. Angenommen, Firma i fordere genau den Grenzkostenpreis, mache also keine Gewinne. Weiterhin sei angenommen, dass die Nachfrage, die in diesem Fall die erste Firma trifft, höher sei als deren Kapazität K_i. In diesem Fall bleibt für Firma $-i$ Nachfrage übrig. Nun wäre es für die zweite Firma vernünftig, ihren Preis höher zu setzten als den von Firma i und damit höher als die Grenzkosten. Hiermit würde sie zwar etwas von der Restnachfrage verlieren. Falls die Preiserhöhung aber nicht zu stark ausfiele, könnte sie mit der Restnachfrage, die die erste Firma nicht befriedigen kann, positive Gewinne erzielen. Der Gewinn der zweiten Firma wäre also positiv und damit höher als der von Firma i. Setzt also eine Firma den Grenzkostenpreis, ist es für die andere Firma *nicht* beste Antwort, dasselbe zu tun. Das Strategieprofil identischer Preise in Höhe der Grenzkosten ist kein Gleichgewicht mehr.

Allerdings finden sich auch sonst keine Kombinationen reiner Strategien, die Gleichgewichte bilden. In der Situation, in der Firma $-i$ Ihren Preis über das Grenzkostenniveau erhöht, ist es die beste Antwort von Firma i, den eigenen Preis ebenfalls etwas zu erhöhen, so weit, dass er gerade etwas niedriger liegt als der der zweiten Firma. Damit würde Firma i den eigenen Gewinn steigern. Auf eine solche Preiserhöhung von Firma i würde aber Firma $-i$ dadurch reagieren, dass sie den neuen Preis der ersten Firma unterbietet, um die Mehrzahl der Nachfrager nun wieder auf die eigene Seite zu ziehen. Dies wäre der Beginn eines Bertrand–Unterbietungswettbewerbs, der zurückführt zum Strategieprofil gemeinsamer Grenzkostenpreise, das aber aus den oben beschriebenen Gründen nicht stabil und damit nicht gleichgewichtig ist.

Es existiert im Bertrand–Spiel mit Kapazitätsbeschränkungen also kein Nash–Gleichgewicht in reinen Strategien. Dieses Ergebnis wird auch *Edgeworth–Paradox* genannt.

7.5.4 Variante: Produktdifferenzierung

Nun soll angenommen werden, die Produkte, die von den beiden Firmen hergestellt werden, seien (zumindest in den Augen der Nachfrager) nicht mehr identisch. Für Volkswirte, und exakter: Die Güter seien Substitute, aber keine perfekten Substitute. Durch diese Annahme entstehen zwei Nachfragefunktionen, eine für Firma i

$$x_i = M_i - 2\,p_i + p_{-i} \tag{7.66}$$

und eine für Firma $-i$:

$$x_{-i} = M_{-i} - 2\,p_{-i} + p_i\,. \tag{7.67}$$

Dabei seien M_i die Sättigungsmengen, p_i die Preise. Interessant an den Funktionen ist die Tatsache, dass die Nachfrage eben nicht nur vom Preis des entsprechenden Gutes abhängt, sondern auch vom Preis des jeweils anderen Gutes. So führt etwa ein Anstieg von p_{-i} nicht nur zu einer geringeren Nachfrage nach dem Gut 2, sondern auch zu einer höheren Nachfrage nach Gut 1, vice versa. Es sollen weiterhin Marktgleichgewichte betrachtet werden, also die Fälle, in denen gilt, dass $x_i = y_i$. Die Grenzkosten der Produktion bei Firma i sollen wieder als c_i bezeichnet werden.

Der Profit von Firma i ergibt sich nun als

$$\pi_i = y_i(p_i - c_i) = (M_i - 2p_i + p_{-i})(p_i - c_i)\,. \tag{7.68}$$

Die Reaktionsfunktion $R_i(p_{-i})$ von Firma i, d.h. die beste Antwort auf jeden gegebenen Preis p_{-i} von Firma $-i$ ergibt sich wie üblich aus der Maximierung des Profits über die Wahl des besten Preises

$$R_i(p_{-i}) \quad = \quad \max_{p_i} \pi_i\,. \tag{7.69}$$

Man erhält

$$R_i(p_{-i}) = \frac{1}{4}(M_i + 2c_i) + \frac{1}{4}p_{-i}\,. \tag{7.70}$$

Die entsprechende Reaktionsfunktion für Firma $-i$ lautet

$$R_{-i}(p_i) = \frac{1}{4}(M_{-i} + 2c_{-i}) + \frac{1}{4}p_i\,. \tag{7.71}$$

Das Nash–Gleichgewicht ist im Schnittpunkt der Reaktionskurven erreicht, also bei

$$p_i^\star = \frac{4}{15}M_i + \frac{8}{15}c_i + \frac{1}{15}M_{-i} + \frac{2}{15}c_{-i}\,, \tag{7.72}$$

$$p_{-i}^\star = \frac{4}{15}M_{-i} + \frac{8}{15}c_{-i} + \frac{1}{15}M_i + \frac{2}{15}c_i\,. \tag{7.73}$$

Im Gegensatz zum Standard–Bertrand–Modell wird hier nicht der Grenzkostenpreis gesetzt. Selbst wenn beide Firmen bezüglich der Sättigungsmengen und Grenzkosten identisch sind, d.h. für

$$c_i = c_{-i} = c \quad \text{und} \quad M_i = M_{-i} = M\,,$$

sind die Gleichgewichtspreise beider Firmen

$$p_i^\star = p_{-i}^\star = \frac{1}{3}M + \frac{2}{3}c$$

und damit höchstens zufällig[11] gleich den Grenzkosten. In der Regel werden die Preise über den Grenzkosten liegen. Dies lässt sich intuitiv dadurch begründen, dass nun, ohne perfekte Substituierbarkeit der Güter, jede Firma ein bisschen Monopolist ist.[12] Durch dieses Bisschen–Monopolist–Sein hat die Firma im Vergleich zum reinen Bertrand–Modell einen größeren Preissetzungsspielraum.

[11] Der genannte Zufall bestände darin, dass die Grenzkosten gleich den Sättigungsmengen sein müssten, also $c = M$.

[12] Ja, ja: ein bisschen Monopolist ist wie ein bisschen schwanger, ein bisschen Frieden, ein bisschen Haushalt oder ein bisschen Spieltheorie, aber trotzdem: Ein bisschen Monopolist ist jede Firma schon ...

8. Wiederholte Spiele

Spielt man dasselbe statische oder sequentielle Spiel mehrmals hintereinander, spricht man von einem wiederholten Spiel (repeated game). Jede „Runde“ des wiederholten Spiels heißt Stufenspiel (stage game). Wird also das einfache Stufenspiel G insgesamt T–mal nacheinander gespielt, so heißt das resultierende Spiel wiederholtes Spiel G^T.

Relativ einfach zu untersuchen sind die Wiederholungen solcher Spiele, die als Stufenspiel ein eindeutiges (und damit dominantes) Gleichgewicht besitzen, denn bei diesen Spielen gibt es zumindest theoretisch keinen Zweifel darüber, was in der einstufigen Version des Spiels gespielt würde. Hat dagegen schon das Stufenspiel mehrere Gleichgewichte, wird die Analyse einer wiederholten Version des Spiels sehr kompliziert.

8.1 Wiederholtes Gefangenendilemma

Als Beispiel soll das Gefangenendilemma (Spiel G, Abschnitt 3.6.1) betrachtet werden. Das Gefangenendilemma hat in seiner Grundversion als Stufenspiel ein eindeutiges Gleichgewicht und ist deshalb ein relativ einfacher Gegenstand der Analyse wiederholter Spiele. Die Auszahlungen des statischen Gefangenendilemmas sind in Tab. 8.1 gegeben. Die extensive Form ist in Abb. 8.1 dargestellt.

		B	
		Gestehen g	Leugnen l
A	Gestehen g	-3, -3	0, -6
	Leugnen l	-6, 0	-1, -1

Tabelle 8.1: Gefangenendilemma G

8.1.1 Zweistufiges Spiel

Nun soll das Gefangenendilemma betrachtet werden, wenn es zweimal hintereinander gespielt wird, also das Spiel G^2. Die Auszahlungen ergeben sich jeweils als Summe der Auszahlung aus dem Spiel der ersten Stufe und der Auszahlung aus dem Spiel der zweiten Stufe. Das zweistufige Gefangenendilemma ist in extensiver Form in Abb. 8.2 dargestellt.

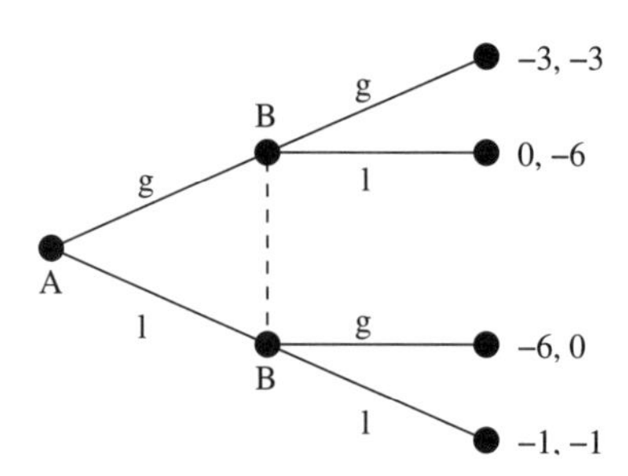

Abbildung 8.1: Gefangenendilemma. Extensive Form. Auszahlungen an (A, B)

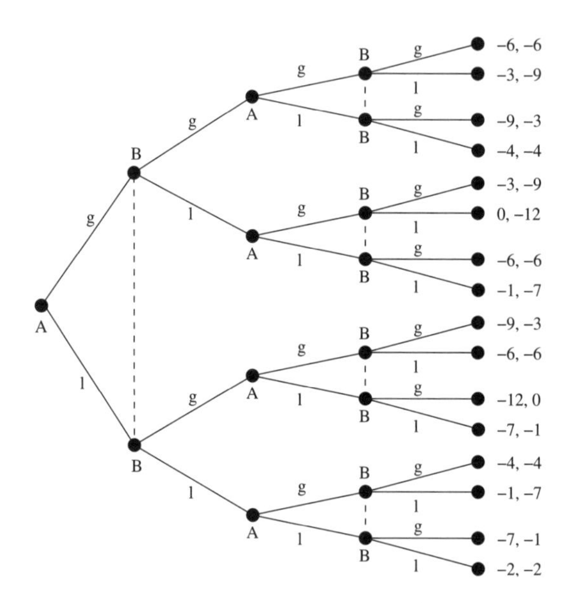

Abbildung 8.2: Zweistufiges Gefangenendilemma G^2. Extensive Form. Auszahlungen an (A, B)

Die Darstellung der Normalform von G^2 ist schon sehr aufwendig: Strategien für A müssen jeweils eine Aktion (von jeweils zwei verfügbaren) pro relevanter Entscheidungssituation spezifizieren. Insgesamt existieren für A fünf relevante Entscheidungssituationen: Die Entscheidung im Wurzelknoten sowie Entscheidungen nach A:g, B:g, nach A:g, B:l, nach A:l, B:g und nach A:l, B:l. Die Aktionsmenge ist jeweils $\{l, g\}$, hat also zwei Elemente. Damit resultieren für A $2^5 = 32$ Strategien im Spiel G^2. Die Strategien sollen so notiert werden, dass der erste Buchstabe die Aktion im Wurzelknoten angibt, die folgenden Buchstaben die Aktionen nach A:g, B:g, nach A:g, B:l, nach A:l, B:g und nach A:l, B:l, also den Baum aus Abb. 8.2 abwärts. Ähnliches gilt für die Strategien für B. Strategien für B müssen jeweils eine Aktion von B pro distinkter Informationsmenge spezifizieren, also insgesamt fünf Aktionen. Damit gibt es auch für B 32 verschiedene Strategien. Die Notation für B geschieht analog zum Muster für A.

Die strategische Form wird angesichts der vielen Strategien etwas unhandlich, wie die Darstellung in den Tabellen 8.2 und 8.3 zeigt. Zwar lässt sich die strategische Form leicht reduzieren, um dies zu können, muss man sie aber erst einmal erstellt haben. Das jedoch ist kein Kindergeburtstag!

Glücklicherweise gibt es andere Wege, Stufenspiele mit endlich vielen Stufen zu analysieren. Und diese anderen Wege sind doch etwas weniger umfangreich. Man bedient sich einfach wieder der Rückwärtsanalyse: In der letzten, d.h. der zweiten Stufe ist sicher, dass beide Spieler „gestehen“ werden. Dies ist im einstufigen Spiel die dominante Verhaltensweise. Etwaige Vergeltungsaktionen des Gegenspielers in der Zukunft hat keiner zu erwarten: In der letzten Periode gibt es keine Zukunft. Damit sind die Auszahlungen aus dem zweiten Stufenspiel klar: Jeder Spieler erhält -3. Somit lässt sich die Auszahlungstabelle Tab. 8.1 so modifizieren, dass sie die Auszahlungen beider Perioden enthält (Tab. 8.4), indem man zu den Auszahlungen aus Tab. 8.1 für jedes Aktionsprofil die Auszahlungen $(-3, -3)$ aus der letzten Periode addiert. Es lässt sich leicht erkennen, dass immer noch (g, g) ein dominantes Gleichgewicht ist. Der Grund dafür ist die Tatsache, dass zu *allen* Auszahlungen *dieselbe* Auszahlung, $(-3, -3)$ addiert wird. Hierdurch bleibt das ordinale Verhältnis („die Rangfolge“) der Auszahlungen für jeden Spieler unverändert. Beste Antworten, Nash–Strategien und dominante Strategien werden durch diese Auszahlungstransformation nicht verändert. Im zweistufigen Gefangenendilemma wird also genau wie im einstufigen von beiden Spielern „gestehen“ gespielt.

8.1.2 Endlich oft wiederholtes Spiel

Dieselbe Überlegung wie beim zweistufigen Gefangenendilemma lässt sich für jede endliche Wiederholung des Spiels, also für G^T mit $T < \infty$ anstellen: In der letzten Stufe, in Stufe T wird in jedem Fall (g, g) gespielt. Da dies

A	B	g,gggg	g,gggl	g,gglg	g,ggll	g,glgg	g,glgl	g,gllg	g,glll	g,lggg	g,lggl	g,lglg	g,lgll	g,llgg	g,llgl	g,lllg	g,llll
	g,gggg	-6, -6	-6, -6	-6, -6	-6, -6	-6, -6	-6, -6	-6, -6	-6, -6	-3, -9	-3, -9	-3, -9	-3, -9	-3, -9	-3, -9	-3, -9	-3, -9
	g,gggl	-6, -6	-6, -6	-6, -6	-6, -6	-6, -6	-6, -6	-6, -6	-6, -6	-3, -9	-3, -9	-3, -9	-3, -9	-3, -9	-3, -9	-3, -9	-3, -9
	g,gglg	-6, -6	-6, -6	-6, -6	-6, -6	-6, -6	-6, -6	-6, -6	-6, -6	-3, -9	-3, -9	-3, -9	-3, -9	-3, -9	-3, -9	-3, -9	-3, -9
	g,ggll	-6, -6	-6, -6	-6, -6	-6, -6	-6, -6	-6, -6	-6, -6	-6, -6	-3, -9	-3, -9	-3, -9	-3, -9	-3, -9	-3, -9	-3, -9	-3, -9
	g,glgg	-6, -6	-6, -6	-6, -6	-6, -6	-6, -6	-6, -6	-6, -6	-6, -6	-3, -9	-3, -9	-3, -9	-3, -9	-3, -9	-3, -9	-3, -9	-3, -9
	g,glgl	-6, -6	-6, -6	-6, -6	-6, -6	-6, -6	-6, -6	-6, -6	-6, -6	-3, -9	-3, -9	-3, -9	-3, -9	-3, -9	-3, -9	-3, -9	-3, -9
	g,gllg	-6, -6	-6, -6	-6, -6	-6, -6	-6, -6	-6, -6	-6, -6	-6, -6	-3, -9	-3, -9	-3, -9	-3, -9	-3, -9	-3, -9	-3, -9	-3, -9
	g,glll	-6, -6	-6, -6	-6, -6	-6, -6	-6, -6	-6, -6	-6, -6	-6, -6	-3, -9	-3, -9	-3, -9	-3, -9	-3, -9	-3, -9	-3, -9	-3, -9
	g,lggg	-9, -3	-9, -3	-9, -3	-9, -3	-4, -4	-4, -4	-4, -4	-4, -4	-9, -3	-9, -3	-9, -3	-9, -3	-4, -4	-4, -4	-4, -4	-4, -4
	g,lggl	-9, -3	-9, -3	-9, -3	-9, -3	-4, -4	-4, -4	-4, -4	-4, -4	-9, -3	-9, -3	-9, -3	-9, -3	-4, -4	-4, -4	-4, -4	-4, -4
	g,lglg	-9, -3	-9, -3	-9, -3	-9, -3	-4, -4	-4, -4	-4, -4	-4, -4	-9, -3	-9, -3	-9, -3	-9, -3	-4, -4	-4, -4	-4, -4	-4, -4
	g,lgll	-9, -3	-9, -3	-9, -3	-9, -3	-4, -4	-4, -4	-4, -4	-4, -4	-9, -3	-9, -3	-9, -3	-9, -3	-4, -4	-4, -4	-4, -4	-4, -4
	g,llgg	-9, -3	-9, -3	-9, -3	-9, -3	-4, -4	-4, -4	-4, -4	-4, -4	-9, -3	-9, -3	-9, -3	-9, -3	-4, -4	-4, -4	-4, -4	-4, -4
	g,llgl	-9, -3	-9, -3	-9, -3	-9, -3	-4, -4	-4, -4	-4, -4	-4, -4	-9, -3	-9, -3	-9, -3	-9, -3	-4, -4	-4, -4	-4, -4	-4, -4
	g,lllg	-9, -3	-9, -3	-9, -3	-9, -3	-4, -4	-4, -4	-4, -4	-4, -4	-9, -3	-9, -3	-9, -3	-9, -3	-4, -4	-4, -4	-4, -4	-4, -4
	g,llll	-9, -3	-9, -3	-9, -3	-9, -3	-4, -4	-4, -4	-4, -4	-4, -4	-9, -3	-9, -3	-9, -3	-9, -3	-4, -4	-4, -4	-4, -4	-4, -4
	l,gggg	-9, -3	-9, -3	-6, -6	-6, -6	-9, -3	-9, -3	-6, -6	-6, -6	-9, -3	-9, -3	-6, -6	-6, -6	-9, -3	-9, -3	-6, -6	-6, -6
	l,gggl	-9, -3	-9, -3	-6, -6	-6, -6	-9, -3	-9, -3	-6, -6	-6, -6	-9, -3	-9, -3	-6, -6	-6, -6	-9, -3	-9, -3	-6, -6	-6, -6
	l,gglg	-12, 0	-12, 0	-7, -7	-7, -1	-12, 0	-12, 0	-7, -7	-7, -1	-12, 0	-12, 0	-7, -7	-7, -1	-12, 0	-12, 0	-7, -7	-7, -1
	l,ggll	-12, 0	-12, 0	-7, -7	-7, -1	-12, 0	-12, 0	-7, -7	-7, -1	-12, 0	-12, 0	-7, -7	-7, -1	-12, 0	-12, 0	-7, -7	-7, -1
	l,glgg	-9, -3	-9, -3	-6, -6	-6, -6	-9, -3	-9, -3	-6, -6	-6, -6	-9, -3	-9, -3	-6, -6	-6, -6	-9, -3	-9, -3	-6, -6	-6, -6
	l,glgl	-9, -3	-9, -3	-6, -6	-6, -6	-9, -3	-9, -3	-6, -6	-6, -6	-9, -3	-9, -3	-6, -6	-6, -6	-9, -3	-9, -3	-6, -6	-6, -6
	l,gllg	-12, 0	-12, 0	-7, -7	-7, -1	-12, 0	-12, 0	-7, -7	-7, -1	-12, 0	-12, 0	-7, -7	-7, -1	-12, 0	-12, 0	-7, -7	-7, -1
	l,glll	-12, 0	-12, 0	-7, -7	-7, -1	-12, 0	-12, 0	-7, -7	-7, -1	-12, 0	-12, 0	-7, -7	-7, -1	-12, 0	-12, 0	-7, -7	-7, -1
	l,lggg	-9, -3	-9, -3	-6, -6	-6, -6	-9, -3	-9, -3	-6, -6	-6, -6	-9, -3	-9, -3	-6, -6	-6, -6	-9, -3	-9, -3	-6, -6	-6, -6
	l,lggl	-9, -3	-9, -3	-6, -6	-6, -6	-9, -3	-9, -3	-6, -6	-6, -6	-9, -3	-9, -3	-6, -6	-6, -6	-9, -3	-9, -3	-6, -6	-6, -6
	l,lglg	-12, 0	-12, 0	-7, -7	-7, -1	-12, 0	-12, 0	-7, -7	-7, -1	-12, 0	-12, 0	-7, -7	-7, -1	-12, 0	-12, 0	-7, -7	-7, -1
	l,lgll	-12, 0	-12, 0	-7, -7	-7, -1	-12, 0	-12, 0	-7, -7	-7, -1	-12, 0	-12, 0	-7, -7	-7, -1	-12, 0	-12, 0	-7, -7	-7, -1
	l,llgg	-9, -3	-9, -3	-6, -6	-6, -6	-9, -3	-9, -3	-6, -6	-6, -6	-9, -3	-9, -3	-6, -6	-6, -6	-9, -3	-9, -3	-6, -6	-6, -6
	l,llgl	-9, -3	-9, -3	-6, -6	-6, -6	-9, -3	-9, -3	-6, -6	-6, -6	-9, -3	-9, -3	-6, -6	-6, -6	-9, -3	-9, -3	-6, -6	-6, -6
	l,lllg	-12, 0	-12, 0	-7, -7	-7, -1	-12, 0	-12, 0	-7, -7	-7, -1	-12, 0	-12, 0	-7, -7	-7, -1	-12, 0	-12, 0	-7, -7	-7, -1
	l,llll	-12, 0	-12, 0	-7, -7	-7, -1	-12, 0	-12, 0	-7, -7	-7, -1	-12, 0	-12, 0	-7, -7	-7, -1	-12, 0	-12, 0	-7, -7	-7, -1

Tabelle 8.2: Zweistufiges Gefangenendilemma G^2. Normalform. Erster Teil

	B	l,gggg	l,gggl	l,gglg	l,ggll	l,glgg	l,glgl	l,gllg	l,glll	l,lggg	l,lggl	l,lglg	l,lgll	l,llgg	l,llgl	l,lllg	l,llll
A	g,gggg	-3, -9	-3, -9	-3, -9	-3, -9	0, -12	0, -12	0, -12	0, -12	-3, -9	-3, -9	-3, -9	-3, -9	0, -12	0, -12	0, -12	0, -12
	g,gggl	-3, -9	-3, -9	-3, -9	-3, -9	0, -12	0, -12	0, -12	0, -12	-3, -9	-3, -9	-3, -9	-3, -9	0, -12	0, -12	0, -12	0, -12
	g,gglg	-3, -9	-3, -9	-3, -9	-3, -9	0, -12	0, -12	0, -12	0, -12	-3, -9	-3, -9	-3, -9	-3, -9	0, -12	0, -12	0, -12	0, -12
	g,ggll	-3, -9	-3, -9	-3, -9	-3, -9	0, -12	0, -12	0, -12	0, -12	-3, -9	-3, -9	-3, -9	-3, -9	0, -12	0, -12	0, -12	0, -12
	g,glgg	-6, -6	-6, -6	-6, -6	-6, -6	-1, -7	-1, -7	-1, -7	-1, -7	-6, -6	-6, -6	-6, -6	-6, -6	-1, -7	-1, -7	-1, -7	-1, -7
	g,glgl	-6, -6	-6, -6	-6, -6	-6, -6	-1, -7	-1, -7	-1, -7	-1, -7	-6, -6	-6, -6	-6, -6	-6, -6	-1, -7	-1, -7	-1, -7	-1, -7
	g,gllg	-6, -6	-6, -6	-6, -6	-6, -6	-1, -7	-1, -7	-1, -7	-1, -7	-6, -6	-6, -6	-6, -6	-6, -6	-1, -7	-1, -7	-1, -7	-1, -7
	g,glll	-6, -6	-6, -6	-6, -6	-6, -6	-1, -7	-1, -7	-1, -7	-1, -7	-6, -6	-6, -6	-6, -6	-6, -6	-1, -7	-1, -7	-1, -7	-1, -7
	g,lggg	-3, -9	-3, -9	-3, -9	-3, -9	0, -12	0, -12	0, -12	0, -12	-3, -9	-3, -9	-3, -9	-3, -9	0, -12	0, -12	0, -12	0, -12
	g,lggl	-3, -9	-3, -9	-3, -9	-3, -9	0, -12	0, -12	0, -12	0, -12	-3, -9	-3, -9	-3, -9	-3, -9	0, -12	0, -12	0, -12	0, -12
	g,lglg	-3, -9	-3, -9	-3, -9	-3, -9	0, -12	0, -12	0, -12	0, -12	-3, -9	-3, -9	-3, -9	-3, -9	0, -12	0, -12	0, -12	0, -12
	g,lgll	-3, -9	-3, -9	-3, -9	-3, -9	0, -12	0, -12	0, -12	0, -12	-3, -9	-3, -9	-3, -9	-3, -9	0, -12	0, -12	0, -12	0, -12
	g,llgg	-6, -6	-6, -6	-6, -6	-6, -6	-1, -7	-1, -7	-1, -7	-1, -7	-6, -6	-6, -6	-6, -6	-6, -6	-1, -7	-1, -7	-1, -7	-1, -7
	g,llgl	-6, -6	-6, -6	-6, -6	-6, -6	-1, -7	-1, -7	-1, -7	-1, -7	-6, -6	-6, -6	-6, -6	-6, -6	-1, -7	-1, -7	-1, -7	-1, -7
	g,lllg	-6, -6	-6, -6	-6, -6	-6, -6	-1, -7	-1, -7	-1, -7	-1, -7	-6, -6	-6, -6	-6, -6	-6, -6	-1, -7	-1, -7	-1, -7	-1, -7
	g,llll	-6, -6	-6, -6	-6, -6	-6, -6	-1, -7	-1, -7	-1, -7	-1, -7	-6, -6	-6, -6	-6, -6	-6, -6	-1, -7	-1, -7	-1, -7	-1, -7
	l,gggg	-4, -4	-1, -7	-4, -4	-1, -7	-4, -4	-1, -7	-4, -4	-1, -7	-4, -4	-1, -7	-4, -4	-1, -7	-4, -4	-1, -7	-4, -4	-1, -7
	l,gggl	-7, -1	-2, -2	-7, -1	-2, -2	-7, -1	-2, -2	-7, -1	-2, -2	-7, -1	-2, -2	-7, -1	-2, -2	-7, -1	-2, -2	-7, -1	-2, -2
	l,gglg	-4, -4	-1, -7	-4, -4	-1, -7	-4, -4	-1, -7	-4, -4	-1, -7	-4, -4	-1, -7	-4, -4	-1, -7	-4, -4	-1, -7	-4, -4	-1, -7
	l,ggll	-7, -1	-2, -2	-7, -1	-2, -2	-7, -1	-2, -2	-7, -1	-2, -2	-7, -1	-2, -2	-7, -1	-2, -2	-7, -1	-2, -2	-7, -1	-2, -2
	l,glgg	-4, -4	-1, -7	-4, -4	-1, -7	-4, -4	-1, -7	-4, -4	-1, -7	-4, -4	-1, -7	-4, -4	-1, -7	-4, -4	-1, -7	-4, -4	-1, -7
	l,glgl	-7, -1	-2, -2	-7, -1	-2, -2	-7, -1	-2, -2	-7, -1	-2, -2	-7, -1	-2, -2	-7, -1	-2, -2	-7, -1	-2, -2	-7, -1	-2, -2
	l,gllg	-4, -4	-1, -7	-4, -4	-1, -7	-4, -4	-1, -7	-4, -4	-1, -7	-4, -4	-1, -7	-4, -4	-1, -7	-4, -4	-1, -7	-4, -4	-1, -7
	l,glll	-7, -1	-2, -2	-7, -1	-2, -2	-7, -1	-2, -2	-7, -1	-2, -2	-7, -1	-2, -2	-7, -1	-2, -2	-7, -1	-2, -2	-7, -1	-2, -2
	l,lggg	-4, -4	-1, -7	-4, -4	-1, -7	-4, -4	-1, -7	-4, -4	-1, -7	-4, -4	-1, -7	-4, -4	-1, -7	-4, -4	-1, -7	-4, -4	-1, -7
	l,lggl	-7, -1	-2, -2	-7, -1	-2, -2	-7, -1	-2, -2	-7, -1	-2, -2	-7, -1	-2, -2	-7, -1	-2, -2	-7, -1	-2, -2	-7, -1	-2, -2
	l,lglg	-4, -4	-1, -7	-4, -4	-1, -7	-4, -4	-1, -7	-4, -4	-1, -7	-4, -4	-1, -7	-4, -4	-1, -7	-4, -4	-1, -7	-4, -4	-1, -7
	l,lgll	-7, -1	-2, -2	-7, -1	-2, -2	-7, -1	-2, -2	-7, -1	-2, -2	-7, -1	-2, -2	-7, -1	-2, -2	-7, -1	-2, -2	-7, -1	-2, -2
	l,llgg	-4, -4	-1, -7	-4, -4	-1, -7	-4, -4	-1, -7	-4, -4	-1, -7	-4, -4	-1, -7	-4, -4	-1, -7	-4, -4	-1, -7	-4, -4	-1, -7
	l,llgl	-7, -1	-2, -2	-7, -1	-2, -2	-7, -1	-2, -2	-7, -1	-2, -2	-7, -1	-2, -2	-7, -1	-2, -2	-7, -1	-2, -2	-7, -1	-2, -2
	l,lllg	-4, -4	-1, -7	-4, -4	-1, -7	-4, -4	-1, -7	-4, -4	-1, -7	-4, -4	-1, -7	-4, -4	-1, -7	-4, -4	-1, -7	-4, -4	-1, -7
	l,llll	-7, -1	-2, -2	-7, -1	-2, -2	-7, -1	-2, -2	-7, -1	-2, -2	-7, -1	-2, -2	-7, -1	-2, -2	-7, -1	-2, -2	-7, -1	-2, -2

Tabelle 8.3: Zweistufiges Gefangenendilemma G^2. Normalform. Zweiter Teil

		B	
		Gestehen g	Leugnen l
A	Gestehen g	-3 + (-3), -3 + (-3)	0 + (-3), -6 + (-3)
	Leugnen l	-6 + (-3), 0 + (-3)	-1 + (-3), -1 + (-3)

Tabelle 8.4: Gefangenendilemma G^2. Auszahlungen

gewiss ist, können beide Spieler auch in Stufe $T-1$ (g,g) spielen. Dies ist so sicher, dass auch in Stufe $T-2$ (g,g) das Aktionsprofil der Wahl ist, u.s.w.

Diese Argumentation lässt sich wieder in Auszahlungstabellen umsetzen: In Stufe T gilt die Auszahlungstabelle 8.1. Aus dieser Tabelle folgt, dass (g,g) als dominantes Gleichgewicht des Spiels sicher gespielt werden wird. Hieraus folgt, dass in Stufe $T-1$ Tab. 8.4 die relevante Auszahlungstabelle ist. Aus dieser Tabelle folgt, dass auch in $T-1$ (g,g) gespielt werden wird. Hieraus lässt sich die Auszahlungstabelle für $T-2$ errechnen, die aus der Tabelle für T (Tab. 8.1) dadurch entsteht, dass zu allen Auszahlungen $2\cdot(-3)$ addiert wird. Tab. 8.5 ist eine allgemeine Auszahlungstabelle für jede Stufe $T-t$ des Spiels G^t:

		B	
		g	l
A	g	$(-3+t\cdot(-3)),(-3+t\cdot(-3))$	$(t\cdot(-3)),(-6+t\cdot(-3))$
	l	$(-6+t\cdot(-3)), \quad (t\cdot(-3))$	$(-1+t\cdot(-3)),(-1+t\cdot(-3))$

Tabelle 8.5: Gefangenendilemma G^{T-t}. Auszahlungen

In jeder Stufe $T-t$ des endlich wiederholten Gefangenendilemmas ist (g,g) dominant und wird gespielt. Dies ist das Hauptergebnis der Überlegungen: Egal, wie oft das Gefangenendilemma wiederholt wird — wenn beide Spieler sicher wissen, welche Periode die letzte ist, werden sie immer beide „gestehen“. Zu einer Kooperation im Sinne beidseitigen „Leugnens“ wird es bei endlicher Wiederholung nicht kommen.

8.1.3 Unbestimmt oft wiederholtes Spiel

Wird das Gefangenendilemma unendlich oft oder unbestimmt oft wiederholt, kann es — im Gegensatz zur endlich häufigen Wiederholung — sinnvoll sein, zu kooperieren. Durch das Fehlen einer definitiv letzten Runde des Spiels ist eine Analyse mit Hilfe der Rückwärtsinduktion nicht mehr möglich. Angesichts der extrem hohen Zahl möglicher Strategien und Strategieprofile ist es in der arg begrenzten Lebenszeit theoretischer Ökonomen kaum möglich, das entstehende Spiel komplett zu analysieren. Stattdessen muss eine Beschränkung auf einige explizit formulierte Strategien ausreichen. Für die folgende Untersuchung soll zunächst folgende Annahme getroffen werden: In jeder Runde des wiederholten Spiels ist unsicher, ob eine weitere Runde folgen wird. Die Wahrscheinlichkeit, dass sich an eine Runde eine weitere anschließt, betrage p. Entsprechend ist die Wahrscheinlichkeit des Spielendes nach der aktuellen Runde gleich $1-p$. Folglich ist die Wahrscheinlichkeit, dass Runde Nummer t überhaupt erreicht wird, gleich p^t.

Unter diesen Bedingungen soll eine bestimmte (dynamische) Strategie untersucht werden, die häufig *Grim* genannt wird. *Grim* fordert, so lange zu kooperieren (zu „leugnen"), bis der Gegner defektiert („gesteht"), dann aber immer selbst zu defektieren.

Falls beide Spieler *Grim* spielen, wird keiner der beiden jemals defektieren. Es wird also in allen Runden kooperiert, die Auszahlung für jeden der Spieler in jeder Runde beträgt also -1. Die erwartete Auszahlung aus dem kompletten Spiel, $E[\pi(C,C)]$, lautet

$$E[\pi(C,C)] = -1 + p\cdot(-1) + p^2\cdot(-1) + \ldots .$$

Verweigert dagegen einer der Spieler die Kooperation und defektiert ab Runde Nummer N, so wird sein *Grim*–spielender Gegner bis einschließlich Runde N kooperieren, danach aber defektieren. Der Kooperations–Verweigerer erhält damit in den ersten $N-1$ Runden jeweils eine Auszahlung von -1 (Beide kooperieren.), in Runde N eine Auszahlung von 0 (Er defektiert, der Gegner kooperiert.) und in allen restlichen Runden jeweils eine Auszahlung von -3 (beidseitige Defektion). Die erwartete Auszahlung über alle Runden, $E[\pi(D_N, \text{Grim})]$, lautet somit

$$\begin{aligned} E[\pi(D_N, \text{Grim})] = &-1 + p\cdot(-1) + p^2\cdot(-1) + \ldots + p^{N-1}\cdot(-1) \\ &+ p^N\cdot 0 + p^{N+1}\cdot(-3) + p^{N+2}\cdot(-3) + \ldots . \end{aligned}$$

Um nun festzustellen, ob es sich lohnt, mit einem Grim–spielenden Gegner zu kooperieren, müssen die beiden Auszahlungen $E[\pi(C,C)]$ und $E[\pi(D_N, \text{Grim})]$ verglichen werden: Es gilt[1]

$$\begin{aligned} & E[\pi(C,C)] \lesseqgtr E[\pi(D_N, \text{Grim})] \\ \Leftrightarrow\quad & -1 - p - p^2 - \ldots \lesseqgtr -1 - p - p^2 - \ldots - p^{N-1} - 3\,p^{N+1} - 3\,p^{N+2} - \ldots \\ \Leftrightarrow\quad & -p^N - p^{N+1} - \ldots \lesseqgtr 3\left(-p^{N+1} - p^{N+2} - \ldots\right) \\ \Leftrightarrow\quad & p^N \gtreqless 2\left(p^{N+1} + p^{N+2} + \ldots\right) \\ \Leftrightarrow\quad & \frac{1}{2} \gtreqless \frac{p}{1-p} \\ \Leftrightarrow\quad & p \lesseqgtr \frac{1}{3} \end{aligned}$$

[1] Die komplette Herleitung findet sich in Anhang 8.4.

Kooperation ist also dann sinnvoll, wenn sich mit einer hinreichend hohen Wahrscheinlichkeit auf die jeweils aktuelle Spielrunde eine weitere folgt. Im Fall des hier beschriebenen unbestimmt häufig wiederholten Gefangenendilemmas beträgt dieser kritische Wert $p^\star = \frac{1}{3}$: Ist die Wahrscheinlichkeit einer weiteren Runde höher als $p^\star$, so lässt dauernde Kooperation auf Dauer eine höhere Auszahlung erwarten als Defektion.

8.1.4 Endliche Automaten

Eine Klasse von (dynamischen) Strategien lässt sich durch *endliche Automaten* darstellen. Endliche Automaten sind Teile von Computerprogrammen, die in der Lage sind, durch formalisierte Regeln Inputs, hier die jeweilige Aktion des Gegners, in Outputs zu verwandeln, die hier aus der jeweiligen eigenen Strategie bestehen. Abbildung 8.3 zeigt einige recht einfache endliche Automaten für das wiederholte Gefangenendilemma. In jedem endlichen Automaten symbolisiert ein Kreis den aktuellen *Zustand* des Automaten. Im Kreis ist der Output in diesem Zustand dargestellt, d.h. die Aktion, die der Automat spielen wird, falls er sich im entsprechenden Zustand befindet. Im Gefangenendilemma gibt es lediglich zwei Outputs, g (Gestehen) und l (Leugnen). Die Pfeile symbolisieren die *Übergangsfunktion*. Je nach Input, der über den Pfeilen notiert ist, geht der Automat zu einem neuen Zustand über. Befindet sich beispielsweise der Automat *Tit for Tat* (Teilabbildung 8.3(d)) im Zustand l und erhält den Input l, so geht er wiederum zu l über. Erhält er dagegen einen Input von g, so geht er in den Zustand g über. Als Spielzüge ausgedrückt: Hat *Tit for Tat* in der aktuellen Runde l gespielt und der Gegner antwortet ebenfalls mit l, so wird *Tit for Tat* auch in der nächsten Runde l spielen. Antwortet der Gegner jedoch mit g, so spielt *Tit for Tat* in der nächsten Runde g. Der letzte wichtige Bestandteil endlicher Automaten ist der initiale Zustand, d.h. der Zustand, in dem sich der Automat zu Beginn des Spiels befindet. Dieser initiale Zustand ist durch den Pfeil markiert, der „aus dem Nichts kommt“. So unterscheiden sich beispielsweise die Automaten *Tit for Tat* und *Tat for Tit* nur durch ihren initialen Zustand.

Das Verhalten endlicher Automaten in unendlich oft wiederholten Spielen lässt sich vergleichsweise einfach analysieren: Spielen Strategien gegeneinander, die sich durch endliche Automaten modellieren lassen, so kommt es grundsätzlich früher oder später zu zyklischem Verhalten. Diese Tatsache lässt sich nutzen, um den Nutzen der jeweiligen Strategien beim Aufeinandertreffen in unendlich wiederholten Spielen zu ermitteln.

Beispielhaft ist in Tabelle 8.6 der Verlauf eines wiederholten Spiels dargestellt, in dem *Gertrud* gegen *Tit For Two Tat* spielt. Es ist zu erkennen, dass es alle sieben Runden zu einer Wiederholung der Aktionsprofile und damit zu Zyklen in den Auszahlungen kommt.

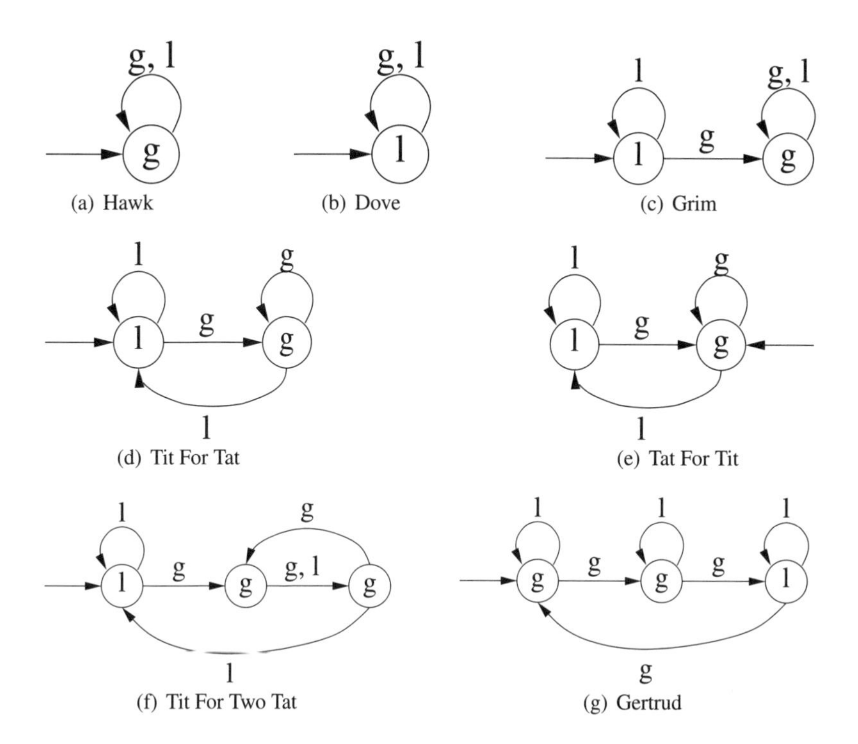

Abbildung 8.3: Endliche Automaten für das Gefangenendilemma

Stufe	1	2	3	4	5	6	7	8	9	10	11	12	13	14	15	...
Periode t	0	1	2	3	4	5	6	7	8	9	10	11	12	13	14	...
Gertrud	g	g	g	l	g	g	l	g	g	g	l	g	g	l	g	...
π	0	-3	-3	-6	-3	-3	-6	0	-3	-3	-6	-3	-3	-6	0	...
Tit42Tat	l	g	g	g	g	g	g	l	g	g	g	g	g	g	l	...
π	-6	-3	-3	0	-3	-3	0	-6	-3	-3	0	-3	-3	0	-6	...

Tabelle 8.6: Gertrud (Spieler A) gegen Tit for two Tat (Spieler B)

Auszahlungen und Nutzen. Um festzustellen, welche Strategie „besser" ist, kann man zunächst einmal pragmatisch vorgehen und die durchschnittliche Auszahlung pro Periode errechnen. Dabei kann man sich zu Nutze machen, dass sich Zyklen ergeben.

Die durchschnittliche Periodeauszahlung von A, der *Gertrud* gegen den *Tit42Tat*–spielenden B spielt, ist gleich der Summe seiner Auszahlung eines Zyklus geteilt durch die Zykluslänge in Perioden:

$$\overline{\pi}_A\,(\text{Gertrud, Tit42Tat}) = (0-3-3-6-3-3-6)\,/7 \approx -3.34\,.$$

Die entsprechende Auszahlung an B beträgt folglich

$$\overline{\pi}_B\,(\text{Tit42Tat, Gertrud}) = (-6-3-3+0-3-3+0)\,/7 \approx -4.29\,.$$

Der völlig korrekte, aber etwas umständliche Weg zur Berechnung von Auszahlungen (Nutzen) über die Zeit ist der folgende. Der Nutzen der Auszahlungen an A, der *Gertrud* gegen B spielt, der seinerseits *Tit42Tat* benutzt, muss über die Zeit diskontiert werden. Angenommen, A diskontiert seinen Nutzen über die Zeit mit dem Parameter σ mit $0 < \sigma \leq 1$, so beträgt der Nutzen aus den Auszahlungen im ersten Zyklus

$$\begin{aligned} U_A(\pi, Z_1) &= -3\sigma - 3\sigma^2 - 6\sigma^3 - 3\sigma^4 - 3\sigma^5 - 6\sigma^6 \\ &= -3\sigma\left(1+\sigma+2\sigma^2+\sigma^3+\sigma^4+2\sigma^5\right). \end{aligned}$$

Die Auszahlungen aus dem zweiten Zyklus sind gleich denen im ersten Zyklus, der Nutzen ist aber verändert, da die Diskontierung jeder Auszahlung um sieben Perioden verschoben ist, also

$$\begin{aligned} U_A(\pi, Z_2) &= -3\sigma^8 - 3\sigma^9 - 6\sigma^{10} - 3\sigma^{11} - 3\sigma^{12} - 6\sigma^{13} \\ &= \sigma^7 U_A(\pi, Z_1)\,. \end{aligned}$$

Der gesamte Nutzen über das komplette, unendliche Spiel beträgt damit[2]

$$\begin{aligned} U_A(\pi) &= U_A(\pi, Z_1) + \sigma^7 U_A(\pi, Z_1) + \sigma^{14} U_A(\pi, Z_1) + \ldots & (8.1) \\ &= U_A(\pi, Z_1)\left(1+\sigma^7+\sigma^{14}+\ldots\right) \\ &= U_A(\pi, Z_1)\frac{1}{1-\sigma^7}\,. & (8.2) \end{aligned}$$

Nun gilt es, den Betrag des Gesamtnutzen zu errechnen. Dies ist nicht ohne weiteres möglich, denn die Transformation von (8.1) in (8.2) gilt nur für $\sigma < 1$. Für den interessanten Fall, dass keine Zeitpräferenzen vorliegen,

---

[2] Die Berechnung stützt sich auf die Regel $\sum_{k=0}^{\infty} x^k = \frac{1}{1-x}$ für $|x| < 1$, wobei $x := \sigma^7$ gesetzt wird.

also $\sigma = 1$, divergiert die Summe (8.1). Ein Trick, der sich anwenden lässt, ist es, die Nutzenfunktion $U_A(\cdot)$ in eine andere zu transformieren. Dies ist zumindest für affine Transformationen zulässig und verändert nicht die ordinalen Nutzenbeziehungen und somit auch nicht die strategische Situation des Spiels. Es soll also eine neue Nutzenfunktion erzeugt werden, die aus der Transformation $(1-\sigma)U_A(\cdot)$ entsteht. Für diese neue Nutzenfunktion lässt sich zumindest der Nutzen errechnen, wenn $\sigma \to 1$:[3]

$$\begin{aligned}
&\lim_{\sigma\to 1}((1-\sigma)U_A(\pi)) \\
&\quad = \lim_{\sigma\to 1}(1-\sigma)\left(\frac{1}{1-\sigma^7}U_A(\pi, Z_1)\right) \\
&\quad = \lim_{\sigma\to 1}\left(\frac{1-\sigma}{1-\sigma^7}\right)\lim_{\sigma\to 1}\left(-3\sigma\left(1+\sigma+2\sigma^2+\sigma^3+\sigma^4+2\sigma^5\right)\right) \\
&\quad = \lim_{\sigma\to 1}\frac{-1}{-7\sigma^6}\lim_{\sigma\to 1}\left(-3\sigma\left(1+\sigma+2\sigma^2+\sigma^3+\sigma^4+2\sigma^5\right)\right) \\
&\quad = \frac{1}{7}(-24) \\
&\quad = -\frac{24}{7} =\sim -3.43
\end{aligned}$$

Analog lässt sich mit allen Strategien verfahren, deren endliche Automaten in Abb. 8.3 dargestellt sind. Es resultiert eine Normalform des Spiels wie in Tab. 8.7 dargestellt.

	Hawk	Dove	Grim	Ti4Ta	Ta4Ti	Ti42Ta	Gertrud
Hawk	[−3, −3]	0, -6	-3, -3	-3, -3	-3, -3	-3, -3	-2, -4
Dove	-6, 0	-1, -1	-1, -1	-1, -1	-1, -1	-1, -1	-6, 0
Grim	-3, -3	-1, -1	[−1, −1]	[−1, −1]	-3, -3	[−1, −1]	-2, -4
Ti4Ta	-3, -3	-1, -1	[−1, −1]	[−1, −1]	-3, -3	[−1, −1]	-3, -3
Ta4Ti	-3, -3	-1, -1	-3, -3	-3, -3	-3, -3	-3, -3	-3, -3
Ti42Ta	-3, -3	-1, -1	[−1, −1]	[−1, −1]	-3, -3	[−1, −1]	-4.29, -3.43
Gertrud	-4, -2	0, -6	-4, -2	-3, -3	-3, -3	-3.43, -4.29	-3, -3

Tabelle 8.7: Unendlich oft wiederholtes Gefangenendilemma. Normalform für ausgewählte Strategien

Es ist zu erkennen, dass in den gegebenen Strategien insgesamt zehn Nash–Gleichgewichte existieren (in der Tabelle markiert). Hierbei ist oft wichtig, ob solche Strategien beste Antworten auf sich selbst sind, also auch dann gut wären, wenn beide Spieler sie benutzten. Dies ist bei *Hawk*, *Grim*,

[3] Die Berechnung stützt sich auf die Regel von L'Hôpital, derzufolge gilt, dass $\lim_{x\to a}\frac{f(x)}{g(x)} = \lim_{x\to a}\frac{f'(x)}{g'(x)}$.

Tit For Tat und *Tit For Two Tat* der Fall. Bemerkenswert ist, dass die immernette Strategie *Dove* ebensowenig eine beste Antwort auf sich selbst ist wie *Tat For Tit*, das sich auf den ersten Blick nur marginal von *Tit For Tat* unterscheidet. Insgesamt ist das nie verzeihende *Grim* eine beste Antwort auf fünf der insgesamt sieben Strategien. *Tat For Tit* und *Gertrud* sind jeweils nur auf eine Strategie beste Antworten.

8.2 Das Chainstore Paradox

Ein spieltheoretisches Resultat, das (zu seiner Zeit) große Verwunderung auslöste, ist das *Chainstore Paradox* (Selten, 1978). Das Chainstore[4] Paradox ist das Ergebnis einer endlich häufigen Wiederholung des Markteintritts–Spiels aus Abschnitt 4.4. Wie auch beim endlich oft wiederholten Gefangenendilemma ändert sich im Grunde nichts. Auch wenn sich die Möglichkeit des Eindringens auf einen Monopolmarkt und die Drohung mit einem Preiskampf endlich oft wiederholt, wird der Monopolist nie kämpfen, der Eindringling immer eindringen. Diese Erkenntnis erscheint auf den ersten Blick nicht einleuchtend. Sie folgt aber einfach aus Anwendung der Rückwärtsinduktion: In den (zeitlich) letzten Markt wird der Eindringling in jedem Fall eindringen, denn dieses letzte Teilspiel entspricht genau dem Spiel aus Abschnitt 4.4. Da das Ergebnis des letzten Marktes somit feststeht, kann unabhängig hiervon das Resultat für den vorletzten Markt ermittelt werden. Auch hier lautet es: Markteintritt. Dieses Verfahren lässt sich bis zum ersten Markt wiederholen, wobei resultiert, dass der Eindringling jeden Markt betreten wird.

8.3 Kollusion im Cournot–Duopol

Ähnlich wie in Abschnitt 8.1.3 kann die Frage behandelt werden, ob Kartellbildung im Cournot–Duopol (S. 123) sinnvoll ist, wenn das Duopol–Spiel unbestimmt häufig wiederholt wird.

Für diese Untersuchung soll das (statische) Cournot–Spiel grob vereinfacht werden. Es sei angenommen, jede Firma habe nur zwei Aktionen: Kooperation C, d.h. Einhalten einer Kartell–Absprache, und Defektion D, d.h. Brechen einer solchen Absprache. Die Auszahlungen sind so gestaltet, dass das gemeinsame Einhalten der Absprache einen höheren Profit bringt als das gemeinsame Brechen der Absprache. Bricht jedoch nur eine Firma die

[4] Ein „Chainstore" ist ein Geschäft, das zu einer Ladenkette gehört, und nicht etwa, wie ein Kollege schreibt, ein „Kettenladen". Obwohl für das spieltheoretische Resultat eher von geringer Bedeutung, wäre es wohl allgemein wohlfahrtssteigernd, würde sich diese Erkenntnis auch außerhalb von S/M–Kreisen weiter ausbreiten.

Absprache, so erhält sie die höchstmögliche Auszahlung, während der „ehrliche“ Gegner die geringstmögliche Auszahlung erhält. Tabelle 8.8 gibt die Auszahlungen an. Dabei gilt, dass $a > b > c > d$.[5]

		Firma 2	
		C	D
Firma 1	C	b, b	d, a
	D	a, d	c, c

Tabelle 8.8: Auszahlungen im Cournot–Spiel; $a > b > c > d$.

Es sei wieder angenommen, in einem wiederholten Cournot–Spiel sei p die Wahrscheinlichkeit, mit der jeweils eine neue Runde gespielt wird.

Spielen beide Spieler immer C, so beträgt die Auszahlung an jeden der Spieler

$$\pi_C = b + b\,p + b\,p^2 + \dots .$$

Spielt ein Spieler bis zur Periode $N-1$ Strategie C, danach aber, also ab Periode N, Strategie D, und spielt sein Gegner *Grim*, hat der erste Spieler eine Auszahlung von

$$\pi_D = b + b\,p + b\,p^2 + \dots + b\,p^{N-1} + a\,p^N + c\,p^{N+1} + c\,p^{N+2} + \dots .$$

Einhalten der Kartell–Vereinbarung lohnt sich, falls $\pi_C - \pi_D \geq 0$, d.h.

$$\begin{aligned} \pi_C - \pi_D &\geq 0 \\ \Leftrightarrow \quad p^N \left[(b-a) + (b-c)\frac{p}{1-p} \right] &\geq 0 \\ \Leftrightarrow \quad p &\geq \frac{a-b}{a-c}. \end{aligned}$$

Im Gegensatz zum statischen Cournot–Spiel kann es im wiederholten Cournot–Spiel also durchaus sinnvoll sein, zu kooperieren. Voraussetzung hierfür ist aber eine hinreichend hohe Wahrscheinlichkeit dafür, dass sich an eine Runde des Spiels eine weitere anschließt.

8.4 Anhang: Herleitung der kritischen Grenze aus Abschnitt 8.1.3

Die Berechnung, wann sich Kooperation lohnt bzw. wann nicht, stützt sich auf Summenformeln für geometrische Reihen, die in der Herleitung auf

[5] Im Grunde gibt Tabelle 8.8 die allgemeine Struktur eines Gefangenendilemmas wieder. Dies bedeutet, dass in diesem Abschnitt nichts weiter geschieht als eine verallgemeinerte Analyse der Inhalte des Abschnitts 8.1.3.

S. 147 nicht explizit erwähnt sind. Dies soll an dieser Stelle nachgeholt werden.

Beim Vergleich der erwarteten Auszahlung ergibt sich zunächst:

$$
\begin{aligned}
& E[\pi(C,C)] \lesseqgtr E[\pi(D_N, \text{Grim})] \\
\Leftrightarrow \quad & -1-p-p^2-\ldots \lesseqgtr -1-p-p^2-\ldots-p^{N-1}-3\,p^{N+1}-3\,p^{N+2}-\ldots \\
\Leftrightarrow \quad & -p^N-p^{N+1}-\ldots \lesseqgtr 3\left(-p^{N+1}-p^{N+2}-\ldots\right) \\
\Leftrightarrow \quad & p^N \gtreqless 2\left(p^{N+1}+p^{N+2}+\ldots\right).
\end{aligned}
$$

An dieser Stelle hilft es zu erkennen, dass sich die Summe auf der rechten Seite der Gleichung zerlegen lässt:

$$
\begin{aligned}
p^{N+1}+p^{N+2}+\ldots &= \sum_{k=N+1}^{\infty} p^k \\
&= \sum_{k=0}^{\infty} p^k - \sum_{k=0}^{N} p^k.
\end{aligned}
$$

Der erste Teil vereinfacht sich aus dem Grenzwertsatz für unendliche geometrische Reihen, demzufolge gilt, dass

$$
\sum_{k=0}^{\infty} p^k = \frac{1}{1-p} \quad \text{für } |p|<1.
$$

Auf den zweiten Teil lässt sich die Summenformel für endliche geometrische Reihen anwenden, so dass

$$
\sum_{k=0}^{N} p^k = \frac{1-p^{N+1}}{1-p}.
$$

Damit ergibt sich insgesamt

$$
\begin{aligned}
p^{N+1}+p^{N+2}+\ldots &= \sum_{k=N+1}^{\infty} p^k \\
&= \sum_{k=0}^{\infty} p^k - \sum_{k=0}^{N} p^k \\
&= \frac{1}{1-p} - \frac{1-p^{N+1}}{1-p} \\
&= \frac{p^{N+1}}{1-p}.
\end{aligned}
$$

Damit vereinfacht sich das Ausgangsproblem zu

$$
\begin{aligned}
E\left[\pi(C,C)\right] &\lesseqgtr E\left[\pi\left(D_N,\text{Grim}\right)\right] \\
\Leftrightarrow \quad p^N &\gtreqless 2\,\frac{p^{N+1}}{1-p} \qquad \left|\cdot p^{-N}\right. \\
\Leftrightarrow \quad 1 &\gtreqless 2\,\frac{p}{1-p} \\
\Leftrightarrow \quad \frac{1}{2} &\gtreqless \frac{p}{1-p} \\
\Leftrightarrow \quad p &\lesseqgtr \frac{1}{3}\,.
\end{aligned}
$$

9. Lernen in Spielen

Oft wird die Frage gestellt, ob Spieler, auch wenn sie nicht wissen, was der Gegner unternehmen wird, „lernen“ können, beste Antworten und damit auch Nash–Gleichgewichte zu spielen. Hierzu ist es notwendig, die Strategie des Gegners korrekt zu prognostizieren, um darauf die beste Antwort zu spielen. Dies ist bei common knowledge dann relativ einfach, wenn beim Gegner dominante Strategien gefunden werden können. Existieren aber in einem Spiel mehrere Nash–Gleichgewichte, ist es nicht mehr besonders einfach, die Strategie des Gegners vorherzusagen. Deshalb sollen hier verschiedene Regeln betrachtet werden, die Spieler benutzen könnten, um die Strategie ihrer Gegner zu prognostizieren, d.h. Erwartungen über zukünftige Verhaltensweisen der Gegner zu bilden, und damit „gutes“ Verhalten zu „lernen“.

Einige solche „Lernverfahren“ sind schon betrachtet worden. Hierzu gehören insbesondere das so genannte Bayesianische Lernen, wie es schon in Abschnitt 5.8.2 (S. 77) besprochen wird, und das Verfahren bei der Anpassung des Verhaltens im Cournot–Modell (Abschnitt 7.3.1, S. 117). Tatsächlich handelt es sich bei der Cournot–Dynamik bereits um ein Beispiel der *kurzsichtigen Bestantwort–Dynamik* (myopic best response dynamic), für die im folgenden Abschnitt ein Beispiel der Nicht–Konvergenz gezeigt wird.

Damit überhaupt etwas gelernt werden kann, ist es allerdings notwendig, dass das jeweilige Spiel mehrmals gespielt wird. Somit ist die Theorie des Lernens in Spielen immer auch Theorie wiederholter Spiele.

9.1 Naive Erwartungsbildung: Kurzsichtige beste Antwort

Betrachtet werden soll das folgende „Mode–Spiel“ (Young, 1998, S. 38 ff.): Die Spieler sind der Trendsetter T und der Anpasser A. T, der der Mode immer einen Schritt voraus ist, hasst nichts so wie in der Öffentlichkeit dabei erwischt zu werden, Kleider in derselben Farbe wie der ewige Nachmacher A zu tragen. A dagegen ist immer bestrebt, dasselbe zu tragen wie T, denn dann liegt er im Trend! In unserer Modellwelt gibt es nur Kleidungsstücke in den Farben Rot r, Gelb g und Blau b. Grundsätzlich, d.h. unabhängig von der jeweiligen Farbwahl des Gegners, ist common knowledge, dass beide Spieler g gegenüber b gegenüber r präferieren.

Tabelle 9.1 zeigt die Normalform des Spiels.

Das Spiel hat keine Nash–Gleichgewichte in reinen Strategien. Es existiert ein Gleichgewicht in gemischten Strategien. Dies liegt dort, wo beide

		A		
		r	g	b
	r	0, 1	1, 0	0, 0
T	g	0, 0	0, 1	1, 0
	b	1, 0	0, 0	0, 1

Tabelle 9.1: Mode–Spiel. Normalform

Spieler jede reine Strategie mit jeweils einer Wahrscheinlichkeit von $\frac{1}{3}$ spielen. Das Spiel gleicht somit strukturell dem Diskoordinationsspiel aus Abschnitt 3.5 (S. 41). Um möglichst gut agieren zu können, müssen die Spieler *Erwartungen* darüber *bilden*, was ihr Gegner jeweils tun wird.

Aus pädagogischen Gründen soll deshalb angenommen werden, das Spiel werde wiederholt zwischen den beiden Spielern gespielt. Damit steht den Spielern die Möglichkeit offen, ihre Erwartungen aus den in der Vergangenheit beobachteten Strategien des Gegners zu konstruieren.

Die simpelste Art der Erwartungsbildung ist die naive Erwartungsbildung: Jeder Spieler nimmt an, der Gegner werde in der aktuellen Spielrunde (oder eben: Zeitperiode) t dasselbe tun wie in der Runde zuvor, also in Periode $t-1$. Dies bedeutet, dass jeder Spieler jeweils die beste Antwort (die Nash–Strategie) auf die $t-1$–Strategie seines Gegners spielt.

Für die (beliebige) Annahme, im Mode–Spiel aus Tab. 9.1 spielten beide Spieler in der Startrunde $t = 0$ r, gibt Tab. 9.2 die Strategien der nächsten Runden an.

t	0	1	2	3	4	5	6	7	...
T	r	b	b	g	g	r	r	b	...
A	r	r	b	b	g	g	r	r	...

Tabelle 9.2: Ablauf des Mode–Spiels bei naiver Erwartungsbildung

Es entsteht eine Dynamik, die häufig *kurzsichtige Bestantwort–Dynamik* (myopic best response dynamic) genannt wird.[1] Es ist zu erkennen, dass die Erwartungen sich zyklisch entwickeln. Der entstehende Zyklus ist in Abb. 9.1 dargestellt.

[1] Eigentlich kein schöner Name, denn nicht die beste Antwort ist kurzsichtig, sondern lediglich der entsprechende Spieler, und selbst der nur im übertragenen Sinne.

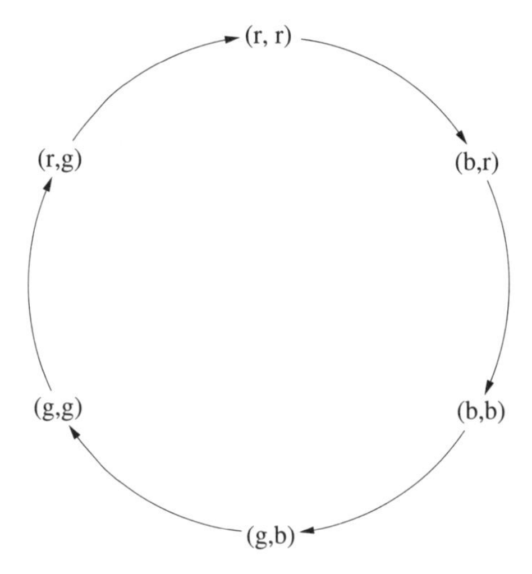

Abbildung 9.1: Modezyklus

9.2 Fiktives Spielen

Die Erwartungsbildung des fiktiven Spielens[2] („fictitious play") ist etwas weniger kurzsichtig: Spieler halten ein unendlich langes Gedächtnis aller vergangenen Spiele und können daraus Wahrscheinlichkeiten für die Strategiewahl des Gegners errechnen. Dabei nehmen sie an, diese Wahrscheinlichkeiten entsprächen der relativen Häufigkeit, mit der jede dieser Strategien in der Vergangenheit gespielt wurde. Jeder Spieler glaubt, sein Gegner werde die Strategie spielen, die er in der Vergangenheit am häufigsten gespielt hat. Auf diese fiktive Strategie des Gegners wählt der Spieler dann die beste Antwort.

9.2.1 Konvergenz bei fiktivem Spielen

Gegeben sei ein Spiel in simultanen Entscheidungen, dessen Normalform in Tab. 9.3 dargestellt ist.

Für das Spiel existiert kein Gleichgewicht in reinen Strategien. Das Gleichgewicht in gemischten Strategien liegt dort, wo jeder Spieler mit der Wahrscheinlichkeit $p = 1 - p = 1/2$ jede seiner reinen Strategien spielt. Annahmegemäß sollen die Spieler aber darauf beschränkt sein, reine Strategien zu spielen. Das Benutzen gemischter Strategien sei den Spielern verboten![3]

---

[2] Hier ist nicht das Spiel selbst fiktiv, sondern nur die Art und Weise, in der das Spiel *gespielt* wird.

[3] Die grundsätzliche Gültigkeit dieser Regel könnte die Spieltheorie um einiges einfacher machen!

		B	
		b_1 $(1-q)$	b_2 (q)
A	$a_1\,(1-p)$	0, 2	3, 0
	$a_2\,(p)$	2, 1	1, 3

Tabelle 9.3: Fiktives Spiel

Welche reine Strategie die Spieler wählen, sagt ihnen natürlich ihre Reaktionskorrespondenz. Angenommen, q bezeichne die Wahrscheinlichkeit, mit der Spieler B seine *zweite* reine Strategie b_2 spielt, und p stehe für die Wahrscheinlichkeit, mit der A seine *zweite* reine Strategie a_2 spielt. s_A bezeichne die Menge der besten Antworten für A. Dann lautet die Reaktionskorrespondenz für Spieler A

$$R_A(q) = s_A = \begin{cases} \{a_2\}\ (p=1) & \text{für } q < \frac{1}{2}, \\ \{a_1, a_2\} & \text{für } q = \frac{1}{2}, \\ \{a_1\}\ (p=0) & \text{für } q > \frac{1}{2}. \end{cases} \tag{9.1}$$

Analog ergibt sich die Reaktionskorrespondenz von Spieler B als

$$R_B(p) = s_B = \begin{cases} \{b_1\}\ (q=0) & \text{für } p < \frac{1}{2}, \\ \{b_1, b_2\} & \text{für } p = \frac{1}{2}, \\ \{b_2\}\ (q=1) & \text{für } p > \frac{1}{2}. \end{cases} \tag{9.2}$$

Die entsprechenden Reaktionskurven sind in Abb. 9.2 dargestellt.

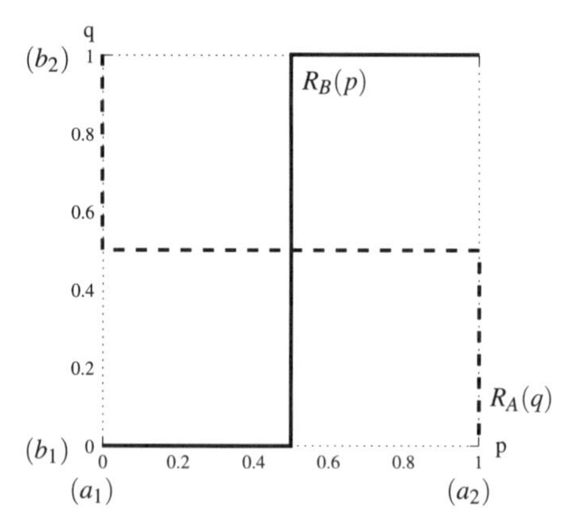

Abbildung 9.2: Reaktionskurven im Fiktiven Spiel

Die Spieler seien nur eingeschränkt rational. Sie wissen annahmegemäß nicht, mit welcher Wahrscheinlichkeit p bzw. q der Gegner seine reinen Strategien spielt. Deshalb schätzen die Spieler die Wahrscheinlichkeiten, bilden also Erwartungen. Die Erwartungen sollen in diesem Fall, dem Fall des fiktiven Spielens, auf Basis eines einfachen Verfahrens gebildet werden: Spieler A beispielsweise nimmt an, dass die Wahrscheinlichkeit, mit der sein Gegner b_2 spielt, der relativen Häufigkeit entspricht, mit der B in der Vergangenheit diese Strategie gewählt hat. Ist $n(t)$ die Anzahl der Spiele, die bis zum Zeitpunkt t insgesamt gespielt worden sind, und ist $n_{b_2}(t)$ die Anzahl der Spiele bis zum Zeitpunkt t, in denen B b_2 gespielt hat, erwartet A für den Zeitpunkt $t+1$ die Wahrscheinlichkeit $E\left(q(t+1)\right)$:

$$E\left(q(t+1)\right) = \frac{n_{b_2}(t)}{n(t)} . \tag{9.3}$$

Analog verläuft die Erwartungsbildung von Spieler B:

$$E\left(p(t+1)\right) = \frac{n_{a_2}(t)}{n(t)} . \tag{9.4}$$

Aus den beiden Erwartungsbildungsregeln (9.3) und (9.4) ergibt sich eine Dynamik der Erwartungen und damit eine Dynamik der gespielten Strategien. Die Dynamik lässt sich grob an Abb. 9.3 veranschaulichen. Sind die Erwartungen beider Spieler kleiner als $\frac{1}{2}$, also $E(q) < \frac{1}{2}$ und $E(p) < \frac{1}{2}$, ergibt sich ein Punkt in der Abbildung, der im Feld (a_2, b_1) liegt. Entsprechend der Reaktionskurven wird daraufhin A Strategie a_2 spielen. Im selben Feld wird B b_1 spielen.[4] Nach dieser „Spielrunde" passen die Spieler ihre Erwartungen an. Die relative Häufigkeit von a_2–Spielen ist gestiegen und damit auch Bs Erwartung $E(p)$. Die relative Häufigkeit von b_2–Spielen ist gesunken und damit auch $E(q)$. Im Feld (a_2, b_1) würden die Erwartungen von A, $E(q)$, also sinken, die Erwartungen von B, $E(p)$, aber steigen. Es ergibt sich ein Richtungsfeld der Erwartungen, dessen zwei Komponenten und die Resultierende im Feld (a_2, b_1) der Abb. 9.3 eingezeichnet sind. Für die übrigen Felder ist jeweils nur die Resultierende eingetragen.

Die Dynamik, wie sie in Abb. 9.3 eingetragen ist, ist noch sehr ungenau. Aus den Richtungsfeldern geht nicht hervor, ob es sich um ein explodierendes System, einen geschlossenen Zyklus oder ein System handelt, das zur Mitte hin konvergiert. Um eine genauere Idee von der Dynamik zu bekommen, lohnt es sich, diese numerisch nachzuvollziehen. Tabelle 9.4 zeigt die Ergebnisse einer solchen „Simulation".

Um bei der Simulation Startwertprobleme zu vermeiden, sei angenommen, die Lerndynamik starte in Periode $t = 0$. Die Erwartungen sollen aber

[4] Dies gilt natürlich für alle Fälle, in denen $E(q) < \frac{1}{2}$ und $E(p) < \frac{1}{2}$ sind. Dies ist der Grund, warum dieses Feld die Bezeichnung (a_2, b_1) trägt. Die Bezeichnungen der anderen Felder ergeben sich analog.

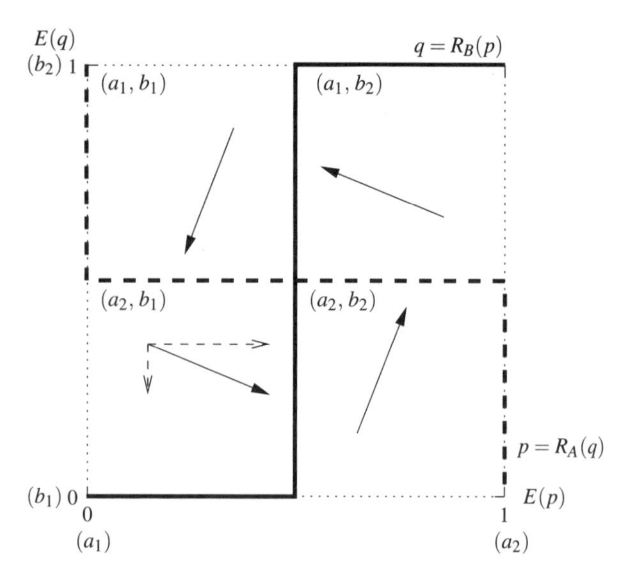

Abbildung 9.3: Dynamik im Fiktiven Spiel: Richtungsfelder

erst ab Periode $t = 4$ beobachtet werden. Für $t = 4$ betrage die Erwartung von A über die Wahrscheinlichkeit, dass B in der nächsten Periode b_2 spielt, $E(q(4)) = \frac{1}{4}$. A hat also (warum auch immer ...) in den vergangenen 4 Perioden B dreimal b_1 und einmal b_2 spielen sehen. Die Erwartung von B für $t = 4$ sei unter analoger Argumentation als $E(p(4)) = \frac{1}{4}$ gegeben. Entsprechend wird A in $t = 4$ a_2 und B in $t = 4$ b_1 spielen. Darauf folgen neue Erwartungen, neue Strategien, neue Erwartungen u.s.w. Für die Konstruktion des weiteren Ablaufs der numerischen Simulation der Dynamik benötigt man außerdem eine Regel, wie sich die Spieler bei einer Erwartung von $E(q) = \frac{1}{2}$ bzw. $E(p) = \frac{1}{2}$ verhalten. So muss beispielsweise für Spieler B in $t = 6$ eine *eindeutige* Vorschrift existieren, wie er sich verhalten soll. Die Gleichstands–Regeln, die der gezeigten Simulation zugrunde liegen, die zu Tab. 9.4 führen, sind: Spieler B spielt bei $E(p) = \frac{1}{2}$ b_2, Spieler A spielt bei $E(q) = \frac{1}{2}$ a_2.

Die Simulationsergebnisse sind in Abb. 9.4 dargestellt. Die Abbildung zeigt die Entwicklung der Erwartungen $E(p)$ und $E(q)$ über die Zeit.

Es ist zu erkennen, dass sich die Erwartungen spiralisch (und in immer kleineren Schritten) dem Mittelpunkt des Systems, d.h. $\left(\frac{1}{2}, \frac{1}{2}\right)$ annähern. Dies lässt sich durch einen Blick auf Abb. 9.5 erklären. (Abb. 9.5 ist eine angereicherte Reproduktion von Abb. 9.3.)

Egal, in welchem Punkt sich das System genau befindet: Solange die Erwartungen im Feld (a_2, b_1) liegen, wird A immer a_2 und B immer b_2 spielen.

	t	0…3	4	5	6	7	8	9	10	11	12	13	14	15
A	$E(q(t))$		$\frac{1}{4}$	$\frac{1}{5}$	$\frac{1}{6}$	$\frac{2}{7}$	$\frac{3}{8}$	$\frac{4}{9}$	$\frac{1}{2}$	$\frac{6}{11}$	$\frac{7}{12}$	$\frac{8}{13}$	$\frac{9}{14}$	$\frac{2}{3}$
	$s_A(t)$	$3\times a_1, 1\times a_2$	a_2	a_2	a_2	a_2	a_2	a_2	a_2	a_1	a_1	a_1	a_1	a_1
B	$E(p(t))$		$\frac{1}{4}$	$\frac{2}{5}$	$\frac{1}{2}$	$\frac{4}{7}$	$\frac{5}{8}$	$\frac{2}{3}$	$\frac{7}{10}$	$\frac{8}{11}$	$\frac{2}{3}$	$\frac{8}{13}$	$\frac{4}{7}$	$\frac{8}{15}$
	$s_B(t)$	$3\times a_b, 1\times b_2$	b_1	b_1	b_2	b_2	b_2	b_2	b_2	b_2	b_2	b_2	b_2	b_2

	t	16	17	18	19	20	21	22	23	24	25	26	27	28	29	30
A	$E(q(t))$	$\frac{11}{16}$	$\frac{12}{17}$	$\frac{2}{3}$	$\frac{12}{19}$	$\frac{3}{5}$	$\frac{4}{7}$	$\frac{6}{11}$	$\frac{12}{23}$	$\frac{1}{2}$	$\frac{12}{25}$	$\frac{6}{13}$	$\frac{12}{27}$	$\frac{3}{7}$	$\frac{12}{29}$	$\frac{2}{5}$
	$s_A(t)$	a_1	a_1	a_1	a_1	a_1	a_1	a_1	a_1	a_2	a_2	a_2	a_2	a_2	a_2	a_2
B	$E(p(t))$	$\frac{1}{2}$	$\frac{8}{17}$	$\frac{4}{9}$	$\frac{8}{19}$	$\frac{2}{5}$	$\frac{8}{21}$	$\frac{4}{11}$	$\frac{8}{23}$	$\frac{1}{3}$	$\frac{9}{25}$	$\frac{5}{13}$	$\frac{11}{27}$	$\frac{3}{7}$	$\frac{13}{29}$	$\frac{7}{15}$
	$s_B(t)$	b_2	b_1	b_1	b_1	b_1	b_1	b_1	b_1	b_1	b_1	b_1	b_1	b_1	b_1	b_1

	t	31	32	33	34	35	36	37	38	39	40	41	42	43	44	45
A	$E(q(t))$	$\frac{12}{31}$	$\frac{3}{8}$	$\frac{13}{33}$	$\frac{7}{17}$	$\frac{3}{7}$	$\frac{4}{9}$	$\frac{17}{37}$	$\frac{9}{19}$	$\frac{19}{39}$	$\frac{1}{2}$	$\frac{21}{41}$	$\frac{11}{21}$	$\frac{23}{43}$	$\frac{6}{11}$	$\frac{5}{9}$
	$s_A(t)$	a_2	a_2	a_2	a_2	a_2	a_2	a_2	a_2	a_2	a_2	a_1	a_1	a_1	a_1	a_1
B	$E(p(t))$	$\frac{15}{31}$	$\frac{1}{2}$	$\frac{17}{33}$	$\frac{9}{17}$	$\frac{19}{35}$	$\frac{5}{9}$	$\frac{21}{37}$	$\frac{11}{19}$	$\frac{23}{39}$	$\frac{3}{5}$	$\frac{25}{41}$	$\frac{25}{42}$	$\frac{25}{43}$	$\frac{25}{44}$	$\frac{5}{9}$
	$s_B(t)$	b_1	b_2	b_2	b_2	b_2	b_2	b_2	b_2	b_2	b_2	b_2	b_2	b_2	b_2	b_2

	t	46	47	48	49	50	51	52	53	54	55	56	57	…	62	63
A	$E(q(t))$	$\frac{26}{46}$	$\frac{27}{47}$	$\frac{28}{48}$	$\frac{29}{49}$	$\frac{3}{5}$	$\frac{31}{51}$	$\frac{31}{52}$	$\frac{31}{53}$	$\frac{31}{54}$	$\frac{31}{55}$	$\frac{31}{56}$	$\frac{31}{57}$	…	$\frac{1}{2}$	$\frac{31}{63}$
	$s_A(t)$	a_1	a_1	a_1	a_1	a_1	a_1	a_1	a_1	a_1	a_1	a_1	a_1	a_1	a_2	a_2
B	$E(p(t))$	$\frac{25}{46}$	$\frac{25}{47}$	$\frac{25}{48}$	$\frac{25}{49}$	$\frac{1}{2}$	$\frac{25}{51}$	$\frac{25}{52}$	$\frac{25}{53}$	$\frac{25}{54}$	$\frac{25}{55}$	$\frac{25}{56}$	$\frac{25}{57}$	…	$\frac{25}{62}$	$\frac{26}{63}$
	$s_B(t)$	b_2	b_2	b_2	b_2	b_2	b_2	b_1	b_1	b_1	b_1	b_1	b_1	b_1	b_1	b_1

	t	64	…	74	75	…	86	87	88	…
A	$E(q(t))$	$\frac{31}{64}$	…	$\frac{31}{74}$	$\frac{32}{75}$	…	$\frac{1}{2}$	$\frac{44}{87}$	$\frac{45}{88}$	…
	$s_A(t)$	a_2	a_2	a_2	a_2	a_2	a_2	a_1	a_1	…
B	$E(p(t))$	$\frac{27}{64}$	…	$\frac{1}{2}$	$\frac{38}{75}$	…	$\frac{49}{86}$	$\frac{50}{87}$	$\frac{50}{88}$	…
	$s_B(t)$	b_1	b_1	b_2	b_2	b_2	b_2	b_2	b_2	…

Tabelle 9.4: Fiktives Spielen im Fiktiven Spiel. Simulationsergebnisse

Somit wird sich auch die Erwartung von A, $E(q)$, immer mehr gegen 0 bewegen, denn A beobachtet, dass B immer häufiger b_1 spielt. Analog wird sich die Erwartung von B, $E(p)$, gegen 1 bewegen, beobachtet B doch, dass A immer häufiger a_2 spielt. Von jedem Punkt in (a_2, b_1) bewegen sich also die Erwartungen *direkt* auf den Punkt $(1,0)$ zu, den Punkt, in dem B erwartet, dass A mit Sicherheit a_2 spielt ($E(p) = 1$), und in dem A erwartet, dass B niemals b_2 spielt ($E(q) = 0$).[5] Diese direkte Bewegung ist in Abb. 9.5 dadurch angedeutet, dass die Richtungspfeile aus Feld (a_2, b_1) jeweils auf einem Strahl liegen, der durch den „Zielpunkt“ $(1,0)$ führt. An der Stelle $E(p) = \frac{1}{2}$ ändert B allerdings sein Verhalten. Nun da er glaubt, A werde häu-

[5] Wer's nicht glaubt, kann ja mal per Geo–Dreieck an Abb. 9.4 nachprüfen, ob die Kurvenstücke in den einzelnen Feldern tatsächlich zu irgendwelchen Eckpunkten des Systems führen!

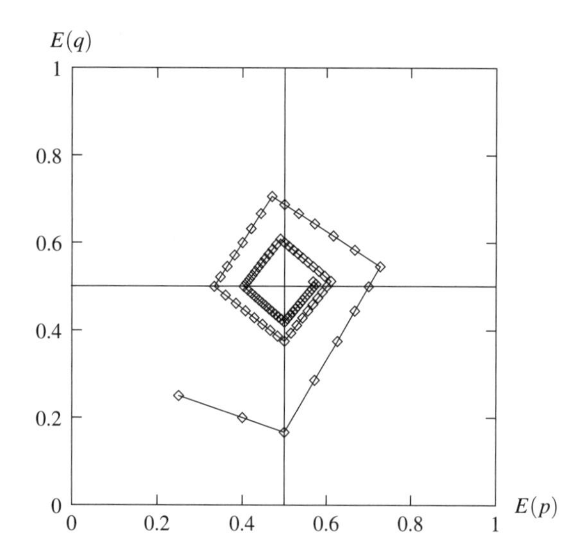

Abbildung 9.4: Simulationsergebnis: Fiktives Spielen im Fiktiven Spiel

figer a_2 als a_1 spielen, antwortet er selbst mit b_2. Im Feld (a_2, b_2) nimmt zwar Bs Erwartung $E(p)$ weiter zu, A sieht jedoch, dass B immer häufiger b_2 spielt. Deshalb nimmt nun auch $E(q)$ zu. Der Zielpunkt der Dynamik in Feld (a_2, b_2) ist der Punkt $(1, 1)$ (für jeden Punkt in diesem Feld). Die Richtung der Dynamik bleibt nun solange erhalten, bis $E(q) = \frac{1}{2}$ erreicht ist. Hier erkennt A, dass B häufiger b_2 als b_1 spielt und wechselt folglich sein Verhalten. Zielpunkt der Dynamik im Feld (a_1, b_2) ist der Punkt $(0, 1)$. Aber auch dieser Punkt wird nicht erreicht, denn bei $E(p) = \frac{1}{2}$ wechselt das System in das Feld (a_1, b_1), für dessen Dynamik der Zielpunkt $(0, 0)$ ist. Die Dynamik führt also zurück in das Feld (a_2, b_2) u.s.w.

Abbildung 9.6 zeigt die theoretische Dynamik des Systems für einen Startpunkt in $(\frac{1}{4}, \frac{1}{4})$, also denselben Startpunkt, der auch für die Simulation gewählt wurde. Es zeigt sich, dass auch theoretisch das System zum Mittelpunkt konvergiert. Dieser Mittelpunkt entspricht genau dem einzigen Nash–Gleichgewicht des zugrundeliegenden Spiels.[6]

Im gegebenen Spiel wird also, zumindest in den Erwartungen der Spieler, auf ultra–lange Frist (für $t \longrightarrow \infty$) das einzige Nash–Gleichgewicht erreicht.

[6] Die Ursache dafür, dass die beiden Dynamiken, die theoretische in Abb. 9.6 und die simulierte in Abb. 9.4 voneinander abweichen, ist in der Tatsache zu suchen, dass die Simulation in diskreten Zeitschritten ablaufen muss, so dass es durch die Anwendung der „Gleichstands–Regeln“ für $E(p) = \frac{1}{2}$ bzw. $E(q) = \frac{1}{2}$ erst relativ weit im jeweils neuen Feld zu einer Verhaltensänderung des jeweiligen Spielers kommt.

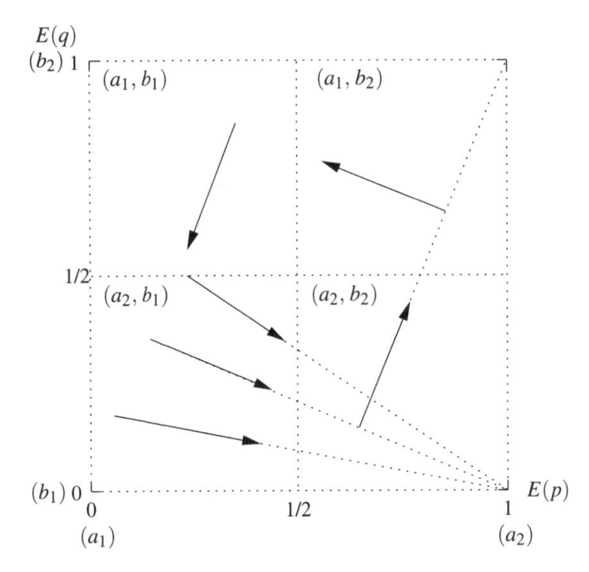

Abbildung 9.5: Dynamik beim Fiktiven Spielen: Wechselnde Zielpunkte

9.2.2 Nicht–Konvergenz bei fiktivem Spielen

Die Lernmethode des fiktiven Spielens muss nicht zwangsläufig zur Konvergenz der Erwartungen führen. Dies zeigt sich, wenn man fiktives Spielen für den Fall des Modespiels aus Tab. 9.1 betrachtet. Die Normalform ist in Tab. 9.5 nochmals aufgeführt.

		A		
		r	g	b
	r	0, 1	1, 0	0, 0
T	g	0, 0	0, 1	1, 0
	b	1, 0	0, 0	0, 1

Tabelle 9.5: nochmal: Mode–Spiel. Normalform

Die Erwartungsbildung verläuft wie üblich: Die Erwartung über die Häufigkeit der gespielten Strategie entspricht der relativen Häufigkeit. Haben mehrere Strategien des Gegners dieselbe Häufigkeit, so nimmt der Spieler an, sein Gegner werde eher g als b und eher b als r spielen. Für die Startrunde $t = 0$ sei angenommen, beide Spieler spielten r.

Es lässt sich Tabelle 9.6 konstruieren, die Wahrscheinlichkeitsvorstellungen der Spieler und ihre Strategien über die Zeit angibt. Dabei gibt beispielsweise $p_A(r)$ an, für wie wahrscheinlich es Spieler T hält, dass sein Gegner in

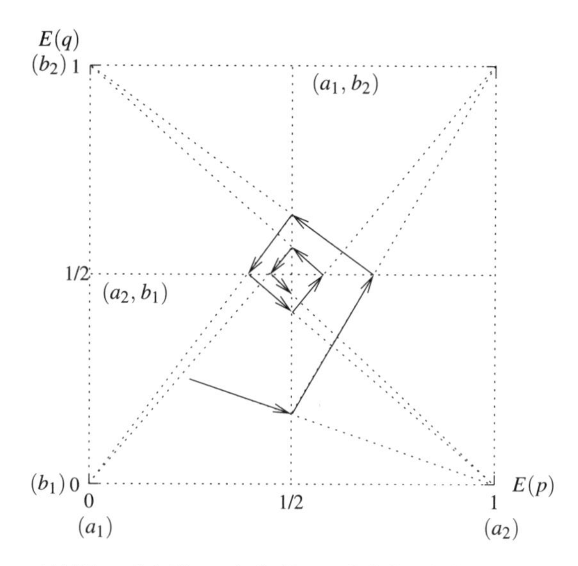

Abbildung 9.6: Theoretische Dynamik beim Fiktiven Spielen

der aktuellen Runde *r* spielen wird. Alle anderen Abkürzungen ergeben sich analog.

t		0	1	2	3	4	5	6	7	8	9	10	11	12	...
T	$p_A(r)$	–	1	1	$\frac{2}{3}$	$\frac{1}{2}$	$\frac{2}{5}$	$\frac{1}{3}$	$\frac{2}{7}$	$\frac{1}{4}$	$\frac{2}{9}$	$\frac{1}{5}$	$\frac{2}{11}$	$\frac{1}{6}$	...
	$p_A(g)$	–	0	0	0	0	0	0	0	$\frac{1}{8}$	$\frac{2}{9}$	$\frac{3}{10}$	$\frac{4}{11}$	$\mathbf{\frac{5}{12}}$	...
	$p_A(b)$	–	0	0	$\frac{1}{3}$	$\mathbf{\frac{1}{2}}$	$\frac{3}{5}$	$\frac{2}{3}$	$\frac{5}{7}$	$\frac{5}{8}$	$\frac{5}{9}$	$\frac{1}{2}$	$\frac{5}{11}$	$\frac{5}{12}$	...
	s_T	r	b	b	b	g	g	g	g	g	g	g	g	r	...
A	$p_T(r)$	–	1	$\frac{1}{2}$	$\frac{1}{3}$	$\frac{1}{4}$	$\frac{1}{5}$	$\frac{1}{6}$	$\frac{1}{7}$	$\frac{1}{8}$	$\frac{1}{9}$	$\frac{1}{10}$	$\frac{1}{11}$	$\frac{1}{12}$	...
	$p_T(g)$	–	0	0	0	0	$\frac{1}{5}$	$\frac{1}{3}$	$\mathbf{\frac{3}{7}}$	$\frac{1}{2}$	$\frac{5}{9}$	$\frac{3}{5}$	$\frac{7}{11}$	$\frac{2}{3}$	...
	$p_T(b)$	–	0	$\mathbf{\frac{1}{2}}$	$\frac{2}{3}$	$\frac{3}{4}$	$\frac{3}{5}$	$\frac{1}{2}$	$\frac{3}{7}$	$\frac{3}{8}$	$\frac{1}{3}$	$\frac{3}{10}$	$\frac{3}{11}$	$\frac{1}{4}$	...
	s_A	r	r	b	b	b	b	b	g	g	g	g	g	g	...

Tabelle 9.6: Wahrscheinlichkeitsvorstellungen und Strategien im Mode–Spiel über die Zeit. Fett gedruckte Wahrscheinlichkeitsvorstellungen geben die Strategie an, die bei gleichen Wahrscheinlichkeiten als gewählt angenommen werden.

Aus Tab. 9.6 ergibt sich, dass auch bei der veränderten Erwartungsbildung letztendlich wieder ein Zyklus entsteht, wie er schon in Abb. 9.1 abgebildet ist. Lediglich die Dauer der einzelnen Phasen des Zyklus sind unterschiedlich und werden im Laufe der Zeit im Spielen immer länger. Eine Konvergenz zu stabilen Erwartungen ist allerdings nicht festzustellen.

Dies jedoch ist, wie jedermann weiß, das Wesen der Mode: Sie verändert sich ständig, indem sie sich dauernd wiederholt. Lediglich die Tatsache, dass die Zyklen immer länger dauern, lässt sich in der Realität nicht beobachten, oder?

10. Verhandlungen

Verhandlungssituationen können als Spiele modelliert werden. Verhandlungsspiele sind aber insofern anders als die bisher betrachteten Spiele, als dass die Spieler aktiv miteinander in Kontakt treten.

Bei den betrachteten Verhandlungen geht es allgemein darum, einen „Kuchen“ zu teilen: Es ist eine bestimmte Gesamtauszahlung vorhanden, die die Spieler untereinander aufteilen sollen.

10.1 Edgeworth–Boxen

Die Edgeworth-Box, im Prinzip eine integrierte Darstellung von zwei individuellen Güterräumen, stellt potentielle Tauschsituationen dar, und kann so zur Darstellung von Verhandlungssituationen eingesetzt werden. Die Darstellung von potentiellen Tauschsituationen in der Edgeworth–Box ist aus den grundlegenden Werken zur Mikroökonomik bekannt. Abb. 10.1 zeigt eine Tauschbox für die Spieler 1 und 2. Der Punkt c markiert den Ausstattungspunkt. Tausch ist auf dem Rand und innerhalb der Linse möglich, die durch die beiden Indifferenzkurven durch c und d aufgespannt wird. Dabei kommen nur Tangentialpunkte von Indifferenzkurven als Tauschergebnis in Frage, d.h. nur Punkte, die auf der Kontraktkurve liegen, denn die Kontraktkurve gibt alle Pareto–effizienten Punkte innerhalb der Linse wieder.

Die Darstellung der Tauschbox lässt sich in die Darstellung eines Auszahlungsraumes überführen. Abb. 10.2 zeigt den Auszahlungsraum zur Edgeworth–Box aus Abb. 10.1. Zu beachten ist, dass bei dieser Transformation die Einheiten wechseln, mit denen die Achsen markiert sind. In der Tauschbox sind die Achsen i.d.R. mit Gütermengen skaliert, d.h. x_i und y_i, $i \in \{1,2\}$ geben Mengen von zu tauschenden Gütern an. Die Achsen im Auszahlungsraum markieren Nutzeneinheiten („utils“).

Bei der Transformation müssen die Nutzenverhältnisse erhalten bleiben. Dies bedeutet, dass für Spieler 1 die Punkte b, c und d denselben Nutzen erbringen, denn diese Punkte liegen auf derselben Indifferenzkurve von Spieler 1. Punkt a bringt Spieler 1 mehr Nutzen als die übrigen Punkte, denn a liegt auf einer höherwertigen Indifferenzkurve von Spieler 1. Wenn $u_1(x)$ den Nutzen angibt, den Spieler 1 aus dem Punkt x zieht, lässt sich also schreiben

$$u_1(b) = u_1(c) = u_1(d) < u_1(a)\,.$$

Entsprechend gilt für Spieler 2

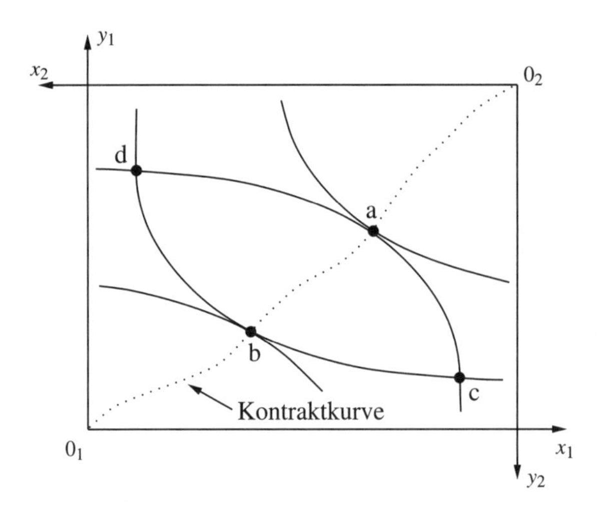

Abbildung 10.1: Edgeworth–Box

$$u_2(a) = u_2(c) = u_2(d) < u_2(b)\,.$$

a und b, die Punkte auf der Kontraktkurve, liegen nun auf der konvexen Hülle des Auszahlungsraumes, die in diesem Fall auch *Nutzengrenze* genannt wird. Alle Punkte der Nutzengrenze sind Punkte der Kontraktkurve und somit Pareto–effizient.

Die Situation der Tauschbox lässt sich also als Spiel interpretieren. Jedem Spieler steht dabei eine Menge kontinuierlicher Strategien zur Verfügung, nämlich die Menge der Vektoren der Güter x und y, die er für sich beansprucht, bzw. der Nutzen, den er für sich fordert. Dabei müssen sich die Spieler untereinander auf ein Tauschergebnis einigen. Findet keine Einigung statt, erhalten die Spieler lediglich die Auszahlung aus ihrem Ausstattungspunkt c. Aus diesem Grund wird im spieltheoretischen Zusammenhang der Ausstattungspunkt auch *Konfliktpunkt* (disagreement point) genannt. Man erkennt leicht, dass die Nutzengrenze nicht nur die Menge aller Pareto–effizienten Güterallokationen darstellt, sondern auch die Menge aller Nash–Gleichgewichte im Spiel. Als Beispiel soll Punkt a betrachtet werden, in dem Spieler 1 einen Nutzen von $u_1(a_1)$ erhält. Spieler 2 wird als beste Strategie den höchsten noch verfügbaren Nutzen wählen, d.h. $u_2(a_2)$. Wählt Spieler 2 a_2, so ist umgekehrt a_1 die beste Antwort von Spieler 1. damit ist der Punkt $a = (a_1, a_2)$ ein Nash–Gleichgewicht. Alle effizienten Punkte sind hier zugleich Nash–Gleichgewichte.

Im Zusammenhang mit der Tauschbox endet die grundlegende mikroökonomische Theorie häufig mit der Aussage, alle Punkte, die in der Linse und

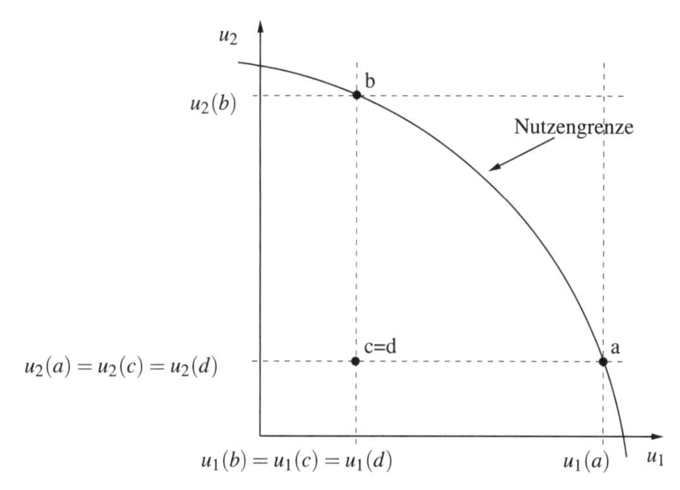

Abbildung 10.2: Auszahlungsraum zur Edgeworth–Box 10.1

auf der Kontraktkurve durch die Anfangsausstattungen liegen, seien gleichermaßen plausible Lösungen eines Tauschprozesses. Die Spieltheorie geht hier einen Schritt weiter und präsentiert verschiedene Konzepte zur Bestimmung eines einzigen, eindeutigen, Tauschergebnisses. Dummerweise existieren verschiedene Konzepte, dieses einzigartige Tauschergebnis zu bestimmen. Viele dieser Konzepte führen zu vielen verschiedenen Resultaten, so dass letztendlich lediglich die Vielfalt der Lösungen durch eine Vielfalt der Konzepte mit jeweils unterschiedlichen Lösungen ersetzt wird.

10.2 Nash–Verhandlungslösung

Um die folgenden Überlegungen exakter fassen zu können, sollen einige mathematische Abkürzungen eingeführt werden.

Eine Verhandlungssituation ist charakterisiert durch den Auszahlungsraum X und den Konfliktpunkt c. Eine Verhandlung selbst ist dann ein Vorgang, der aus einem Auszahlungsraum X und einem Konfliktpunkt c eine Verhandlungslösung generiert. Damit kann eine Verhandlung als eine mathematische Abbildung angesehen werden. Die Abbildung heiße F, womit ein Ergebnis einer Verhandlung beim Auszahlungsraum X und Konfliktpunkt c als $F(X, c)$ geschrieben werden kann. Die konvexe Hülle des Auszahlungsraumes X oder die Nutzengrenze, also die Menge aller Punkte auf dem Rand von X, soll als $H(X)$ notiert werden. In den hier betrachteten Fällen kann $H(X)$ als Funktion geschrieben werden.

Nach Nash müssen Verhandlungslösungen vier Bedingungen erfüllen, um als „vernünftig" angesehen werden zu können. Anders, nämlich wissenschaftlicher formuliert: Nur solche Verhandlungsergebnisse sind Verhandlungsergebnisse im Sinne von Nash, die die folgenden vier Axiome erfüllen:

Axiom I: Unabhängigkeit von äquivalenten Nutzentransformationen. Das Verhandlungsergebnis soll nicht davon abhängen, mit welcher „Skala" die Spieler ihren Nutzen messen. Jede affine Transformation des Nutzens muss das Verhandlungsergebnis unverändert lassen. Wird der Nutzen eines der Spieler bei einer Verhandlung nur als $u(\cdot)$ gemessen, bei einer anderen Verhandlung aber als $v(\cdot) = A + B \cdot u(\cdot)$, $B > 0$, so muss das Verhandlungsergebnis unter sonst gleichen Umständen jedesmal dasselbe sein.

Axiom II: Pareto–Effizienz. Das Verhandlungsergebnis soll Pareto–effizient sein. Wie schon vorher gezeigt wurde, bedeutet dies, dass das Verhandlungsergebnis ein Punkt auf der Nutzengrenze ist:

$$F(X,c) \in H(X) .$$

Axiom III: Unabhängigkeit von irrelevanten Alternativen. Das Verhandlungsergebnis ist unberührt von der Einführung neuer Auszahlungspunkte, wenn diese Auszahlungspunkte als Verhandlungslösung nicht in Frage kommen.

Axiom IV: Symmetrie. Sind beide Spieler bezüglich ihrer Verhandlungssituation gleich, erhalten beide den gleichen Anteil am Ergebnis.

Es lässt sich zeigen, dass jeweils nur eine einzige Verhandlungslösung existiert, die alle vier Axiome erfüllt. Diese Verhandlungslösung heißt *Nash–Verhandlungslösung*.

Die Idee der Nash–Verhandlungslösung ist dabei die folgende: Außer der Tatsache, dass diese Lösung die oben genannten vier Axiome erfüllt, charakterisiert sie die Spieler durch deren *Verhandlungsmacht* (bargaining power). α sei eine positive Zahl, die die Verhandlungsmacht von Spieler 1 charakterisiert. Die Verhandlungsmacht von Spieler 2 wird durch $1-\alpha$ gekennzeichnet. Es gilt $0 \leq \alpha \leq 1$. Je größer α, desto größer ist die Verhandlungsmacht von Spieler 1 im Verhältnis zur Verhandlungsmacht von Spieler 2, vice versa.

Die verallgemeinerte Nash–Lösung wird nun durch das so genannte *Nash–Produkt NP* beschrieben, ein gewogenes geometrisches Mittel,

$$NP = (x_1 - c_1)^{\alpha} (x_2 - c_2)^{1-\alpha} ,$$

wobei $x \in X$ das Verhandlungsergebnis darstellt.

Die verallgemeinerte Nash–Lösung wird durch das maximal erreichbare Nash–Produkt $NP^{\star}$ beschrieben, d.h.

$$NP^{\star} = \max_{\substack{x \in X \\ x \geq c}} NP .$$

Anders formuliert: Für die Nash–Lösung $x^\star = F^\star(X,c)$ gilt

$$x^\star = \operatorname{argmax}_{\substack{x \in X \\ x \geq c}} NP(x).$$

Für symmetrische Verhandlungsmacht von $\alpha = 1 - \alpha = \frac{1}{2}$ ergibt sich die *spezielle Nash–Verhandlungslösung*.

Abbildung 10.3 zeigt eine Nash–Verhandlungslösung. Die Nash–Produkte sind Hyperbeln im $\mathbb{R}^2$, höherwertige Nash–Produkte liegen weiter vom Ursprung entfernt. Entsprechend liegt die Nash–Verhandlungslösung dort, wo der Graph eines Nash–Produktes die Nutzengrenze tangiert. Der Tangentialpunkt $x^\star$ stellt die Nash–Verhandlungslösung dar, das maximale Nash–Produkt ist $NP^\star$.

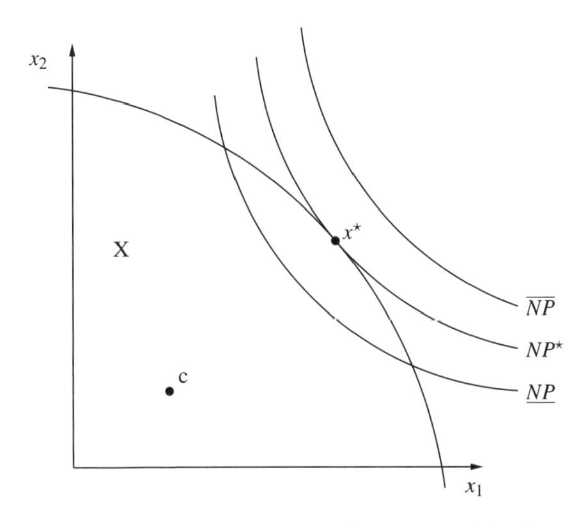

Abbildung 10.3: Nash Verhandlungslösung (Beispiel)

Beispiel. Die konvexe Hülle des Auszahlungsraumes sei gegeben durch

$$H = 10 - u_1 = u_2,$$

wobei u_i die Auszahlung an Spieler i angibt. Der Konfliktpunkt habe die Koordinaten $c = (1, 1)$. Wo liegt die spezielle Nash–Verhandlungslösung?

Antwort:

$$\begin{aligned} NP &= (u_1 - c1)^{\frac{1}{2}}(u_2 - c_2)^{\frac{1}{2}} \\ &= (10u_1 - u_1^2 - 9)^{\frac{1}{2}} \end{aligned}$$

$$
\begin{aligned}
\frac{\delta NP}{\delta u_1} &= \frac{1}{2}(10u_1 - u_1^2 - 9)^{-\frac{1}{2}}(10 - 2u_1) = 0 \\
\Leftrightarrow \quad 10u_1 - u_1^2 - 9 &= 0 \quad (\text{oder} \quad 10 - 2u_1 = 0) \\
\Leftrightarrow \quad u_1 &= 5
\end{aligned}
$$

10.3 Ein sehr einfaches Verhandlungsspiel

Zwei Spieler, Spieler I und Spieler II müssen die gewaltige Summe von einem Euro untereinander aufteilen. Die Anteile, die die Spieler erhalten, sind m_1 und m_2, wobei gilt, dass $m_1 + m_2 = 1$. Kommt es zu keiner Einigung, erhalten beide Spieler nichts, d.h. der Konfliktpunkt liegt bei $c = (0, 0)$.

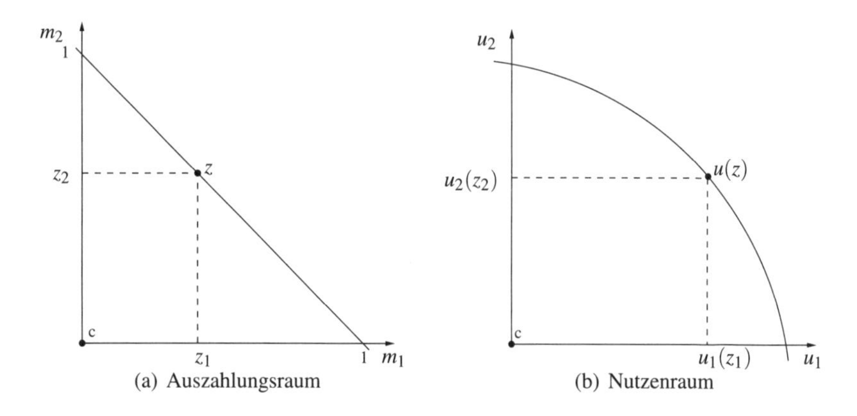

Abbildung 10.4: Einfaches Verhandlungsmodell

Beide Spieler erhalten Nutzen aus ihrem Anteil der Geldsumme. Die Nutzenfunktionen sind

$$
\begin{aligned}
u_1(z) &= z^{\gamma_1}, \\
u_2(z) &= z^{\gamma_2}
\end{aligned}
$$

mit $0 < \gamma_i \leq 1$. Die Nutzenfunktionen sind konkav, so dass der Nutzenraum in Abb. 10.4(b) konvex ist. γ_1 und γ_2 bezeichnen das Ausmaß der Risikoaversion. Je kleiner γ_i, desto stärker risikoavers ist der entsprechende Spieler. Es soll angenommen werden, es kämen nur Pareto–effiziente Allokationen als Verhandlungslösungen in Frage. Deshalb gilt für jedes Verhandlungsergebnis $z = (z_1, z_2)$

$$z_1 + z_2 = 1\,.$$

„Übersetzt" in Nutzen bedeutet dies, dass in jedem Verhandlungsergebnis gilt, dass

$$\begin{aligned} u_1(z) &= z_1^{\gamma_1}, \\ u_2(z) &= (1-z_1)^{\gamma_2}. \end{aligned}$$

Um das Verhandlungsergebnis zu finden, ist das Nash–Produkt zu maximieren, also

$$\max_{z_1} NP = (x_1 - c_1)^{\alpha}(x_2 - c_2)^{\beta} \quad \text{mit } \beta = 1 - \alpha .$$

Dabei geben x_1 und x_2 den jeweiligen Nutzen des Verhandlungsergebnisses an, also

$$(x_1, x_2) = \left(z_1^{\gamma_1}, (1-z_1)^{\gamma_2}\right) .$$

Damit lässt sich das Maximierungsproblem schreiben als

$$\begin{aligned} \max_{z_1} NP &= \left(z_1^{\gamma_1} - 0\right)^{\alpha} \left((1-z_1)^{\gamma_2} - 0\right)^{\beta} \\ &= z_1^{\alpha\gamma_1} z_2^{\beta\gamma_2} . \end{aligned}$$

Ableiten und Nullsetzen (sowie angemessenes Umformen und Rumfrickeln, s. Anhang 10.6) ergeben als Resultate

$$z_1^{\star} = \frac{\alpha\gamma_1}{\alpha\gamma_1 + \beta\gamma_2}$$

und

$$z_2^{\star} = \frac{\beta\gamma_2}{\alpha\gamma_1 + \beta\gamma_2} .$$

Für den symmetrischen Fall, d.h. für den Fall, dass beide Spieler die gleiche Verhandlungsmacht $\alpha = \beta$ besitzen, wird die Gesamtsumme im Verhältnis der Risikoaversionsmaße aufgeteilt:

$$\frac{z_1}{z_2} = \frac{\gamma_1}{\gamma_2} \quad \text{für } \alpha = \beta .$$

Dies bedeutet, dass immer der Spieler mehr erhält, der weniger stark risikoavers ist (dessen γ größer ist).

Eine leicht mutige Interpretation könnte besagen, dass dies der Grund dafür ist, dass Menschen in Verhandlungssituationen bestrebt sind, beim Gegner den Eindruck zu erwecken, sie würden sich für das zu verhandelnde Gut (oder die zu verhandelnde Summe) so wenig interessieren, dass sie auch ohne positives Verhandlungsergebnis zufrieden wären.

10.4 Das Ultimatum–Spiel

Das Ultimatum–Spiel ist ein (vermeintlich) sehr einfaches Verhandlungsspiel. Der erste Spieler, Spieler P, schlägt vor, wie eine bestimmte Geldsumme, im Beispiel 1 Euro, zwischen ihm selbst und Spieler R aufgeteilt werden soll. Spieler P macht Spieler R ein Gebot in Höhe von s. Akzeptiert R (Aktion J), erhält P eine Auszahlung von $1-s$, R erhält s. Lehnt R ab (Aktion N), bekommen beide nichts.

10.4.1 Diskrete Version

Angenommen, die kleinste Einheit, in die die Summe aufgeteilt werden kann, ist ein Cent, d.h. 0.01 Euro. In diesem Fall hat Spieler P die Strategien $s \in \{0, 0.01, 0.02, \ldots, 0.99, 1\}$ zur Verfügung. Da es sich um ein sequentielles Spiel handelt, ist der Strategieraum von R sehr viel größer: Bei 101 Aktionen für Spieler P und jeweils zwei möglichen Antworten von R pro Aktion von P beträgt der Umfang des Strategieraums von R $= 2^{101}$, eine 31–stellige Zahl! Der Strategieraum von R lautet

$$r \in \left\{ \begin{array}{c} (J|0, J|0.01, J|0.02, \ldots, J|0.99, J|1), \\ (J|0, J|0.01, J|0.02, \ldots, J|0.99, N|1), \\ \ldots\ldots\ldots\ldots\ldots\ldots \\ (N|0, J|0.01, N|0.02, \ldots, N|0.99, J|1), \\ \ldots\ldots\ldots\ldots\ldots\ldots \\ (N|0, N|0.01, N|0.02, \ldots, N|0.99, N|1) \end{array} \right\}.$$

Abbildung 10.5 zeigt eine verkürzte extensive Darstellung des Spiels.

Für das Ultimatum–Spiel wird der Strategieraum oft dadurch verkürzt, dass man keine Strategien zulässt, die auf intransitiven Präferenzen beruhen, wie etwa $((J|0, J|0.01, N|0.02, N|0.03 \ldots)$. Der Raum der verbleibenden Strategien lässt sich nun vereinfacht notieren: Jede verbleibende Strategie von R kann durch die „Schwelle" τ gekennzeichnet werden. τ ist das kleinste Gebot, das R akzeptiert. Für ein Gebot s von P ist eine Strategie von R ist durch τ gekennzeichnet, wenn gilt, dass

$$\begin{aligned} r &= (x_0|0, x_{0.01}|0.01, x_{0.02}|0.02, \ldots, x_{0.99}|0.99, x_1|1) \\ \text{mit}\, x_\tau \text{ für } \tau \in \{0, 0.01, \ldots, 1\} &= \left\{ \begin{array}{lll} J & \text{für} & s \geq \tau \\ N & \text{für} & s < \tau \end{array} \right. . \end{aligned}$$

Entsprechend lässt sich die Normalform in s und τ notieren, wie dies in Tab. 10.1 geschehen ist.

Das Spiel lässt sich auf gewohnte Weise durch Anwendung von Zermellos Algorithmus oder durch Eliminierung dominierter Strategien analysieren. Das Ergebnis der Analyse ist auf den ersten Blick außerordentlich kontraintuitiv: Es existieren zwei teilspielperfekte Gleichgewichte. P bietet die

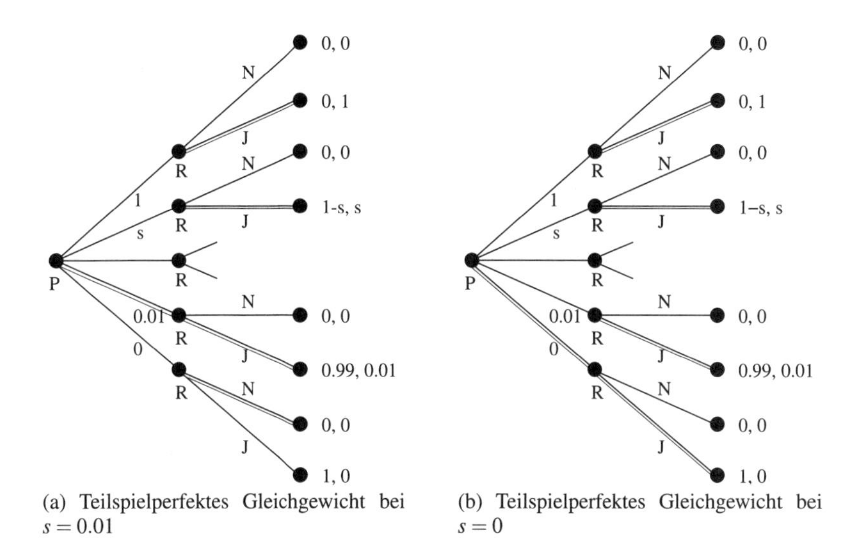

(a) Teilspielperfektes Gleichgewicht bei $s = 0.01$

(b) Teilspielperfektes Gleichgewicht bei $s = 0$

Abbildung 10.5: Ultimatum–Spiel mit diskreten Geboten. Extensive Form. Auszahlungen an (P,R)

		R: τ					
		0	0.01	0.02	…	0.99	1
	0	1, 0	0, 0	0, 0	…	0, 0	0, 0
	0.01	.99, .01	.99, .01	0, 0	…	0, 0	0, 0
P: s	0.02	.98, .02	.98, .02	.98, .02	…	0, 0	0, 0
	…	………………………					
	0.99	.01, .99	.01, .99	.01, .99	…	.01, .99	0, 0
	1	0, 1	0, 1	0, 1	…	0, 1	0, 1

Tabelle 10.1: Ultimatum–Spiel mit diskreten Geboten. Normalform

kleinstmögliche positive Summe s und R akzeptiert, oder P bietet nichts und R akzeptiert!

Vor allem die zweite Lösung, P bietet nichts und R akzeptiert, ist nicht besonders verständlich. Die Lösung resultiert aber lediglich aus den bekannten Voraussetzungen. R ist bei einem Gebot von $s = 0$ indifferent zwischen Ablehnung und Annahme des Gebots. Lehnt R ab, ist das Strategieprofil $(s = 0.01, \tau = 0.01)$ das teilspielperfekte Nash–Gleichgewicht, nimmt R an, ist es $(s = 0, \tau = 0)$. Weiterhin überraschend am Resultat ist die Tatsache, dass die aufzuteilende Summe derart ungleichmäßig verteilt wird. Nähere Erkenntnisse dazu, ob die hier vorgestellten theoretischen Ergebnisse tatsächlich auch realistisch sind, liefern Laborexperimente mit dem Ultimatum–Spiel (s.u.: Abschnitt 10.4.3).

10.4.2 Kontinuierliche Version

Im Ultimatum–Spiel mit kontinuierlichen Strategien ist die zu verteilende gesamte Geldsumme beliebig teilbar. Es ist also beispielsweise auch möglich, $1\frac{1}{3}$ Cent zu bieten. In diesem Fall gibt es nur noch ein einziges teilspielperfektes Gleichgewicht: P bietet Null und R akzeptiert!

Dies ist auf den ersten Blick nicht deutlich, lässt sich aber leicht erklären, indem man sich den Mechanismus des Grenzübergangs vor Augen hält. Lässt sich die Gesamtsumme beispielsweise nicht in einzelne Cents, sondern in $\frac{1}{10}$ Cents aufteilen, ist ein teilspielperfektes Gleichgewicht $s = \frac{1}{10}, \tau = \frac{1}{10}$, das andere $s = 0, \tau = 0$. Bei einer kleinsten Teilbarkeit auf $\frac{1}{1\,Mio.}$ rückt das erste Gleichgewicht mit nun $s = \frac{1}{1\,Mio.}, \tau = \frac{1}{1\,Mio}$ dichter an das zweite Gleichgewicht bei $s = 0, \tau = 0$ heran. Für immer kleinere Teilbarkeit rücken beide Gleichgewichte immer näher, bis sie schließlich beim Übergang zur unendlichen Teilbarkeit identisch werden. Das einzige verbleibende Gleichgewicht ist nun quasi ein doppeltes Gleichgewicht, das sowohl ein Gebot von Null als auch das im Grenzübergang kleinstmögliche positive Gebot darstellt.

Das Gleichgewicht bei kontinuierlichen Strategien liegt nun wieder bei einer Strategie von P, an der andere Spieler, R, indifferent zwischen seinen beiden reinen Strategien J und N ist. Diese Charakterisierung ist damit identisch zu den bereits betrachteten Gleichgewichten in gemischten Strategien (Abschnitt 6.3) und ähnlich zu Gleichgewichten in kontinuierlichen Strategien (Abschnitt 7.3).

10.4.3 Experimentelle Erkenntnisse

Das Ultimatum–Spiel ist eines der am häufigsten in Laborexperimenten untersuchten Spiele.[1] Fehr und Schmidt (1999) haben die Ergebnisse vieler Ultimatum–Experimente zu vier „stilisierten Fakten" zusammengefaßt:

- In Experimenten werden so gut wie nie Gebote beobachtet, die höher als 50% der insgesamt zu verteilenden Summe (im Beispiel hier: 1 Euro) sind.
- Die meisten Gebote liegen zwischen 40% und 50% der zu verteilenden Summe.
- Es werden beinahe nie Gebote beobachtet, die weniger als 20% der zu verteilenden Summe betragen.
- Die Wahrscheinlichkeit, dass der Responder ein Gebot ablehnt, ist um so höher, je niedriger das Gebot ist.

Über die Motive der Spieler, die zu den genannten Ergebnissen führen, kann spekuliert werden. Die Tatsache, dass Responder insbesondere geringe Gebote ablehnen, wird oft als Versuch gedeutet, den Proposer zu „erziehen". Allerdings werden die Ergebnisse auch dann beobachtet, wenn der Proposer anonym bleibt, und das Spiel nicht wiederholt wird. Die Tatsache, dass Proposer deutlich positive Gebote machen, also nicht teilspiel–perfekt spielen, wird oft als ein Zeichen angesehen, dass die Proposer nicht rein egoistisch handeln, sondern auch altruistische Motive haben, von einer Idee von Fairness geleitet werden oder ähnliches.

10.5 Verhandlungen mit Gegengeboten

10.5.1 Ein Zwei–Perioden–Verhandlungsspiel

Es soll zunächst ein einfaches Spiel mit Gegengeboten betrachtet werden. Es spielen Spieler 1 und 2. Wieder sei ein Betrag von 1 zwischen den Spielern aufzuteilen. In Zeitperiode 0 macht Spieler 1 seinem Gegenspieler 2 ein Gebot in Höhe von x. In Periode $t = 2$ nimmt Spieler 2 das Gebot an oder macht ein Gegengebot y. Nimmt 2 an, erhält er eine Auszahlung von x, Spieler 1 erhält $1 - x$. Falls Spieler 2 ein Gegengebot gemacht hat, nimmt Spieler 1 in $t = 2$ das Gebot an oder lehnt es ab. Nimmt 1 an, erhält er y, Spieler 2 erhält $1 - y$. Lehnt Spieler 1 ab, bekommen beide nichts. Die Gebote seien unendlich teilbar, so dass das Spiel ein Spiel mit kontinuierlichen Strategien ist.

Es soll angenommen werden, dass der Nutzen, den die beiden Spieler aus den Auszahlungen erhalten, nicht nur von der Höhe der Auszahlungen abhängt, sondern auch von dem Zeitpunkt, an dem die Auszahlungen anfallen.

[1] Eine Zusammenfassung vieler experimenteller Ergebnisse enthält Roth (1995).

Höhere Auszahlungen sind besser als niedrige, frühe Auszahlungen besser als spätere.

Um den Nutzen der Spieler genauer beschreiben zu können, sollen einfache Nutzenfunktionen eingeführt werden. Der Nutzen jedes Spielers i wird beschrieben durch

$$u_i(z_i,t) = z_i\,\sigma_i^t\,.$$

z_i ist die Auszahlung, t die Periode der Auszahlung. σ_i ist ein Zeitpräferenzfaktor mit $0 < \sigma_i < 1$.

Abbildung 10.6 zeigt die extensive Struktur des Spiels.

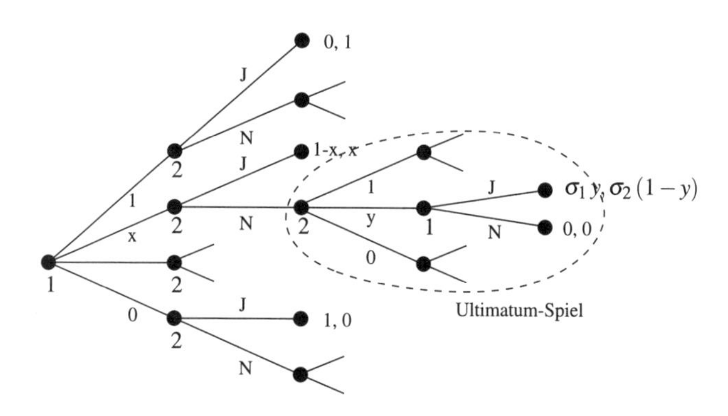

Abbildung 10.6: Verhandlungsspiel mit Gegengebot. Extensive Form. Nutzen an Spieler 1, Spieler 2

Die Analyse des Spiels vereinfacht sich, wenn man bemerkt, dass die Teilspiele nach Ablehnung des Gebots von Spieler 1 durch Spieler 2 Ultimatum–Spiele sind: Spieler 2 bietet y, Spieler 1 akzeptiert und erhält y und damit einen Nutzen von von $\sigma_1\,y$, oder Spieler 1 lehnt ab. Damit ist klar, wie das Ergebnis der Ultimatum–Teilspiele ausfallen wird: Es wird sich jeweils das eindeutige Teilspiel–perfekte Gleichgewicht ergeben, d.h. Spieler 2 erhält die maximale Auszahlung 1 und damit einen Nutzen von $1 \cdot \sigma_2 = \sigma_2$, Spieler 1 erhält nichts. Im Zuge der Rückwärtsinduktion können in der extensiven Darstellung alle Ultimatum–Teilspiele durch dieses Nutzenpaar $(0,\, \sigma_2)$ ersetzt werden. Abbildung 10.7 zeigt die entsprechend verkürzte extensive Form.

Um nun das optimale Gebot x zu ermitteln, ist es nützlich, die Reaktionkurve von Spieler 2 zu betrachten. Die Menge der jeweils besten Antworten ist

$$R_2\,(x) = \begin{cases} \{N\} & \text{für } x < \sigma_2\,, \\ \{J,N\} & \text{für } x = \sigma_2\,, \\ \{J\} & \text{für } x > \sigma_2\,. \end{cases}$$

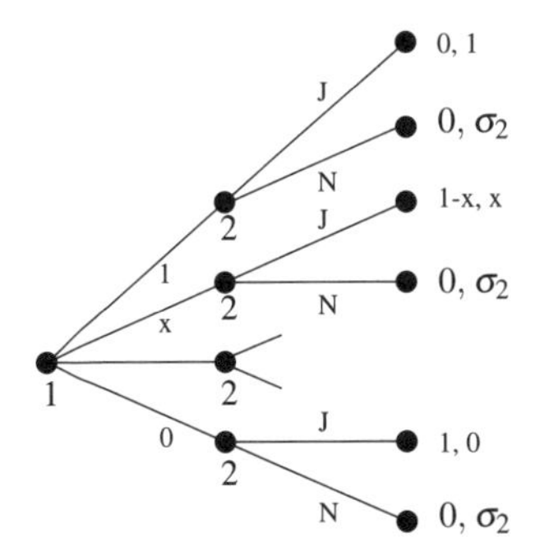

Abbildung 10.7: Verhandlungsspiel mit Gegengebot. Verkürzte extensive Form. Nutzen an Spieler 1, Spieler 2

Nach dem Gleichgewichtskriterium, dass der antwortende Spieler, also Spieler 2, indifferent zwischen seinen Strategien sein soll, liegt das zu erwartende Verhandlungsergebnis bei einem Gebot von $x = \sigma_2$, wobei Spieler 2 akzeptiert. Dieses Ergebnis ist ein teilspielperfektes Nash–Gleichgewicht.

10.5.2 Ein Verhandlungsspiel mit unendlichem Zeithorizont

Nun soll das Verhandlungsspiel aus Abschnitt 10.5.1 leicht abgewandelt werden: Anstelle von zwei Perioden dürfen die Gegner so lange verhandeln, wie sie wollen, im Extremfall also unendlich lange.

Spieler 1 macht im Zeitpunkt $t = 0$ sein erstes Gebot. Spieler 2 kann dies annehmen oder im Zeitpunkt $t = \tau$ ein Gegengebot machen. Spieler 1 kann dieses Gegengebot annehmen oder in $t = 2\tau$ ein Gegen–Gegengebot machen u.s.w. Zunächst soll vereinfachend angenommen werden, dass die Zeitpunkte „ganze" Kennzahlen besitzen, also dass $\tau = 1$.

Beide Spieler haben eine Nutzenfunktion, die in der Auszahlung (z) und dem Zeitpunkt der Auszahlung t definiert ist. Sie lautet

$$u_i(z,t) = v_i(z)\,\sigma_i^t\,,$$

wobei $v_i(z)$ eine konkave Funktion ist. σ_i ist ein Maß für die Zeitpräferenz. Zusätzlich gelte $u_i(0,t) = 0$ und $u(1,0) = 1$.

Untersucht werden soll der Fall *stationärer Strategien*, d.h. der Fall, in dem jeder Spieler in jeder Periode (genauer natürlich: in jeder zweiten Periode) dasselbe Gebot macht. Das so definierte stationäre Gebot von Spieler 1 sei m, das von Spieler 2 n. Nun kann für den Spezialfall ein Resultat ermittelt werden, dass (zufällig) Spieler 1 ein Gebot von n oder höher akzeptieren würde, jedes schlechtere aber ablehnt. Entsprechendes soll auch für Spieler

2 gelten: Er plant, alle Gebote in Höhe von m oder besser zu akzeptieren, jedoch kein schlechteres Gebot.

Betrachtet werden sollen nun die Punkte (oder Vektoren) $a = u(m, 0)$ und $b = u(n, 0)$. $a = (a_1, a_2)$ gibt also an, welchen Nutzen die beiden Spieler aus einem akzeptierten Gebot in Höhe von m im Zeitpunkt $t = 0$ ziehen würden, also der Nutzen, der entstünde, wenn Spieler 1 zu Beginn des Spiels m bieten und Spieler 2 dies akzeptieren würde: $a_1(m, 0)$ ist der Nutzen aus m in t für Spieler 1, $a_2(m, 0)$ der entsprechende Nutzen für Spieler 2. Analog ist $b = (b_1, b_2)$ der Nutzen, der den Spielern entstünde, wenn Spieler 2 das erste Vorschlagsrecht hätte, sofort n böte, und Spieler 1 dies akzeptierte. Abb. 10.8 zeigt m und n im Auszahlungsraum und die entsprechenden Punkte a und b im Nutzenraum.

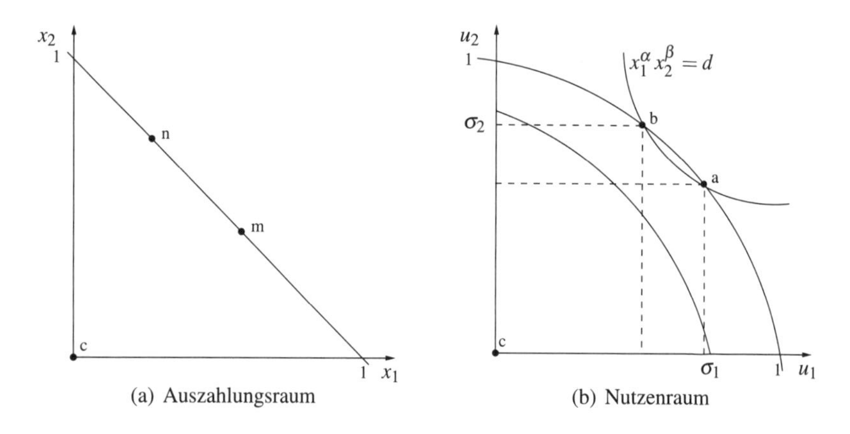

(a) Auszahlungsraum

(b) Nutzenraum

Abbildung 10.8: Verhandlungsmodell mit alternierenden Geboten

Im Gleichgewicht eines Verhandlungsspiels muss der antwortende Spieler indifferent zwischen Annahme und Ablehnung des Gebots sein. Diese Regel kann man sich nun zu Nutze machen, um die optimale Höhe des Gebots m und entsprechend auch von n zu bestimmen.

Bietet Spieler 1 in $t = 0$ die Summe m, so kann Spieler 2 ablehnen oder annehmen. Nimmt Spieler 2 an, entsteht ihm ein Nutzen von a_2. Dies ist die Definition des Punktes a. Lehnt Spieler 2 ab, so bietet er in $t = 1$ sein stationäres Gebot n. Die Strategie von Spieler 1 ist so definiert, dass er Gebote von mindestens n annimmt, also akzeptiert Spieler 1. Hieraus entsteht Spieler 2 ein Nutzen von $b_2 \cdot \sigma_2$, denn die Auszahlung b_2 entsteht erst in Periode 1, muss also einmal mit der Zeitpräferenz „diskontiert“ werden. Das optimale Gebot von Spieler 1 liegt also dort, wo gilt, dass

$$a_2 = \sigma_2 b_2 . \tag{10.1}$$

Entsprechend lässt sich argumentieren, um die optimale Höhe von n zu finden. Angenommen, Spieler 2 habe das Erstgebotsrecht.[2] Sein optimales Gebot liegt dort, wo Spieler 1 indifferent zwischen Annahme und Ablehnung des Gebots ist. Bei Annahme erhält Spieler 1 den Betrag b_1. Bei Ablehnung bietet Spieler 1 den Betrag m, Spieler 2 nimmt definitionsgemäß an, so dass Spieler 1 als Auszahlung $\sigma_1 a_1$ erhält. Das optimale Gebot n liegt also dort, wo

$$b_1 = \sigma_1 a_1 . \tag{10.2}$$

(10.1) und (10.2) kennzeichnen ein Gleichgewicht für einen Abstand der Zeitpunkte, zu denen Gebote gemacht werden, von $\tau = 1$. Für einen beliebigen Zeitabstand τ werden die Bedingungen zu

$$a_2 = \sigma_2^{\tau} b_2 , \tag{10.3}$$

$$b_1 = \sigma_1^{\tau} a_1 . \tag{10.4}$$

Für den nächsten Schritt der Analyse soll zunächst eine leicht veränderte Schreibweise eingeführt werden. Es gelte nun

$$\sigma_1 =: e^{-\rho_1}$$

$$\sigma_2 =: e^{-\rho_2} .$$

ρ_1 und ρ_2 sind Zeitpräferenzraten.

Damit lässt sich zeigen, dass für den Fall, dass der zeitliche Abstand zwischen den Geboten τ gegen Null geht, die Verhandlungslösung aus (10.3) und (10.4) gegen die verallgemeinerte Nash–Verhandlungslösung mit Verhandlungsmacht der Spieler von $\alpha = \frac{1}{\rho_1}$ für Spieler 1 und $\beta = \frac{1}{\rho_2}$ für Spieler 2 konvergiert.

Durch diese Ersetzungen in der Schreibweise werden (10.3) und (10.4) zu

$$a_2 = e^{-\rho_1 \tau} b_2 , \tag{10.5}$$

$$b_1 = e^{-\rho_2 \tau} a_1 . \tag{10.6}$$

Es sei $\alpha = \frac{1}{\rho_1}$ und $\beta = \frac{1}{\rho_2}$. Dann folgt aus (10.5) und (10.6), dass

$$\left(\frac{a_2}{b_2}\right)^{\beta} = \left(\frac{b_1}{a_1}\right)^{\alpha} = e^{-\tau} . \tag{10.7}$$

Hieraus folgt, dass

[2] Bekannter Kalauer: Nach einer alten literarischen Quelle lässt sich das Erstgebotsrecht gegen ein Linsengericht verkaufen.

$$a_1^{\alpha} a_2^{\beta} = b_1^{\alpha} b_2^{\beta}. \tag{10.8}$$

(10.8) besagt, dass beide Punkte, a und b, auf derselben Hyperbel $x_1^{\alpha} x_2^{\beta} = d$ liegen. (Diese Beziehung ist für $\tau = 1$ in Abb. 10.8(b) eingezeichnet.)

Um nun zu zeigen, dass das Verhandlungsergebnis eine Nash–Lösung ist, muss nur noch nachgewiesen werden, dass für $\tau \to 0$ die beiden Punkte a und b so eng aneinander rücken, dass sie einen gemeinsamen Punkte auf der Nutzengrenze repräsentieren, durch den dann die höchstwertige erreichbare Hyperbel $x_1^{\alpha} x_2^{\beta} = d$ verläuft.

Für $\tau \to 0$ ergibt sich aus (10.7), dass

$$\lim_{\tau \to 0} e^{-\tau} = 1. \tag{10.9}$$

Damit ergibt sich, dass

$$\lim_{\tau \to 0} \left(\frac{a_2}{b_2}\right)^{\beta} = \lim_{\tau \to 0} \left(\frac{b_1}{a_1}\right)^{\alpha} = 1 \tag{10.10}$$

und deshalb

$$a_2 = b_2 \quad \text{und} \quad a_1 = b_1. \tag{10.11}$$

(10.11) besagt also, dass die Punkte a und b identisch werden und damit die einzige Verhandlungslösung sind. Dies genau sollte gezeigt werden.

10.6 Anhang: Herleitung der Resultate für das einfache Verhandlungsspiel aus 10.3

Das Maximierungproblem lautet

$$\max_{z_1} NP = z_1^{\alpha\gamma_1} z_2^{\beta\gamma_2}.$$

Erste Ableitung:

$$\frac{dNP}{dz_1} = \alpha\gamma_1 z_1^{\alpha\gamma_1 - 1}(1-z_1)^{\beta\gamma_2} - z_1^{\alpha\gamma_1}\gamma_2\beta(1-z_1)^{\beta\gamma_2 - 1} \stackrel{!}{=} 0$$

Umformen und Frickeln:

$$\begin{aligned}
\alpha\gamma_1 z_1^{\alpha\gamma_1 - 1}(1-z_1)^{\beta\gamma_2} &= z_1^{\alpha\gamma_1}\gamma_2\beta(1-z_1)^{\beta\gamma_2 - 1} \quad | \quad \cdot z_1^{-\alpha\gamma_1} \\
\Leftrightarrow \quad \alpha\gamma_1 z_1^{-1}(1-z_1)^{\beta}\gamma_2 &= \beta\gamma_2(1-z_1)^{\beta\gamma_2 - 1} \quad | \quad \cdot (1-z_1)^{-\beta\gamma_2} \\
\Leftrightarrow \quad \alpha\gamma_1 z_1^{-1} &= \beta\gamma_2(1-z_1)^{-1} \quad | \quad \cdot z_1(1-z_1) \\
\Leftrightarrow \quad \alpha\gamma_1(1-z_1) &= \beta\gamma_2 z_1 \\
\Leftrightarrow \quad (1-z_1) &= \frac{\beta\gamma_2}{\alpha\gamma_1} z_1 \\
\Leftrightarrow \quad 1 &= \left(1 + \frac{\beta\gamma_2}{\alpha\gamma_1}\right) z_1 \\
\Leftrightarrow \quad z_1 &= \frac{\alpha\gamma_1}{\alpha\gamma_1 + \beta\gamma_2}.
\end{aligned}$$

Einsetzen für z_2:

$$
\begin{aligned}
z_2 &= 1 - z_1 \\
&= 1 - \frac{\alpha\gamma_1}{\alpha\gamma_1 + \beta\gamma_2} \\
&= \frac{\beta\gamma_2}{\alpha\gamma_1 + \beta\gamma_2}.
\end{aligned}
$$

11. Auktionen

11.1 Einleitung

Versteigerungen oder Auktionen sind wichtige Allokationsmechanismen in der Ökonomie und werden in der Ökonomik häufig als einleitende Beispiele für die Funktionsweise von Konkurrenzmärkten genannt („Walrasianische Auktion").

Es gibt eine Reihe (vermeintlich unterschiedlicher) Arten von Auktionen. Viele davon lassen sich leicht mit Mitteln der Spieltheorie beschreiben und analysieren.

In Verkaufsauktionen (und hierauf soll sich dieses Kapitel konzentrieren) wird ein Gegenstand von einem Anbieter per Versteigerung an einen von vielen Nachfragern verkauft. Wer der Nachfrager ist, der den Gegenstand erhält, entscheidet sich im Laufe des Auktionsprozesses.

Verkaufsauktionen ist gemeinsam, dass jeder Nachfrager mindestens ein Gebot abgibt, also einen Geldbetrag nennt, für den er den Auktionsgegenstand erwerben möchte. Die verschiedenen Arten von Verkaufsauktionen unterscheiden sich unter anderem durch

- die Art des Gebotes (offen oder verborgen),
- den vom Auktionsgewinner zu zahlenden Preis (Erstpreisauktionen, Zweitpreisauktionen),
- die Reihenfolge der Gebote (aufsteigend oder absteigend) und
- die Information über den Auktionsgegenstand.

Spieltheoretisch gesehen handelt es sich bei Auktionen um Spiele mit unvollkommener Information. Jeder Bieter (Spieler) kennt seine eigene Wertschätzung des Auktiongegenstandes (weiß also, was der Gegenstand ihm wert ist), aber kein Spieler kennt die Wertschätzungen der anderen Bieter.

11.2 Zweitpreisauktionen

Zunächst soll die Form der Zweitpreisauktionen mit privater Wertschätzung und verborgenen Geboten betrachtet werden. Bei dieser Auktionsform kennt jeder Bieter nur seine eigene Wertschätzung („private Information"), und die Gebote werden verborgen abgegeben, d.h. kein Bieter kennt die Gebote der anderen Bieter. Gewinner der Auktion ist der Bieter, der das höchste Gebot abgibt. Der zu zahlende Preis ist gleich dem zweithöchsten abgegebenen

Gebot.[1] Für den Fall, dass sich nur zwei Bieter, A und B, an der Auktion beteiligen,[2] ergeben sich die Auszahlungen für Bieter $i \in \{A; B\}$, π_i, wie folgt. Falls das abgegebene Gebot b_i höher ist als das des anderen Spielers, $-i$, ist i der Auktionsgewinner. Seine Auszahlung ist gleich dem Unterschied zwischen seiner Wertschätzung v_i und dem gezahlten Preis. Der Preis ist im Fall der Zweitpreisauktion gleich dem Gebot des anderen Spielers, also b_i. Bieten beide Spieler denselben Betrag, teilen sie sich die Auszahlung. Falls Bieter i die Auktion verliert, ist seine Auszahlung gleich Null.

$$\pi_i = \begin{cases} v_i - b_{-i} & \text{falls} \quad b_i > b_{-i} \\ \frac{1}{2}(v_i - b_{-i}) & \text{falls} \quad b_i = b_{-i} \\ 0 & \text{falls} \quad b_i < b_{-i} \end{cases} \tag{11.1}$$

Die Herleitung der besten Strategiewahl und des resultierenden Gleichgewichts lässt sich anhand eines nummerischen Beispiels leicht illustrieren. Es soll eine Auktion mit den zwei Bietern A und B betrachtet werden. Die Wertschätzungen der beiden Bieter seien gleich 4 bzw. 3, $v_A = 4$, $v_B = 3$. Gebote seien nur in Höhe von ganzen Zahlen zulässig. Das höchst mögliche Gebot sei gleich 5. Hieraus und aus den Auszahlungen (11.1) lässt sich eine Auszahlungstabelle zusammenstellen (Tab. 11.1).

Spieler sind die Bieter, Aktionen die Gebote. Da es sich um ein Spiel bei imperfekter Information handelt, sind die Strategien nicht von den Geboten anderer Bieter abhängig, sondern identisch mit den Aktionen.

		Spieler B					
		$b_B = 0$	$b_B = 1$	$b_B = 2$	$b_B = 3$	$b_B = 4$	$b_B = 5$
Spieler A	$b_A = 0$	2, 1.5	0, 3	0, 3	0, 3	0, 3	0, 3
	$b_A = 1$	4, 0	1.5, 1	0, 2	0, 2	0, 2	0, 2
	$b_A = 2$	4, 0	3, 0	1, 0.5	0, 1	0, 1	0, 1
	$b_A = 3$	4, 0	3, 0	2, 0.5	0.5, 0	0, 0	0, 0
	$b_A = 4$	4, 0	3, 0	2, 0	1, 0	0, -0.5	0, -1
	$b_A = 5$	4, 0	3, 0	2, 0	1, 0	0, 0	-0.5, -2

Tabelle 11.1: simples Auktionsspiel

Aus der Tabelle ergibt sich, dass besonders auch *die beste Strategie* eines Spielers nicht von dem Gebot des Gegners abhängt. Jeder Spieler hat eine schwach dominante Strategie: Es ist in jedem Fall eine beste Antwort, ein Gebot in Höhe der eigenen Wertschätzung zu machen, egal was der andere bietet. Im Nash–Gleichgewicht macht also jeder Spieler ein Gebot in Höhe

[1] Dieses Verfahren ist ähnlich dem, das bei EBay angewendet wird. Hier zahlt der Gewinner das Gebot des Zweitplatzierten plus einem geringen Aufschlag. Weil dieser kleine Aufschlag kaum strategische Bedeutung hat, soll er hier ignoriert werden.

[2] Alle Fälle mit mehr als zwei Bietern lassen sich hieraus leicht ableiten, sind aber weniger einfach in Auszahlungstabellen darstellbar.

seiner Wertschätzung, hier also $b_A^\star = v_A = 4$ und $b_B^\star = v_B = 3$. Spieler A gewinnt die Auktion und erhält eine Auszahlung in Höhe von $\pi_A = v_A - v_B = 4 - 3 = 1$.

An dem simplen Beispiel ist eine auf den ersten Blick erstaunliche Tatsache erkennbar: Der Modus der Auktion, also etwa die Regelung, in welcher Reihenfolge die Gebote abgegeben werden, aufsteigend, absteigend oder sogar ohne Reihenfolge, spielt laut Spieltheorie für das Ergebnis der Auktion keine Rolle.[3]

11.3 Erstpreisauktionen

In Erstpreisauktionen gewinnt der Bieter die Versteigerung, der das höchste Gebot abgibt. Er zahlt einen Preis in Höhe seines Gebotes.

Die Auszahlungen in einer Zwei–Bieter–Erstpreisauktion ergeben sich analog zu denen in einer entsprechenden Zweitpreisauktion (wie in (11.1)).

$$\pi_i = \begin{cases} v_i - b_i & \text{falls} \quad b_i > b_{-i} \\ \frac{1}{2}(v_i - b_i) & \text{falls} \quad b_i = b_{-i} \\ 0 & \text{falls} \quad b_i < b_{-i} \end{cases} \tag{11.2}$$

11.3.1 Vollkommene Information

Im — hauptsächlich pädagogisch bedeutenden — Fall von vollkommener Information kennt jeder Spieler das Gebot des Gegners. Das Spiel ist ähnlich einem „invertierten“ Bertrand–Spiel (Abschnitt 7.5). Es gewinnt der Bieter mit dem höheren Gebot. Um eine positive Auszahlung zu erreichen, darf das Gebot aber nicht höher als die eigene Wertschätzung sein. Folglich gewinnt der Bieter mit der höchsten Wertschätzung und gibt ein Gebot ab, das ein wenig höher ist als die Wertschätzung des Gegners.

Falls also Bieter i die höchste Wertschätzung und Bieter $-i$ die zweithöchste Wertschätzung besitzt, bietet – im Gleichgewicht $b_i^\star = v_{-i} + \varepsilon$, wobei ε ein sehr kleiner Aufschlag ist. Die resultierende Auszahlung an den Auktionsgewinner beträgt $\pi_i(b_i^\star) = v_i - v_{-i} - \varepsilon$.

11.3.2 Unvollkommene Information

Im Fall unvollkommener Information kennt keiner der Spieler die Wertschätzung und damit das Gebot des Gegners. Die angemessene Analyse ist die Bayesianische. Die möglichen Typen von Spielern bzw. von Gegenspielern sind identisch mit deren Wertschätzungen.

[3] Dass in der Realität der Auktionsmodus sehr wohl eine Rolle spielt, zeigen vielfältige Laborexperimente. Ein guter – wenn auch schon älterer — Überblick findet sich in Kagel (1995).

Wieder soll ein einfaches Beispiel betrachtet werden. Bieter sind die Spieler A und B. Die Wertschätzung jedes Spielers sei unabhängig von der Wertschätzung des jeweiligen Gegners und stetig gleichverteilt zwischen (inklusive) Null und Eins, $[0; 1]$. Jeder Spieler kennt seine eigene Wertschätzung v_i, $i \in \{A, B\}$ und die Verteilung der Wertschätzung des anderen Spielers (prior beliefs).[4]

Es wird sich zeigen, dass das Auktionsspiel ein symmetrisches Gleichgewicht besitzt, in dem jeder Spieler genau die Hälfte seiner Wertschätzung bietet. Wieder hängen die Gebote allein von der eigenen Wertschätzung ab, so dass im Gleichgewicht gilt, dass

$$b_i^\star = b_i(v_i) = \frac{1}{2} v_i \; \forall i \in \{A, B\} \tag{11.3}$$

Die Funktion $b_i(v_i)$ heißt „Bietfunktion" von Spieler i.

Dass (11.3) in einer Erstpreisauktion mit verborgenen Geboten bei unabhängiger privater Wertschätzung das Gleichgewicht beschreibt, lässt sich recht leicht, aber etwas aufwändig beweisen. Der Beweis besteht darin zu zeigen, dass $b_A^\star$ und $b_B^\star$ gegenseitig beste Antworten sind.

Spieler As erwartete Auszahlung im Fall, dass B seine Gleichgewichtsstrategie $b_B^\star$ spielt, beträgt

$$\begin{aligned} E\left[\pi_A\left(b_A\right)\right] = & \underbrace{0 \cdot \operatorname{Prob}\left(b_A < b_B^\star\right)}_{A \text{ verliert}} + \underbrace{\left(v_A - b_A\right) \operatorname{Prob}\left(b_A > b_B^\star\right)}_{A \text{ gewinnt}} \\ & + \underbrace{\frac{1}{2}\left(v_A - b_A\right) \operatorname{Prob}\left(b_A = b_B^\star\right)}_{\text{unentschieden}} \end{aligned} \tag{11.4}$$

Einsetzen von $\frac{1}{2} v_B$ für $b_B^\star$ führt zu

$$\begin{aligned} \pi_A\left(b_A\right) = & \, 0 \cdot \operatorname{Prob}\left(b_A < \frac{1}{2} v_B\right) + \left(v_A - b_A\right) \operatorname{Prob}\left(b_A > \frac{1}{2} v_B\right) \\ & + \frac{1}{2}\left(v_A - b_A\right) \operatorname{Prob}\left(b_A = \frac{1}{2} v_B\right) \end{aligned}$$

Wegen der Annahme, v_B sei eine Zufallsvariable mit stetiger Verteilung, ist die Wahrscheinlichkeit eines „Unentschieden" eine Punktwahrscheinlichkeit einer stetigen Verteilung und damit gleich Null.

$$\operatorname{Prob}\left(b_A = \frac{1}{2} v_B\right) = 0 .$$

[4] Im Grunde sind die Grenzen des Intervalls unerheblich. Die Untergrenze als Null anzunehmen, ist relativ eingängig. Die Obergrenze ist hier auf Eins gesetzt, weil die folgenden Berechnungen damit simpler werden.

Folglich wird (11.4) zu

$$E\left[\pi_A(b_A)\right] = (v_A - b_A)\,\text{Prob}\left(b_A > \frac{1}{2}\,v_B\right) \tag{11.5}$$

Da v_B stetig gleichverteilt auf [0; 1] ist, folgt

$$\begin{aligned}\text{Prob}\left(b_A > \frac{1}{2}\,v_B\right) &= \text{Prob}\left(\frac{1}{2}\,v_B \leq b_A\right)\\ &= \text{Prob}\,(v_B \leq 2\,b_A)\\ &= \min\{2\,b_A,\,1\}\end{aligned}$$

Bei einem Gebot von $b_A = \frac{1}{2}$ gewinnt A sicher die Auktion. Höhere Gebote als $\frac{1}{2}$ (also $b_A > \frac{1}{2}$) erhöhen die Wahrscheinlichkeit, die Auktion zu gewinnen, nicht. (v_B kann nicht höher sein als 1). Ein Gebot von A, das höher ist als $\frac{1}{2}$, führt dazu, dass A die Auktion sicher gewinnt. (Es gelten die Voraussetzungen, dass Bs mögliche Wertschätzungen gleichverteilt zwischen Null und Eins sind, und dass B die Hälfte seiner Wertschätzung bietet.)

$$\text{Prob}\left(b_A > \frac{1}{2}\,v_B\right) = 1 \quad \forall \quad b_A \geq \frac{1}{2}\,,$$

so dass die Analyse auf $b_A < \frac{1}{2}$ beschränkt werden kann.

Es gibt also einen sicheren Weg, die Auktion zu gewinnen: Biete mindestens $\frac{1}{2}$! Hohe Gebote steigern also die Gewinnwahrscheinlichkeit, senken aber die erwartete Auszahlung.

Für Gebote in Höhe von maximal $\frac{1}{2}$ beträgt die Wahrscheinlichkeit, die Auktion zu gewinnen, zu

$$\text{Prob}\left(b_A > \frac{1}{2}\,v_B\right) = 2\,b_A$$

Hieraus lässt sich der Ausdruck für die erwartete Auszahlung an Spieler A, (11.5), vereinfachen zu

$$\pi_A(b_A) = (v_a - b_A)\cdot 2\,b_A\,. \tag{11.6}$$

Maximierung von (11.6) über b_A führt zu As bester Antwort auf Bs Spiel von $\pi_B^\star = \frac{1}{2}\,v_B$:

$$\begin{aligned}&\frac{d\,E\left[\pi_A(b_A)\right]}{d\,b_A} = 2\,v_A - 4\,b_A \stackrel{!}{=} 0\\ \Rightarrow\quad &b_A^\star\,(v_A) = \frac{1}{2}\,v_A\end{aligned}$$

Die Strategie $b_A^\star = \frac{1}{2}\,v_A$ ist also eine beste Antwort auf Bs $b_B^\star$.

Der zweite Teil des Beweises besteht nun daraus zu zeigen, dass auch $b_B^\star = \frac{1}{2}\, v_B$ eine beste Antwort auf $b_A^\star$ ist. Diese Prozedur ist das direkte Analog zur oben demonstrierten Vorgehensweise.

Nach diesen zwei Schritten ist klar, dass $b_A^\star$ und $b_B^\star$ gegenseitig beste Antworten sind und daher ein Nash–Gleichgewicht bilden.

Das allgemeine Ergebnis für Erstpreisauktionen mit verborgenen Geboten und voneinander unabhängigen privaten Wertschätzungen ist die Erkenntnis, dass Bieter systematisch unterhalb ihrer Wertschätzungen bieten werden.

Der Bieter mit der höheren Wertschätzung wird die Auktion gewinnen und weniger als seine Wertschätzung zahlen.

11.4 Erlösäquivalenz

Im Folgenden soll die erstaunliche Tatsache demonstriert werden, dass die Erlöse, die der Auktionator bei Erstpreis– und Zweitpreisauktionen erzielt, im Erwartungswert gleich hoch sind.

11.4.1 Erlöse bei Erstpreisauktionen

Bei einer Erstpreisauktion gewinnt der Bieter mit der höchsten Wertschätzung. Er zahlt einen Preis in Höhe der Hälfte seiner Wertschätzung.[5] Der Erlös R_1 ist gleich dem Preis, den der Gewinner — im Gleichgewicht — zahlt.

Der (erwartete) Erlös aus einer Erstpreisauktion beträgt

$$\begin{aligned} E\left[R_1\right] &= \max\left\{b_A, b_B\right\} \\ &= \max\left\{\frac{1}{2}\, v_A, \frac{1}{2}\, v_B\right\} \\ &= \frac{1}{2}\max\left\{v_A, v_B\right\} \end{aligned} \tag{11.7}$$

Im Beispielfall, der im vorhergehenden Abschnitt betrachtet wurde, sind die Wertschätzungen beider Bieter gleichmäßig und voneinander unabhängig auf dem Intervall $[0, 1]$ verteilt.

Die Wertschätzungen sind also Zufallsvariablen. Das Maximum zweier Zufallsvariablen ist selbst eine Zufallsvariable, eine *Faltung* von zwei anderen Zufallsvariablen.

Für den Erwartungwert einer Maximums–Faltung der Zufallsvariablen Y und Z, die beide stetig und identisch unabhängig auf dem Intervall $[a, b]$ gleichverteilt sind, gilt dass

[5] Dieses Resultat gilt unter den in Abschnitt 11.3.2 genutzten Annahmen.

$$E\left[\max\{Y,Z\}\right] = \frac{2}{3}b^3 + \frac{1}{3}a^3 - ab^2$$

Diese Regel lässt sich für den erwarteten Erlös aus (11.7) anwenden. In einer Erstpreisauktion beträgt also der erwartete Erlös

$$\begin{aligned}
E\left[R_1\right] &= \max\{b_A, b_B\} \\
&= \max\left\{\frac{1}{2}v_A, \frac{1}{2}v_B\right\} \\
&= \frac{1}{2}\max\{v_A, v_B\} \\
&= \frac{1}{2}\left(\frac{2}{3}1^3 + \frac{1}{3}0^3 - 0 \cdot 1^2\right) \\
E\left[R_1\right] &= \frac{1}{3} \qquad (11.8)
\end{aligned}$$

11.4.2 Erlöse bei Zweitpreisauktionen

In einer Zweitpreisauktion ist es die beste Strategie, die eigene Wertschätzung zu bieten.

Der Gewinner der Auktion ist der Bieter mit der höchsten Wertschätzung, aber der Preis, den der Gewinner zahlt, ist gleich dem zweithöchsten Gebot, in einer Zwei–Bieter–Auktion also gleich dem Minimum der Wertschätzungen der Spieler.

Falls die Wertschätzungen verteilt sind wie oben (für die Erstpreisauktion) angenommen, beträgt der Erlös einer Zweitpreisauktion

$$E\left[R_2\right] = \min\{v_A, v_B\}\ .$$

Auch R_2 ist eine Zufallsvariable und entsteht als eine Faltung.

Für den Erwartungwert einer Minimums–Faltung der Zufallsvariablen Y und Z, die beide stetig und identisch unabhängig auf dem Intervall $[a,b]$ gleichverteilt sind, gilt dass

$$E\left[\min\{Y,Z\}\right] = \frac{2}{3}a^3 + \frac{1}{3}b^3 - ba^2$$

Durch Anwendung dieser Regel lässt sich der erwartete Erlös einer Zweitpreisauktion bestimmen.

$$\begin{aligned}
E\left[R_2\right] &= \min\{v_A, v_B\} \\
&= \frac{2}{3}0^3 + \frac{1}{3}1^3 - 0^2 \cdot 1 \\
E\left[R_2\right] &= \frac{1}{3} \qquad (11.9)
\end{aligned}$$

11.4.3 Erlös–Äquivalenz–Theorem

Aus dem oben gezeigten folgt das *Erlös–Äquivalenz–Theorem*: Falls die (privaten) Wertschätzungen der Bieter auf identische Weise verteilt sind, sind die Erwartungswerte der Erlöse aus einer Erstpreis– und einer Zweitpreisauktion (mit verborgenen Geboten) gleich hoch.

Nach kurzem Erstaunen und weiterem Nachdenken ist dieses Resultat nicht all zu kontraintuitiv: Zwar machen in Erstpreisauktionen die Bieter niedrigere Gebote als in Zweitpreisauktionen. Aber diese Tatsache wird dadurch ausgeglichen, dass der Gewinner einer Zweitpreisauktion nur einen Erlös in Höhe des zweithöchsten Gebotes verursacht. Beide Einflüsse auf den Erlös gleichen sich gegenseitig genau aus.

11.5 Winner's Curse

Eine weitere — auf den ersten Blick — erstaunliche Tatsache im Zusammenhang mit Auktionen ist die Existenz eines „winner's curse" (übersetzt etwa „Fluch des (Auktions–) Gewinners").

Gemeint ist die beinahe unvermeidliche Tatsache, dass der Gewinner einer Auktion fast immer einen Verlust macht, also eine negative Auszahlung erhalten wird.

Dieses Phänomen lässt sich leicht erklären. Gewinner einer Auktion ist immer der Bieter, der das höchste Gebot macht. Das Gebot hängt positiv monoton von der Wertschätzung ab: Wer den Wert des Auktionsgegenstandes am höchsten einschätzt, gewinnt ihn. Oft ist aber diese maximale Wertschätzung übertrieben, Auktionen werden meist von denen gewonnen, die sich am schlimmsten verschätzen und damit am meisten zahlen. Der Auktionsgegenstand erweist sich als weniger wert, als vom Auktionsgewinner gedacht. Die Differenz zwischen gezahltem Preis und tatsächlichem Wert des Auktionsgegenstandes ist der *winner's curse*.

12. Evolutionäre Spiele

12.1 Das Hawk–Dove–Spiel und evolutionär stabile Zustände

12.1.1 Das Hawk–Dove–Spiel

Zwei Wellensittiche teilen sich eine Weile lang einen Käfig. Im Käfig ist der Platz vor dem Spiegel besonders begehrenswert: Der Sittich, der dort sitzt, kann sich den ganzen Tag über kämmen, pudern, Pickel ausdrücken u.s.w., wodurch er für Wellensittichinnen extrem attraktiv wird. Attraktive Sittiche vermehren sich stärker als unattraktive Sittiche. Der Wert des Platzes vor dem Spiegel sei $V = 2$. Kommt es zwischen den Sittichen zum Kampf um diesen Platz, so trägt der Verlierer unschöne Narben davon, so dass er Kosten in Höhe von $C = -4$ tragen muss, um sich von einem Sittich–Schönheits–Chirurgen wiederherstellen zu lassen. Es gibt zwei Strategien, sich als Sittich in der Spiegel–Situation zu verhalten:

1. *Hawk*
   Ein Sittich, der Hawk spielt, tut so, als sei er ein Falke: Er kämpft in jedem Fall mit dem Gegner.
2. *Dove*
   Ein Sittich, der Dove spielt, ist ein echtes Weichei: Er flieht („macht den Sittich“), sobald er einen Hawk–spielenden Sittich sieht.

Es resultiert ein Spiel mit simultanen Zügen. Treffen ein Hawk– und ein Dove–Spieler aufeinander, gewinnt der Hawk–Spieler den Platz vor dem Spiegel ($\pi = 2$), der Dove–Spieler bekommt nichts ($\pi = 0$). Treffen zwei Hawk–Spieler aufeinander, kämpfen sie miteinander. Die Chancen, diesen Kampf zu gewinnen, sind $\frac{1}{2}$ für jeden, so dass die erwartete Auszahlung $\pi = \frac{1}{2} \cdot V + \frac{1}{2} \cdot C = -1$ beträgt. Treffen zwei Dove–Spieler aufeinander, teilen sie die Zeit vor dem Spiegel gleichmäßig untereinander auf, so dass jedem die Auszahlung $\pi = \frac{1}{2}V = 1$ entsteht. Die Normalform des Spiels ist in Tab. 12.1 dargestellt.

	Hawk	Dove
Hawk	-1, -1	2, 0
Dove	0, 2	1, 1

Tabelle 12.1: Hawk–Dove–Spiel. Normalform

Die Struktur der Auszahlungen des Hawk–Dove–Spiels ist die gleiche wie im Chicken–Game (Abschnitte 3.6.2 und 6.4.2), die Höhe der Auszahlungen ist aber unterschiedlich. Es existieren drei Nash–Gleichgewichte: die Gleichgewichte in reinen Strategien bei (*Hawk, Dove*) und (*Dove, Hawk*) sowie das gemischte Gleichgewicht, in dem beide Spieler mit $p_H = \frac{1}{2}$ *Hawk* und mit $(1 - p_H) = \frac{1}{2}$ *Dove* spielen.

12.1.2 Der evolutionäre Ansatz

Die evolutionäre Spieltheorie wählt nun eine andere Herangehensweise an diese Art von Spielen. Es wird angenommen, es existiere eine große Anzahl von Wellensittichen, eine *Population*. Aus dieser Population werden nun wiederholt jeweils zwei Sittiche ausgewählt, die dann gegeneinander das Hawk–Dove–Spiel spielen. Dabei wird angenommen, dass die Spieler die Strategie spielen, die bei ihnen *genetisch vorprogrammiert* ist. Jeder Sittich spielt also entweder *Hawk* oder *Dove*, kann aber seine Strategie nicht wechseln, denn sie ist ihm von Geburt an vorgegeben. Die Auszahlungen aus dem Spiel geben nun an, wie viele Nachkommen der jeweilige Spieler haben wird. (Hier geht es um asexuelle Fortpflanzung!) Die Nachkommen erben die Strategie ihres Vorfahren. Die wichtigste Frage, die sich evolutionäre Spieltheoretiker stellen, ist die danach, wie die Zusammensetzung der Population langfristig sein wird. Wird auf lange Sicht die Population nur aus *Hawk*–Spielern, nur aus *Dove*–Spielern oder aus einer stabilen Mischung aus beidem bestehen?

Die Antwort ist erstaunlich simpel. Angenommen, eine Population bestünde nur aus *Hawk*–Spielern. Würde nun ein einziger *Dove*–Spieler die Population „invadieren“, so würde sich dieser *Dove*–Spieler schneller vermehren als die *Hawk*–Spieler, denn die erwartete Auszahlung an einen *Dove*–Spieler in einer reinen *Hawk*–Population ist höher als die der *Hawk*–Spieler in dieser Population.

Die erwartete Auszahlung eines *Dove*–Spielers, $E(\pi_D)$ errechnet sich allgemein als

$$E(\pi_D) = p_H \pi_D^H + (1 - p_H)\pi_D^D, \tag{12.1}$$

wobei p_H den Populationsanteil an *Hawk*–Spielern angibt, π_D^D die Auszahlung eines *Dove*–Spielers gegen einen *Dove*–Spieler und π_D^H die Auszahlung eines *Dove*–Spielers gegen einen *Hawk*–Spieler ist. Die einzelnen Auszahlungen sind in der Normalform Tab. 12.1 angegeben. Analog ergibt sich die erwartete Auszahlung an einen *Hawk*–Spieler als

$$E(\pi_H) = p_H \pi_H^H + (1 - p_H)\pi_H^D. \tag{12.2}$$

Im Fall der Invasion einer reinen *Hawk*–Population durch einen *Dove*–Spieler ist $p_H = 1$.[1] Damit ergibt sich hier

$$\begin{aligned} E(\pi_D) &= 0, \\ E(\pi_H) &= -1. \end{aligned}$$

Entsprechend der Regel, dass sich der Spielertyp mit der höheren Auszahlung stärker vermehrt, d.h. im Laufe der Zeit in der Population ausbreitet, ist eine Population, die nur aus *Hawk*–Spielern besteht, nicht stabil. Die Invasion einer solchen Population durch einen Dove–Spieler wäre erfolgreich. Der Spielertyp „Dove" würde sich in der Population ausbreiten.

Auch eine reine *Dove*–Population, also eine Population mit $p_D = (1 - p_H) = 1$ wäre instabil, d.h. nicht resistent gegen eine Invasion durch einen *Hawk*–Spieler. Hier lauten die Auszahlungen

$$\begin{aligned} E(\pi_D) &= 1, \\ E(\pi_H) &= 2. \end{aligned}$$

Insgesamt ist im Hawk–Dove–Spiel keine der homogenen Populationen stabil. Keine Population, die nur aus Spielern desselben Typs besteht, ist resistent gegen eine Invasion durch Spieler des jeweils anderen Typs.

Es lässt sich aber zeigen, dass eine heterogene Population existiert, die stabil ist. Eine stabile heterogene Population ist eine Population, die über die Zeit ein unverändertes Mischungsverhältnis aus Spielern beiden Typs beibehält. Dieses stabile Mischungsverhältnis muss dadurch gekennzeichnet sein, dass die erwartete Auszahlung an einen *Hawk*–Spieler genau so hoch sein muss wie die an einen *Dove*–Spieler. Nur in diesem Fall vermehren sich die beiden Typen von Spielern gleich stark und halten sich anteilsmäßig in der Population die Waage.

Das ausgewogene Mischungsverhältnis $p_H^\star$ lässt sich also aus dem Gedanken herleiten, dass die erwartete Auszahlung beider Strategien identisch sein muss:

$$\begin{aligned} E(\pi_H) = 2 - 3\,p_H^\star &\overset{!}{=} 1 - p_H^\star = E(\pi_D) \\ p_H^\star &= \frac{1}{2}. \end{aligned}$$

Die eigentliche Stabilitätsanalyse stützt sich nun auf folgenden Gedanken: Ist der tatsächliche Anteil an *Hawk*–Spielern, p_H, größer als der ausgewogene Anteil $p_H^\star = \frac{1}{2}$, so ist die erwartete Auszahlung an *Dove*–Spieler höher als die an *Hawk*–Spieler:

[1] Genauer: p_H geht gegen Eins, wenn die Populationsgröße gegen unendlich geht. Es wird allerdings regelmäßig angenommen, die Populationen seien „sehr groß".

$$\begin{aligned} p_H &> \frac{1}{2} \\ \Leftrightarrow \quad E(\pi_D) = 1 - p_H &> 2 - 3p_H = E(\pi_H) \,. \end{aligned}$$

Ist aber die Auszahlung an *Dove*–Spieler höher als an *Hawk*–Spieler, so steigt der Anteil der *Dove*–Spieler in der Population, d.h. π_H sinkt. Dies geschieht genau so lange, bis die erwarteten Auszahlungen wieder gleich hoch sind, also genau bis $p_H = p_H^\star = \frac{1}{2}$. Analog lässt sich zeigen, dass für $p_H < p_H^\star = \frac{1}{2}$ die erwartete Auszahlung an *Hawk*–Spieler höher ist als an *Dove*–Spieler und deshalb der Anteil an *Hawk*–Spielern steigt. Insgesamt ergibt sich also, dass eine heterogene Population mit dem Mischungsverhältnis $p_H^\star = \frac{1}{2}$ asymptotisch stabil ist: Wird von diesem Verhältnis abgewichen, so stellt es sich von selbst wieder her.

12.1.3 Evolutionär stabile Zustände (ESS)

Definition. Gleichgewichtige Zustände einer Population wie der im vorigen Abschnitt beschriebene heißen *evolutionär stabile Zustände* (evolutionarily stable states, ESS). Sind solche Zustände dergestalt, dass *jedes Mitglied* der Population *dieselbe* Strategie spielt, so nennt man die gespielte Strategie eine *evolutionär stabile Strategie* (evolutionarily stable strategy, ebenfalls ESS).

Auf den ersten Blick sieht es nun so aus, als sei der stabile Zustand im Hawk–Dove–Spiel kein evolutionär stabiler Zustand, in dem lediglich *eine* Strategie gespielt wird. Tatsächlich lässt sich der Zustand auch als ein Zustand der Population ansehen, in dem jedes Populationsmitglied eine gemischte Strategie aus *Hawk* und *Dove* spielt, bei der die Wahrscheinlichkeit *Hawk* zu spielen genau $p_H^\star = \frac{1}{2}$ beträgt. Damit ist der stabile Gleichgewichtszustand im Hawk–Dove–Spiel ein evolutionär stabiler Zustand, der durch eine gemeinsame evolutionär stabile Strategie gekennzeichnet wird. Eine solche evolutionär stabile Strategie lässt sich formal genauer charakterisieren: Eine Strategie $s^\star$ ist eine evolutionär stabile Strategie, wenn sie a) die streng beste Antwort auf sich selbst ist, oder b), falls sie nur eine schwache beste Antwort auf sich selbst ist, sie eine bessere Antwort auf alle anderen gleichfalls schwachen besten Antworten auf $s^\star$ ist als diese selbst:

Definition 12.1.1 (evolutionär stabile Strategie). *$s^\star$ ist eine evolutionär stabile Strategie, falls gilt, dass*

a)

$$\pi(s^\star, s^\star) > \pi(s', s^\star) \quad \forall \quad s' \in S \setminus s^\star \,, \tag{12.3}$$

oder

b) falls

$$\exists\, s' \text{ mit } \pi(s^\star, s^\star) = \pi(s', s^\star) \,,$$

dann

$$\pi\left(s^\star, s'\right) > \pi\left(s', s'\right). \tag{12.4}$$

Falls Bedingung (12.3) hält, dann ist $s^\star$ deshalb eine stabile Strategie, weil sie besser ist als alle anderen Strategien, und so eine Invasion der Population durch andere Strategien abgewehrt werden kann. Falls es aber, wie in Bedingung (12.4) Strategien gibt, die genau so gut sind wie $s^\star$ wenn sie gegen $s^\star$ gespielt werden, dann wird eine Invasion deshalb abgewehrt, weil die invadierende Strategie s' ab und zu auch gegen sich selbst spielen muss und dort schlechter abschneidet als $s^\star$ beim Spiel gegen s'.

Verbindung zu Konzepten der klassischen Spieltheorie. In Worten der „normalen" Spieltheorie: Ist $s^\star$ eine evolutionär stabile Strategie, so ist sie eine beste Antwort auf sich selbst (Bedingung (12.3)). Damit ist ein evolutionär stabiler Zustand $(s^\star, s^\star)$ nach Bedingung (12.3) ein symmetrisches Nash–Gleichgewicht (allerdings unter Umständen in gemischten Strategien).

Ist der Zustand $(s^\star, s^\star)$ sogar ein *strenges* Nash–Gleichgewicht, so gilt auch der umgekehrte Zusammenhang: Ist $(s^\star, s^\star)$ ein strenges Nash–Gleichgewicht, so ist $s^\star$ eine evolutionär stabile Strategie.

Nach Bedingung (12.4) ist eine Strategie $s^\star$ ebenfalls dann eine ESS, falls sie nur eine schwache Nash–Strategie ist, aber von diesen schwachen Nash–Strategien eine, die eine beste Antwort auf sich selbst ist.[2]

Aus diesen Interpretationen ist zu erkennen, dass jeder evolutionär stabile Zustand ein symmetrisches Nash–Gleichgewicht ist, nicht aber jedes symmetrische Nash–Gleichgewicht auch ein evolutionär stabiler Zustand.

Auffinden von ESS. Eine nützliche Hilfe zum Auffinden evolutionär stabiler Strategien resultiert aus der Eigenschaft (12.3), die besagt, dass ESS beste Antworten auf sich selbst sind. Gegeben die Auszahlungsmatrix des Zeilenspielers sind alle Strategien, deren Auszahlung auf der Hauptdiagonalen der Matrix die höchsten Auszahlungen ihrer Spalte sind, automatisch ESS.

Dies lässt sich beispielhaft an der Matrix 12.2 zeigen, die nur die Auszahlungen an den Zeilenspieler darstellt. Hier sind sowohl a als auch b ESS.

	a	b
a	1	0
b	0	5

Tabelle 12.2: ESS–Finde–Spiel. Auszahlungen an Zeilenspieler

[2] Auch nach Bedingung (12.3) ist die ESS, als *strenge* Nash–Strategie, natürlich eine beste Antwort auf sich selbst.

12.2 Evolutionäre Dynamik

Der Gedanke der ESS basiert auf der Vorstellung einer Dynamik der Populationsanteile: Es wird angenommen, dass Strategien, die im Vergleich zu anderen erfolgreicher sind, d.h. zu höheren Auszahlungen gelangen, sich über die Zeit in der Population ausbreiten. Weniger erfolgreiche Strategien werden dagegen seltener in der Population. So folgt eine Population auf die andere. In jeder Population wird wieder das grundlegende Spiel gespielt. Hierbei werden die Auszahlungen festgestellt, die darüber bestimmen, aus welchen Anteilen welcher Strategien die nächste Population besteht u.s.w. Bei der Idee der evolutionären Dynamik handelt es sich also um eine Art wiederholter Spiele, wobei jede Stufe des wiederholten Spiels dadurch gekennzeichnet ist, dass sie von (möglicherweise) unterschiedlichen Populationsanteilen der verschiedenen Strategien gespielt wird.

12.2.1 Replikatordynamik in diskreter Zeit

Es existieren verschiedene Möglichkeiten, solche Dynamiken explizit zur formulieren. Die wohl verbreitetste evolutionäre Dynamik ist die *einfache Replikatordynamik*. Dieser Dynamik liegt die Vorstellung zugrunde, dass die Mitglieder einer sehr großen Population in einer Zeitperiode paarweise gegeneinander jeweils ein Hawk–Dove–Spiel spielen und die ihren Strategien entsprechenden Auszahlungen erhalten. Diese Auszahlungen bestimmen nun über die Zusammensetzung der neuen Population, deren Mitglieder in der nächsten Periode wieder paarweise gegeneinander spielen u.s.w. Insgesamt entsteht eine Abfolge von Populationen, in denen sich die Anteile der Strategien über die Zeit entwickeln oder, im Falle von Stabilität, eben nicht entwickeln.

In ihrer Form für diskrete Zeit lässt sie sich die einfache Replikatordynamik für das Hawk–Dove–Spiel wie folgt darstellen: Der Populationsanteil der *Hawk*–Spieler in Periode $t+1$, $p_H(t+1)$ hängt ab vom Populationsanteil der *Hawk*–Spieler in der Vorperiode $p_H(t)$ sowie der erwarteten Auszahlung der Strategie in der Vorperiode, der Einfachheit halber nun statt $E(\pi_H(t))$ nur als $\pi_H(t)$ notiert, im Verhältnis zur populationsdurchschnittlichen Auszahlung der Vorperiode $\overline{\pi(t)}$:

$$p_H(t+1) = p_H(t)\frac{\pi_H(t)}{\overline{\pi(t)}} \quad \text{mit} \quad \overline{\pi(t)} = p_H(t)\,\pi_H(t) + (1-p_H(t))\,\pi_D(t)\,. \tag{12.5}$$

Hieraus lässt sich durch einfache Umformungen die relative Veränderung, also die Wachstumsrate der Populationsanteile der Strategien ermitteln:

$$\frac{p_H(t+1)-p_H(t)}{p_H(t)} = \frac{\pi_H(t)-\overline{\pi(t)}}{\overline{\pi(t)}}\,. \tag{12.6}$$

Es lässt sich erkennen, dass eine Strategie ihren Anteil in der Population dann ausdehnt, wenn sie zu einer höheren Auszahlung gelangt als der Durchschnitt. Hat dagegen eine Strategie nur unterdurchschnittlichen Erfolg, so vermindert sich ihr Populationsanteil.

Wenn man bedenkt, dass die erwarteten Auszahlungen $\pi_H(t)$ und $\pi_D(t)$ wie auch die populationsdurchschnittliche Auszahlung $\overline{\pi(t)}$ ihrerseits Funktionen der Populationsanteile $p_H(t)$ und $p_D(t)$ sind, erkennt man, dass es sich bei der Replikatorgleichung (12.5) um eine nichtlineare Differenzengleichung handelt. Solche Differenzengleichungen lassen sich nur in Spezialfällen allgemein lösen. Dies ist der Grund, dass Replikatordynamiken in der Literatur zumeist „simuliert" werden, oder — weniger prosaisch — dass man sie mit Hilfe eines Computers schrittweise iteriert.

12.2.2 Replikatordynamik in kontinuierlicher Zeit

Für diejenigen, die Diffenrentialgleichungen gegenüber Differenzengleichungen vorziehen (sehen ja auch irgendwie wissenschaftlicher aus), gibt es natürlich auch Varianten der Replikatordynamik, die in kontinuierlicher Zeit notiert sind.

Um aus einer diskreten Replikatordynamik eine stetige zu gewinnen, ist zunächst folgender Gedanke hilfreich: Die Auszahlung eines Spielers gibt die (durchschnittliche) Anzahl von Nachkommen an, die er in einer Periode produziert. Damit lässt sich die Entwicklung der absoluten Anzahl von Spielern jeden Typs darstellen. Sei $N_H(t)$ die Anzahl der *Hawk*–Spieler zum Zeitpunkt t, so beträgt die Anzahl der *Hawk*–Spieler im Zeitpunkt $t+\tau$

$$N_H(t+\tau) = N_H(t) + N_H(t)\,\tau\,\pi_H(t)\,.$$

Eine analoge Beziehung gilt natürlich auch für $N_D(t+\tau)$, die *Dove*–Spieler. Die Gesamtanzahl von Spielern, also die Populationsgröße, in $t+\tau$ beträgt

$$N(t+\tau) = N_H(t+\tau) + N_D(t+\tau)\,.$$

Um zu Populationsanteilen zurückzukehren, muss nun der Anteil der *Hawk*–Spieler in $t+\tau$, $p_H(t+\tau)$, bestimmt werden.[3] Er beträgt

$$p_H(t+\tau) = \frac{p_H(t)\,(1+\tau\,\pi_H(t))}{1+\tau\,\overline{\pi(t)}}\,.$$

Hieraus lässt sich die Veränderung der Populationsanteile herleiten:

$$p_H(t+\tau) - p_H(t) = p_H(t)\,\tau\,\frac{\pi_H(t) - \overline{\pi(t)}}{1+\tau\,\overline{\pi(t)}}$$

[3] Die ausführliche Herleitung ist in Anhang 12.5 dargestellt.

Die Veränderung pro Zeitinkrement τ beträgt damit

$$\frac{p_H(t+\tau)-p_H(t)}{\tau}=p_H(t)\,\frac{\pi_H(t)-\overline{\pi(t)}}{1+\tau\,\pi(t)}\,.$$

Hieraus folgt die gesuchte Differentialgleichung als

$$\frac{d\,p_H}{dt}=\dot{p_H}=p_H\,(\pi_H-\overline{\pi})\,. \qquad (12.7)$$

Prinzipiell besagt Gleichung (12.7) natürlich dasselbe wie die Gleichungen (12.5) und (12.6). Die Veränderung des Populationsanteils der Hawk–Spieler ergibt sich aus dem aktuellen Anteil der Hawk–Player, p_H, multipliziert mit der Abweichung der Hawk–Auszahlung π_H von der durchschnittlichen Auszahlung in der Population, $\overline{\pi}$. In der Version in kontinuierlicher Zeit wird also noch deutlicher, dass die Richtung, in der sich der Populationsanteil einer Strategie über die Zeit verändert, nur von ihrer Auszahlung im Verhältnis zur populationsdurchschnittlichen Auszahlung abhängt.

12.2.3 Ruhepunkte der Dynamik

Für den Fall des Hawk–Dove–Spiels (Tabelle 12.1, S. 195) lassen sich nun beispielhaft die Form der Dynamik und die Lage der Ruhepunkte herleiten. Es soll die Form in kontinuierlicher Zeit hergeleitet werden. Deshalb ist es nützlich, auf die explizite Darstellung der Zeitindices zu verzichten. So soll nun also beispielsweise π_H statt $\pi_H(t)$ geschrieben werden. Aus (12.1) und (12.2) (S. 196) und den Auszahlungen aus Tab. 12.1 folgt

$$\begin{aligned}\pi_H &= 2-3\,p_H\,,\\ \pi_D &= 1-p_H\,.\end{aligned}$$

Damit folgt

$$\begin{aligned}\pi_H-\overline{\pi} &= \pi_H-p_H\,\pi_H-(1-p_H)\,\pi_D\\ &= (1-p_H)(1-2p_H)\,.\end{aligned}$$

Hieraus lässt sich schließlich die explizite Form der stetigen Replikatordynamik im Hawk–Dove–Spiel herleiten:

$$\dot{p_H}=p_H\,(\pi_H-\overline{\pi})=p_H(1-p_H)(1-2\,p_H)\,. \qquad (12.8)$$

Die Dynamik (12.8) hat drei stationäre Punkte, d.h. Punkte, bei denen $\dot{p_H}=0$ ist, sich also die Populationsanteile über die Zeit nicht mehr verändern. Diese drei stationären Punkte lassen sich aus Gleichung (12.8) leicht ablesen. Es sind $p_H=p_1^s=0$, $p_H=p_2^s=1$ und $p_H=p_3^s=\frac{1}{2}$.

Im Sinne eines evolutionär stabilen Zustandes lässt sich aber leicht zeigen, dass nur einer dieser stationären Punkte auch stabil ist. Direkt jenseits des stationären Zustands $p_1^s = 0$ wird laut (12.8) p_H über die Zeit größer:

$$\dot{p_H} = \underbrace{p_H}_{\oplus} \underbrace{(1-p_H)}_{\oplus} \underbrace{(1-2p_H)}_{\oplus} > 0 \quad \text{für} \quad 0 < p_H < \frac{1}{2}.$$

Eine leichte Abweichung von $p_H = 0$ würde genügen, um niemals wieder zu einer reinen Hawk–Population zurückzugelangen. Analog gilt $\dot{p_H} < 0$ für $1 > p_H > \frac{1}{2}$ direkt neben dem stationären Punkt p_2^s. Keine der beiden homogenen Populationen, also weder die reine *Dove*–Population mit $p_H = 0$ noch die reine *Hawk*–Population mit $p_H = 1$ sind (asymptotisch) stabil.[4]

Lediglich für eine Population aus genau 50% *Hawk*– und 50% *Dove*–Spielern, also $p_H = p_3^s = \frac{1}{2}$ ändern sich die Populationsanteile nicht mehr, d.h. ist $\dot{p_H} = 0$. Damit ist nur der stationäre Punkt bei $p_H = \frac{1}{2}$ ein asymptotisch stabiler Punkt der Replikatordynamik. Egal, mit welchem Populationsanteil an *Hawk*–Spielern die Dynamik beginnt: Solange die Population nicht aus lediglich einem Typ von Spielern besteht, konvergiert die Replikationsdynamik zum stationären Punkt $p_H = \frac{1}{2}$. Damit ist dieser Punkt ein lokaler Attraktor der Replikationsdynamik für das Hawk–Dove–Spiel.

Schon vorher wurde gezeigt, dass der lokale Attraktor der Replikationsdynamik ein ESS ist. Diese Beziehung gilt allgemein: Ein lokal stabiler Ruhepunkt der Replikatordynamik ist ein evolutionär stabiler Zustand und vice versa.[5]

12.3 Evolutionäre Gleichgewichtsselektion: Stochastische Stabilität

12.3.1 Das Spiel

Das Spiel in simultanen Zügen aus Tab. 12.3 hat zwei Nash–Gleichgewichte in reinen Strategien, das Pareto–dominante Gleichgewicht (s_1, s_1) und das risikodominante (s_2, s_2). Beide Nash–Gleichgewichte bestehen aus evolutionär stabilen Strategien. Dadurch ist nicht klar, welches der Gleichgewichte unter dem Regime einer evolutionären Dynamik erreicht würde: Das Kriterium der evolutionären Stabilität ist in diesem Fall mehrdeutig. Um eins

[4] „Nicht stabil" bedeutet hier, dass schon die Invasion durch *einen* Spieler anderen Typs die Population aus ihrem stationären Zustand herausbewegen würde. Die Replikatordynamik selbst enthält aber keine Definition einer solchen „Invasion". Dies bedeutet, dass unter dem Regime der Replikatordynamik auch die beiden instabil genannten Zustände über die Zeit beibehalten würden.

[5] Dies gilt natürlich erst recht für global stabile Punkte, denn global stabile Punkte sind dann jeweils der einzige lokal stabile Punkt.

	s_1	s_2
s_1	$\sqrt{3}, \sqrt{3}$	$0, 1$
s_2	$1, 0$	$1, 1$

Tabelle 12.3: Mehrdeutige ESS

der Gleichgewichte als langfristig stabil charakterisieren zu können, ist ein Kriterium zur weiteren Gleichgewichtsselektion notwendig. Dies kann beispielsweise das Kriterium der stochastischen Stabilität sein.

Bei dem gezeigten Spiel soll es sich um ein so genanntes Populationsspiel handeln. In jeder Zeitperiode existiere eine Menge von n Spielern, die Population. Jedes Mitglied der Population spielt gegen jedes andere Mitglied, d.h. in jeder Zeitperiode spielt jeder Spieler das Spiel $n-1$ mal. Es sei nun z_t die Anzahl von Spielern, die in Periode t die Strategie s_1 spielen. Entsprechend spielen $n-z_t$ Spieler in t die Strategie s_2. Ausgestattet mit diesen Kenntnissen lassen sich die Auszahlungen für jede der Strategien errechnen. Die Auszahlungen an einen Spieler, der in t Strategie s_1 spielt, beträgt

$$\pi_{s_1}(z_t) = (z_t - 1)\sqrt{3}. \tag{12.9}$$

Die Auszahlung an einen s_2–Spieler beträgt

$$\pi_{s_2}(z_t) = z_t + (n - z_t - 1) = n - 1. \tag{12.10}$$

Entsprechend betragen die durchschnittlichen Auszahlungen pro Spiel einer Periode

$$\overline{\pi}_{s_1}(z_t) = \frac{(z_t - 1)\sqrt{3}}{n-1} \tag{12.11}$$

$$\overline{\pi}_{s_2}(z_t) = 1. \tag{12.12}$$

12.3.2 Selektionsdynamik

Nun sei folgende Dynamik angenommen: Ist in Periode t die durchschnittliche Auszahlung an s_1 größer als an s_2, so spielen in der nächsten Periode, $t+1$, alle Spieler diese bessere Strategie. Ist dagegen in t die durchschnittliche Auszahlung an s_2 höher als die an s_1, spielen in $t+1$ alle Spieler s_2.[6] Im Rahmen der evolutionären Dynamik spricht man in diesem Fall von einer extrem elitistischen Selektionsdynamik. Diese Dynamik lässt sich wie folgt formal darstellen:

[6] Wegen der speziellen Auswahl der Auszahlungen in Tab. 12.3 kann es niemals zu gleich hohen durchschnittlichen Auszahlungen der beiden Strategien kommen.

$$z_{t+1} = \begin{cases} n \text{ falls } \overline{\pi}_{s_1}(z_t) > \overline{\pi}_{s_2}(z_t) , \\ 0 \text{ falls } \overline{\pi}_{s_1}(z_t) < \overline{\pi}_{s_2}(z_t) . \end{cases} \tag{12.13}$$

Diese Dynamik ist aber etwas eintönig: Sie verharrt sofort in einem der beiden möglichen Zustände der Population. Ist $z_t = 0$, so folgt

$$\overline{\pi}_{s_1}(z_t) = -\frac{\sqrt{3}}{n-1} < 1 = \overline{\pi}_{s_2}(z_t) \tag{12.14}$$

und somit $z_{t+1} = 0$. Ist dagegen $z_t = n$, folgt

$$\overline{\pi}_{s_1}(z_t) = \sqrt{3} > 1 = \overline{\pi}_{s_2}(z_t) \tag{12.15}$$

und damit $z_{t+1} = n$. Beide Zustände sind *absorbierend*. Sind sie einmal erreicht, werden sie unter dem Regime der Dynamik (12.13) nicht wieder verlassen. Wichtig ist zu bemerken, dass diese Dynamik, die so genannte reine Selektionsdynamik, immer zu homogenen Populationen führt, d.h. zu Populationen, in denen nur eine einzige Strategie gespielt wird.

12.3.3 Selektions– und Mutationsdynamik

Die Dynamik ändert sich durch die Einführung von *Mutation*. Zusätzlich zur Selektion sei angenommen, dass jeder Spieler in jeder Periode mit der (annahmegemäß sehr kleinen) Wahrscheinlichkeit ε seine Strategie ins Gegenteil ändert. Hat also ein Spieler im Rahmen der Selektion für Periode t zunächst die Strategie s_1 angenommen, so wechselt er mit der Wahrscheinlichkeit ε die Strategie und spielt in $t+1$ die Strategie s_2. Analoges gilt für einen Wechsel von s_2 zu s_1.

Nun lässt sich fragen, wie viele Mutationen nötig sind, um von einer Population mit $z_t = 0$ zu einer mit $z_{t+1} = n$ bzw. um von einer Population mit $z_t = n$ zu einer mit $z_{t+1} = 0$ zu wechseln.

Ist die Population in t vor der Mutationsphase vom Typ $z_t = n$, so müssen, um zu einer Population vom Typ $z_{t+1} = 0$ überzugehen, so viele Spieler „mutieren", dass $\overline{\pi}_{s_2}(\tilde{z}_t) > \overline{\pi}_{s_1}(\tilde{z}_t)$ wird. $\tilde{z}_t$ soll dabei die Anzahl von s_1–Spielern *nach* der Mutation bezeichnen. Es muss also gelten, dass

$$\overline{\pi}_{s_2}(\tilde{z}_t) \quad > \quad \overline{\pi}_{s_1}(\tilde{z}_t) \tag{12.16}$$

$$\Leftrightarrow \quad 1 \quad > \quad \frac{\sqrt{3}(\tilde{z}_t - 1)}{n-1} \tag{12.17}$$

$$\Leftrightarrow \quad \tilde{z}_t \quad < \quad 1 - \frac{n-1}{\sqrt{3}} . \tag{12.18}$$

Um also von einem Stand von $z_t = n$ auf weniger als $1 - \frac{n-1}{\sqrt{3}}$ s_1–Spieler zu gelangen, sind mehr als $n - \left(1 - \frac{n-1}{\sqrt{3}}\right)$ Mutationen nötig. Bezeichnet m_{n0}

die Anzahl der Mutationen, die für den genannten Übergang von $z_t = n$ zu $z_{t+1} = 0$ überschritten werden muss, gilt folglich

$$m_{n0} = n - \left(1 - \frac{n-1}{\sqrt{3}}\right) \tag{12.19}$$

$$\Leftrightarrow \quad m_{n0} = \frac{(n-1)\sqrt{3} - n + 1}{\sqrt{3}}. \tag{12.20}$$

Nochmals, mit anderen Worten: Um durch Selektion und anschließende Mutation von einer Population mit $z_t = n$ zu einer Population mit $z_{t+1} = 0$ zu gelangen, sind mehr als m_{n0} viele Mutationen nötig.

Außerdem lässt sich auch nach dem entgegengesetzten Übergang fragen, also bestimmen, wie viele Mutationen nötig sind, um von $z_t = 0$ zu $z_{t+1} = n$ überzugehen. Hier muss also gelten, dass

$$\overline{\pi}_{s_1}(\tilde{z}_t) > \overline{\pi}_{s_2}(\tilde{z}_t)$$

$$\Leftrightarrow \quad \tilde{z}_t = \frac{n-1}{\sqrt{3}} + 1.$$

Analog zur vorangehenden Überlegung lässt sich feststellen, dass für einen solchen Übergang mehr als m_{0n} Mutationen notwendig sind:

$$m_{0n} = \frac{n-1}{\sqrt{3}} + 1. \tag{12.21}$$

Nun lässt sich schließlich ermitteln, welcher der beiden möglichen Populationszustände leichter, d.h. mit weniger Mutationen, erreichbar ist, und welcher der beiden Zustände mit weniger Mutationen verlassen werden kann.

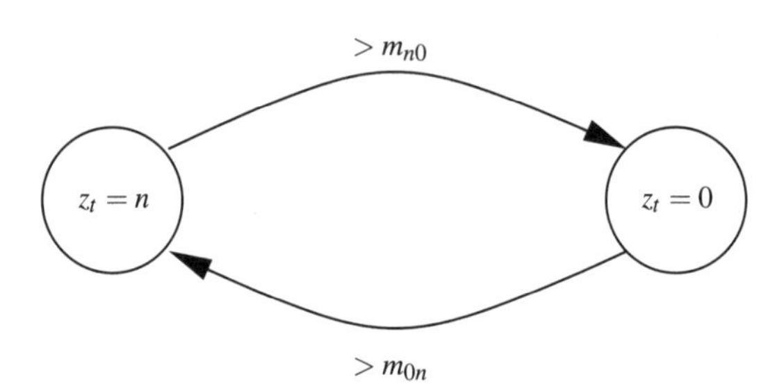

Abbildung 12.1: Mutationen zum Übergang zwischen den möglichen Populationszuständen

Um $z_t = n$ zu erreichen, sind mehr als m_{0n} Mutationen nötig. Um diesen Zustand zu verlassen, bedarf es mehr als m_{n0} Mutationen (s. Abb. 12.1). Für den Zustand $z_t = 0$ ist dies genau anders herum. Es gilt also, die Werte m_{0n} und m_{n0} miteinander zu vergleichen. Es ergibt sich

$$m_{0n} > m_{n0} \quad (12.22)$$

$$\Leftrightarrow \quad \frac{(n-1)\sqrt{3}-n+1}{\sqrt{3}} > \frac{n-1}{\sqrt{3}}+1 \quad (12.23)$$

$$\Leftrightarrow \quad n > \frac{2\left(\sqrt{3}-1\right)}{\sqrt{3}-2}. \quad (12.24)$$

Der Zustand $z_t = n$ ist also schwerer (d.h. mit mehr Mutationen) zu erreichen als zu verlassen, falls der Zusammenhang (12.24) gilt. Da der Ausdruck auf der rechten Seite des Größerzeichens in (12.24) negativ ist, ist diese Bedingung für jedes $n > 0$, d.h. für jede positive Populationsgröße erfüllt. Es lässt sich also ohne Einschränkung an Allgemeinheit festhalten, dass $z_t = n$ schwerer zu erreichen als zu verlassen und daher umgekehrt $z_t = 0$ schwerer zu verlassen als zu erreichen ist. Dieser Gedanke lässt sich formalisieren, indem man für jeden Populationszustand das zugehörige *stochastische Potenzial* errechnet. Das stochastische Potenzial eines Populationszustandes ergibt sich als Differenz zwischen der Anzahl von Mutationen, die nötig sind, um den Zustand zu verlassen, und der nötigen Anzahl von Mutationen, um den Zustand zu erreichen.[7] Die entsprechenden Werte $SP(z_t = n)$ und $SP(z_t = 0)$ lauten folglich

$$SP(z_t = n) = m_{n0} - m_{0n} \quad (12.25)$$

$$= -\frac{1}{\sqrt{3}}\left[\left(2-\sqrt{3}\right)n+2\left(\sqrt{3}-1\right)\right] \quad (12.26)$$

$$< 0 \quad (12.27)$$

$$SP(z_t = 0) = m_{0n} - m_{n0} = -SP(z_t = n) > 0. \quad (12.28)$$

Das stochastische Potenzial von $z_t = n$ ist negativ, dieser Zustand lässt sich leichter verlassen als erreichen. Bei $z_t = 0$ ist dies genau anders herum. Folglich ist also $z_t = 0$ wesentlich weniger „anfällig“ für Mutationen und wird deshalb langfristig häufiger vorkommen als $z_t = n$.

Für eine Selektions–Mutations–Dynamik mit sehr kleiner Mutationswahrscheinlichkeit ε und folglich sehr seltenen Mutationen wird deshalb langfristig sehr viel häufiger eine Population vom Typ $z_t = 0$ als vom Typ $z_t = n$ vorliegen, d.h. langfristig spielen die Mitglieder der Population

[7] Vega-Redondo (1996, S. 132) definiert das stochastische Potenzial genau anders herum, also als Anzahl nötiger Mutationen zum Erreichen des Zustandes minus Anzahl nötiger Mutationen zum Verlassen des Zustandes. Die hier im Buch angegebene Definition resultiert aber in anschaulicheren Werten: Je höher hier das Potenzial, desto „stabiler“ ist der Zustand.

meistens die Strategie s_2 und damit das zugehörige risikodominante Nash–Gleichgewicht. Dieses Gleichgewicht, das unter dem Regime seltener Mutationen langfristig am häufigsten gespielt wird, heißt *stochastisch stabiles* Gleichgewicht.

12.4 Zwei–Populations–Spiele

In Spielen, die in ihrer einfachsten Form nicht symmetrisch sind, lässt sich das oben vorgestellte Konzept der Evolutionsdynamik nicht verwenden. Als Beispiel soll das „Ultimatum–Minispiel" (Normalform in Tab. 12.4) genutzt werden. Das Ultimatum–Minispiel, so behaupten wenigstens Binmore und

			R	
			$1-p_N$	p_N
			Y	N
P	p_H	H	$2,2$	$2,2$
	$1-p_H$	L	$3,1$	$0,0$

Tabelle 12.4: Ultimatum–Minispiel. Normalform

Samuelson (1994) und Binmore et al. (1995), gibt entscheidende Wesenszüge des „großen" Ultimatum–Spiels wieder. Insbesondere besäße das Spiel, würde es sequentiell und mit P als erstem Spieler gespielt, ein teilspielperfektes Gleichgewicht bei (L, Y). Diese Eigenschaften sind aber im Zusammenhang relativ unbedeutend. Wichtiger sind die dynamischen Eigenschaften des Spiels im evolutionären Kontext.

Die Strategiemengen der beiden Spieler sind nun verschieden: Proposer, P, besitzen die Strategiemenge $S_P = \{H, L\}$, Responder, R, die Menge $S_R = \{Y, N\}$. Würden sowohl Proposer als auch Responder zur selben Population gehören, wären Teile des Spiels undefiniert: Was ist, wenn ein Proposer das Spiel gegen einen anderen Proposer spielen muss? Was passiert bei einem Spiel Responder gegen Responder? Um diesem Problem aus dem Wege zu gehen, konstruiert man im Fall von Spielern mit unterschiedlichen Strategiemengen Zwei–Populations–Spiele.

Im Beispiel existieren in jeder Zeitperiode parallel zwei Populationen, eine Population aus Proposern und eine aus Respondern. In jeder Periode wird eine Reihe von Zwei–Personen–Ultimatum–Minispielen gespielt. Dazu wird jeweils aus jeder der Populationen zufällig ein Spieler ausgewählt, die beiden Spieler spielen gegeneinander und gewinnen so ihre Auszahlung.

Die Dynamik des evolutionären Ultimatum–Minispiels lässt sich beispielsweise durch eine Replikator–Dynamik beschreiben, die der Dynamik aus (12.5) sehr ähnlich ist. Es ist allerdings zu beachten, dass nun die erwarteten Auszahlungen jeder Strategie einer Population von den Populationsanteilen in der jeweils andern Population abhängt.

So lauten die erwarteten Auszahlungen für die Proposer

$$\begin{aligned} \pi_H(t) &= 2\,((1-p_N(t))+2\,p_N(t)\,, \\ \pi_L(t) &= 3-3\,p_N(t)\,. \end{aligned}$$

Eine Replikatordynamik, die der aus (12.5) entspricht, hat die Form

$$p_H(t+1) = p_H(t)\,\frac{\pi_H(t)}{\overline{\pi_P(t)}}\,. \tag{12.29}$$

Dabei steht $\overline{\pi_P(t)}$ für die populationsmittlere Auszahlung der Proposer in t. Durch Einsetzen von

$$\overline{\pi_P(t)} = p_H(t)\,\pi_H(t) + (1-p_H(t))\,\pi_L(t)$$

ergibt sich (12.29) im Ultimatum–Minispiel konkret als

$$p_H(t+1) = p_H(t)\,\frac{2}{3-p_H(t)-3\,p_N(t)\,[1-p_H(t)]}\,. \tag{12.30}$$

Es ist zu erkennen, dass für die Bestimmung der Dynamik der Proposer–Population die Mischungsverhältnisse in beiden Populationen wichtig sind, denn in (12.30) erscheinen sowohl $p_H(t)$ als auch $p_N(t)$.

Analog lässt sich auch die Dynamik der Responder–Population errechnen. Es ergibt sich

$$p_N(t+1) = p_N(t)\,\frac{2\,p_H(t)}{1+p_H(t)-p_N(t)+p_H(t)\,p_N(t)}\,. \tag{12.31}$$

Das System aus (12.30) und (12.31) kennzeichnet die evolutionäre Dynamik im Ultimatum–Minispiel. Diese Gleichungen lassen sich numerisch simulieren, d.h. iterieren: Man setzt (relativ willkürlich) Startwerte für $p_H(0)$ und $p_N(0)$ und errechnet hieraus die Werte für $p_H(1)$ und $p_N(1)$ u.s.w. Die Resultate lassen sich in einem System grafisch darstellen. Dies ist in der Abbildung 12.2 geschehen. Die Abbildungen zeigen den Verlauf der Populationsanteile $p_N(t)$ (Abszisse) und $p_H(t)$ (Ordinate) über die Zeit. Teilabbildung 12.2(a) zeigt die Dynamik für einen Startpunkt von $p_N(0) = 0.2$, $p_H(0) = 0.8$, Teilabbildung 12.2(b) zeigt Trajektorien für verschiedene Startpunkte.

An den Abbildungen ist zu erkennen, dass die Dynamik, abhängig von den Startwerten, zu zwei Bereichen hin konvergiert. Eine große Anzahl der Trajektorien bewegt sich auf den Bereich $p_H = 1$ hin, von wo aus die

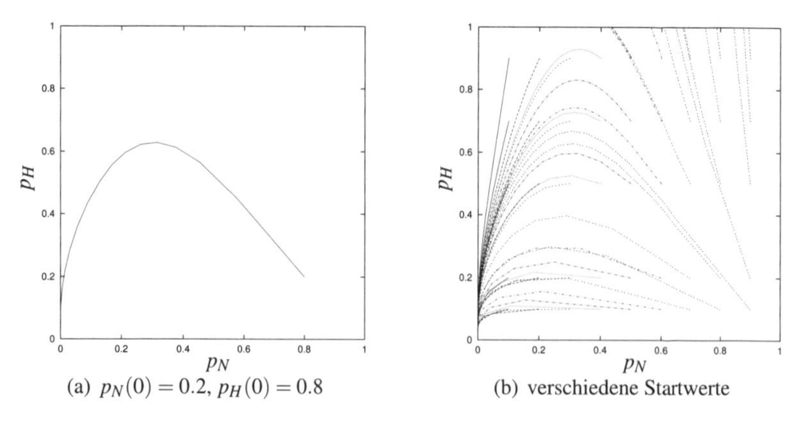

(a) $p_N(0) = 0.2$, $p_H(0) = 0.8$ (b) verschiedene Startwerte

Abbildung 12.2: Trajektorien der Evolutionsdynamik

reine Replikator–Dynamik keine weitere Bewegung mehr zulässt: Der Bereich $p_H = 1$ ist ein absorbierender Bereich der Replikatordynamik im Fall der Ultimatum–Minispiels. Der zweite Attraktor der Dynamik ist der Punkt $p_H = p_N = 0$. Dies ist der Punkt, in dem alle Proposer L und alle Responder Y spielen, also das teilspielperfekte Gleichgewicht des zugrundeliegenden Spiels in der sequentiellen Form mit den Proposern als ersten Spielern jedes Stufenspiels.

12.5 Anhang: Übergang von diskreter zu stetiger Replikatordynamik

Ausgehend von den absoluten Anzahlen von *Hawk*– und *Dove*–Spielern lassen sich die Populationsanteile bestimmen. Hier soll exemplarisch nur der Anteil der *Hawk*–Spieler in $t+\tau$, $p_H(t+\tau)$ bestimmt werden:

$$p_H(t+\tau) = \frac{N_H(t+\tau)}{N(t+\tau)} \tag{12.32}$$

$$= \frac{N_H(t)\,(1+\tau\,\pi_H(t))}{N_H(t)\,(1+\tau\,\pi_H(t)) + N_D(t)\,(1+\tau\,\pi_D(t))} \qquad \Big|\cdot\frac{N(t)}{N(t)}$$

$$= \frac{p_H(t)\,(1+\tau\,\pi_H(t))}{p_H(t)\,(1+\tau\,\pi_H(t)) + p_D(t)\,(1+\tau\,\pi_D(t))}\,. \tag{12.33}$$

Der Nenner aus (12.33) lässt sich vereinfachen:

$$\begin{aligned}
& p_H(t)\,(1+\tau\,\pi_H(t)) + p_D(t)\,(1+\tau\,\pi_D(t)) && (12.34)\\
& = p_H(t) + \tau\,p_H(t)\,\pi_H(t) + p_D(t) + \tau\,p_D(t)\,\pi_D(t) && (12.35)\\
& = 1 + \tau\,[p_H(t)\,\pi_H(t) + p_D(t)\,\pi_D(t)] && (12.36)\\
& = 1 + \tau\,\overline{\pi(t)}\,. && (12.37)
\end{aligned}$$

Einsetzen von (12.37) in (12.33) ergibt

$$p_H(t+\tau) = \frac{p_H(t)\,(1+\tau\,\pi_H(t))}{1+\tau\,\overline{\pi(t)}} \qquad (12.38)$$

Die Veränderung des Anteils der *Hawk*–Spieler von Zeitpunkt t zu Zeitpunkt $t+\tau$ beträgt damit

$$\begin{aligned}
p_H(t+\tau) - p_H(t) &= \frac{p_H(t)\left[1+\tau\,\pi_H(t) - 1 - \tau\,\overline{\pi(t)}\right]}{1+\tau\,\overline{\pi(t)}} && (12.39)\\
&= p_H(t)\,\tau\,\frac{\pi_H(t) - \overline{\pi(t)}}{1+\tau\,\overline{\pi(t)}}\,. && (12.40)
\end{aligned}$$

Die Veränderung pro Zeitinkrement τ beträgt

$$\frac{p_H(t+\tau) - p_H(t)}{\tau} = p_H(t)\,\frac{\pi_H(t) - \overline{\pi(t)}}{1+\tau\,\overline{\pi(t)}}\,. \qquad (12.41)$$

Um zur zugehörigen Differentialgleichung zu gelangen, muss nun noch der Grenzwert der relativen Veränderung für das Zeitinkrement τ gegen Null gebildet werden. Dies ist identisch mit der ersten Ableitung des Populationsanteils p_H nach der Zeit.

$$\begin{aligned}
\frac{d\,p_H}{d\,t} = \dot{p_H} &= \lim_{\tau\to 0} \frac{p_H(t+\tau) - p_H(t)}{\tau} && (12.42)\\
&= \lim_{\tau\to 0} p_H(t)\,\frac{\pi_H(t) - \overline{\pi(t)}}{1+\tau\,\pi(t)}\,. && (12.43)
\end{aligned}$$

Es resultiert schließlich

$$\dot{p_H} = p_H\,(\pi_H - \overline{\pi})\,. \qquad (12.44)$$

Literaturverzeichnis

Battalio, Raymond, Samuelson, Larry und van Huyck, John (2001), Optimization Incentives and Coordination Failure in Laboratory Stag Hunt Games. *Econometrica* **69**, 749–764.

Binmore, Ken, Gale, John und Samuelson, Larry (1995), Learning to be Imperfect: The Ultimatum Game. *Games and Economic Behavior* **8**, 56–90.

Binmore, Ken und Samuelson, Larry (1994), An Economist's Perspective on the Evolution of Norms. *Journal of Institutional and Theoretical Economics* **150**, 45–63.

Bosch-Domenech, Antoni, Montalvo, Jose G., Nagel, Rosemarie und Satorra, Albert (2002), One, Two, (Three), Infinity, ...: Newspaper and Lab Beauty–Contest Experiments. *American Economic Review* **92**, 1687–1701.

Chiang, Alpha C. (1984), *Fundamental Methods of Mathematical Economics*. McGraw–Hill, Auckland, Bogota et. al., 3. Aufl.

Cooper, David J. und van Huyck, John B. (2003), Evidence on the Equivalence of the Strategic and Extensive Form Representation of Games. *Journal of Economic Theory* **110**, 290–308.

Fehr, Ernst und Schmidt, Klaus M. (1999), A Theory of Fairness, Competition, and Cooperation. *The Quarterly Journal of Economics* **114** (3), 817–868.

Fudenberg, Drew und Tirole, Jean (1991), *Game Theory*. MIT Press, Cambridge, MA.

Harsanyi, John und Selten, Reinhard (1988), *A General Theory of Equilibrium Selection in Games*. MIT Press, Cambridge, MA, London.

Holler, Manfred J. und Illing, Gerhard (2003), *Einführung in die Spieltheorie*. Springer–Verlag, Berlin, Heidelberg, New York, 5. Aufl.

Kagel, John H. (1995), Auctions: A Survey of Experimental Research. In: *The Handbook of Experimental Economics*, herausgegeben von John H. Kagel und Alvin E. Roth, Kap. 7, S. 501–585, Princeton University Press, Princeton, NJ.

Kreps, David M. (1990), *A Course in Microeconomic Theory*. Princeton University Press, Princeton, NJ.

Kropp, Matthias und Trapp, Andreas (1999), *35 Jahre Bundesliga–Elfmeter*. Nr. 36 in Agon Sportverlag Statistics, Agon Sportverlag, Kassel, 2. Aufl.

Rasmusen, Eric (2001), *Games and Information. An Introduction to Game Theory*. Blackwell, Oxford, UK, 3. Aufl.

Roth, Alvin E. (1995), Bargaining Experiments. In: *Handbook of Experimental Economics*, herausgegeben von John Kagel und Alvin E. Roth, S. 253–348, Princeton University Press, Princeton, NJ.

Schotter, Andrew, Weigelt, Keith und Wilson, Charles (1994), A Laboratory Investigation of Multi–Person Rationality and Presentation Effects. *Games and Economic Behavior* **6**, 445–468.

Selten, Reinhard (1978), The Chain–Store Paradox. *Theory and Decision* **9**, 127–159.

Straffin, Philip D. (1980), The Prisoner's Dilemma. *Journal of Undergraduate Mathematics and its Applications (UMAP Journal)* **1**, 102–103.

Tucker, Albert W. (1980), The Prisoner's Dilemma. *Journal of Undergraduate Mathematics and its Applications (UMAP Journal)* **1**, 101.

Vega-Redondo, Fernando (1996), *Evolution, Games, and Economic Behavior*. Oxford University Press, Oxford, UK.

Young, H. Peyton (1998), *Individual Strategy and Social Structure. An Evolutionary Theory of Institutions*. Princeton University Press, Princeton, New Jersey.

Index

ε–Properness
– Definition 100
μ–σ–Prinzip 16

Absprachen 123
Aktion
– Definition 48
Aktionsmenge
– Definition 48
Aktionsprofil
– Definition 48
Alternativenraum 6
Antwort
– beste 21
– schwach beste 23
– streng beste 23
– strikt beste 23
assurance–Spiel 45
Auktion:Erstpreis– 189
Auktion;Zweitpreis– 187
auktionen 187
Ausstattungspunkt 170
Auszahlung 6
Auszahlungsfunktion 93
Auszahlungsmatrix 19, 20
Auszahlungsraum 6
Auszahlungstabelle 19

Battle of the Sexes 33
Bayes
– Satz von 76
Bayes–Nash–Gleichgewicht 74
Bayesianisches Gleichgewicht
– perfektes 79
Bayesianisches Nash–Gleichgewicht 74
Bayesianische Erwartungsanpassung 77
Bertrand
– Oligopol–Modell nach 134
Bertrand–Gleichgewicht 135
Bertrand–Modell
– bei ungleichen Grenzkosten 135
– mit Kapazitätsgrenzen 135
– mit Produktdifferenzierung 137
Bestantwort–Dynamik
– kurzsichtige 119, 157
beste Antwort 21
– schwach 23
– streng 23
– strikt 23
best response dynamics 119, 157
Bietfunktion 190
Bimatrix 20

Chainstore–Paradox 152
cheap talk 59
Chicken–Game 44, 107, 196
– und gemischte Strategien 93
– und Reaktionskurven 107
common knowledge 32, 70
common priors 70
Cournot–Gleichgewicht 119
Cournot–Modell 128
– allgemeine Darstellung 128
– als Duopol 114
– mit Skaleneffekten 120
– wiederholtes 152
Cournot–Nash–Gleichgewicht 119

Dominanz 8, 25
– Einwand gegen 28
– iterierte 28
– schwache 28
–– Beispiel 29
–– Definition 29
– strenge
–– Beispiel 26
–– Definition 25
Dominanzkriterium der Entscheidungstheorie 8
dominierte Strategie 27
Dove 149, 195
Drohung
– unglaubwürdige 59
Duopol 130
Duopol–Modell
– nach Cournot 114
Dynamik
– evolutionäre 200

Edgeworth–Box 169
Edgeworth–Paradox 137
Eindringling 57
Eliminierung dominierter Strategien 27, 30
– im Ultimatum–Spiel 176
– Reihenfolgeproblem 30
endliche Automaten 148
Entscheidung
– interdependente 19
– unter Risiko 8
– unter Unsicherheit 8
Entscheidungsergebnis 6
Entscheidungsfeld 5
Entscheidungsmatrix 7, 19
Entscheidungsregeln 8
Entscheidungstabelle 7

Entscheidungstheorie 1
– deskriptive 1
– Grundmodell der 5
– klassische 5
– normative 1
– positive 1
– präskriptive 1
Ergebnisraum 6
Erlös–Äquivalenz–Theorem 194
Erlösäquivalenz 192
Erstpreisauktion 189
Erwartung 69
Erwartungsanpassung
– Bayesianische 77
– naive 117
Erwartungsbildung 69
– naive 157
Erwartungswertregel 15
ESS 198
– als Ruhepunkt der Replikatordynamik 203
– Definition 198
– und Nash–Gleichgewicht 199
evolutionär stabiler Zustand 198
– als Ruhepunkt der Replikatordynamik 203
evolutionär stabile Strategie 198
– Definition 198
– und Nash–Gleichgewicht 199
extensive Darstellung 47
– verkürzte 58
– verkürzte des Ultimatum–Spiels 176
– verkürzte des Verhandlungs–Spiels mit Gegengeboten 180
extensive Form 47

Faltung 192
ficititious play 159
fiktives Spielen 159
– Konvergenz 159
– Nicht–Konvergenz 165
– Zyklen im 165
First Mover's Advantage 54, 133
Fixierung 7
Fußball 25, 88

Gefangenendilemma 42
– endlich oft wiederholt 143
– Kollusion als 125
– Kooperation im 146
– unbestimmt oft wiederholt 146
– unendlich oft wiederholt 148
– wiederholt 141
– zweistufig 141
Gertrud 149
Gesetz der großen Zahl 15
Gleichgewicht 35
Grim 147, 149
Grundmodell der Entscheidungstheorie 5
guessing game 31

H., Uli 88
Handlungsalternative 5
Harsanyi–Transformation 71
Hawk 149, 195
Hawk–Dove–Spiel 195
Hurwicz–Regel 11

imperfekte Information 63
Information
– imperfekte 63
– perfekte 66
– unvollkommene 63
– unvollständige 63
Informationsmenge 65
Instabilität
– von Kollusion im Cournot–Modell 125
Invasion 197
Irrtumswahrscheinlichkeit 95

Kargus, Rudi 88
Kartell 123
Kartellbildung 123
Kollusion
– im Cournot–Modell 123
– im wiederholten Cournot–Modell 152
komplementäre Güter 126
Konfliktpunkt 170
Konkurrenz 130
Konvergenz
– beim fiktiven Spielen 159
Kooperation 146
– im wiederholten Cournot–Modell 152
Koordination
– geordnete 36
Koordinationsspiel 35
Korrespondenz 105
Kosten
– von Fehlern 98
kurzsichtige Bestantwort–Dynamik 119, 157

L'Hôpital
– Regel von 151
Laplace–Regel 13
Lernen 157
– Bayesianisches 157
– durch fiktives Spielen 159
– durch kurzsichtige Bestantwort 157

Markteintritts–Spiel 57
Maximax–Regel 11
Maximierung 7
Maximin–Regel 10, 82
Maximin–Strategie 82
Minimax–Regel 84

Minimax–Regret–Regel 12
Minimax–Strategie 84
Minimierung 7
Mode–Spiel 157, 165
Modezyklus 158
Monopol 130
Monopolist 57
monopolistisches Verhalten im Cournot–Modell 123
Mutation 205

Nash–Gleichgewicht
- ε–properes 100
- als Schnittpunkt von Reaktionskurven 106
- Bayesianisches 74
- Beispiel 34
- Cournot– 119
- Definition 34, 106
- in gemischten Strategien 91
- perfekt Bayesianisches 79
- properes 101
- risikodominantes 37
- strenges
- – Definition 34
- teilspielperfektes 51
- teilspielperfektes bei imperfekter Information 67
- teilspielperfektes im Ultimatum–Spiel 176
- Trembling–Hand–perfektes 40
- und ESS 199

Nash–Produkt 172
Nash–Verhandlungslösung 171
- spezielle 173
- verallgemeinerte 172

Nicht–Konvergenz
- beim fiktiven Spielen 165

Normalform 49
- reduzierte 58

Nullsummenspiel 84
- und Maximin/Minimax 84

Nutzengrenze 170

öffentliches Gut 110
Oligopol 130
Oligopol–Modell
- nach Cournot 128
- nach Bertrand 134
- nach Stackelberg 132

Outside–Option 67

Pareto–Effizienz 36
- auf der Nutzengrenze 170

Pareto–Kriterium 36
Pareto–Perfektion 36
Perturbation 95
- uniforme 98

Perturbationsvektor 95
perturbiertes Spiel 95
Pfadabhängigkeit 30
Population 196, 204
Populationsspiel 204
Posterior 70, 78
Posterior Beliefs 70, 78
Potenzial
- stochastisches 207

Präferenzaxiome 2
- Transitivität 3
- Vollständigkeit 2

Präferenzen 2
Preiskampf 57
Priors 69
priors
- common 70

Prior Beliefs 69
Properness 96
- Definition 101
- und Trembling–Hand–Perfektion 101

Rückwärtsinduktion 51
Reaktionskurve 106
reduzierte Form 58
reduzierte Normalform 58
Regel des unzureichenden Grundes 13
Replikatordynamik 200
- im Zwei–Populations–Fall 209
- in diskreter Zeit 200
- in kontinuierlicher Zeit 201

Richtungsfeld 161
Risiko 8, 14, 17
Risikoaversion 18, 174
Risikodominanz 37
Risikoeinstellung 18
Risikofreude 18
Risikoneutralität 18
Risikoscheu 18
Rubinstein–Spiel 181

Satisfizierung 7
Sattelpunkt 84
- und Maximin/Minimax 84

Satz von Bayes 76
Savage–Niehans–Regel 12
Second Mover's Advantage 55
Selbstbindung 59
Selektion 204
Selektionsdynamik 204
Sicherheitsniveau 82
- und gemischte Strategien 86

Sicherheitsstrategie 83
Simulation
- im fiktiven Spiel 162

Situation 6
Spielbaum 47
Spiele

– Darstellung in Normalform 49
– Darstellung in strategischer Form 49
– extensive Darstellung 47
– extensive Form 47
– Nullsummen– 84
– perturbierte 95
– sequentielle 47
– statische 21
– streng kompetitive 88
– symmetrische 26, 94
– wiederholte 157
Spielen
– fiktives 159
Spieler
– Pseudo– 64
Stabilität
– evolutionäre 197
– im Cournot–Modell 119
– im Cournot–Modell mit Skaleneffekten 123
– stochastische 203, 208
Stackelberg
– Oligopol–Modell nach 132
stag–hunt Spiel 45
Standardabweichung 17
stochastisches Potenzial 207
Strategie
– ε–propere 100
– Definition 49, 66
– dominierte 27
– evolutionär stabile 198
– – Definition 198
– gemischte 86
– kontinuierliche 109
– Maximin– 82
– reine 86
– Sicherheits– 83
– stationäre 181
Strategiemenge
– Definition 49
Strategieprofil
– Definition 49
Strategieraum
– Definition 49
strategische Form 49
– reduzierte 58
Stufenspiel 141
substitutive Güter 126
Symmetrieannahme 130

Tat for Tit 149
Teilspiel 51, 66
Teilspiel–Perfektheit 50
– Definition 51
– und Eliminierung dominierter Strategien 52
– und imperfekte Information 66
– und Trembling–Hand–Kriterium 53
Tit for Tat 148, 149
Tit for two Tat 149
Transitivitätsaxiom 3
Trembling–Hand–Kriterium 38, 94
– und Dominanz 40
– und Teilspiel–Perfektheit 53
Trembling–Hand–Perfektion 38, 94

Ultimatum–Minspiel 208
Ultimatum–Spiel 176, 180
– diskrete Version 176
– experimentelle Erkenntnisse 179
– kontinuierliche Version 178
Umweltzustand 6
uniforme Perturbation 98
Unsicherheit 8
unvollkommene Information 63
unvollständige Information 63

Verhandlungen 169
– mit Gegengeboten 179
Verhandlungslösung
– nach Nash 171
Verhandlungsmacht 172
Verhandlungsspiel
– nach Rubinstein 181
Verkaufsauktionen 187
Vollständigkeitsaxiom 2

Wahlhandlung 1
Wahrscheinlichkeit
– bedingte 76
– objektive 8
– subjektive 8
Wald–Regel 10
Wertschätzung 187
winner's curse 194

Zahlenwahlspiel 31
Zeitpräferenz 150, 180, 181
Zermellos Algorithmus 51
– im Ultimatum–Spiel 176
Ziel
– zeitlicher Bezug 7
Zielausmaß 7
Zielfixierung 7
Zielfunktion 7
Zielmaximierung 7
Zielminimierung 7
Zielsatisfizierung 7
Zustand
– absorbierender 205
Zustandsraum 6, 19
– Vollständigkeit des 14
Zweitpreisauktion 187
Zyklen
– beim fiktiven Spielen 158

– im Cournot–Modell 122
– in der Mode 165
– in reinen Strategien 42
– in Spielen mit endlichen Automaten 148